线性代数

主　编　张丽春　孙　波
副主编　李文钰　靳曼莉
主　审　杜忠复　孟　秋

科学出版社
北　京

内 容 简 介

本书按照教育部对高校理工类本科“线性代数”课程的基本要求及考研大纲编写而成.本书注重数学概念的实际背景与几何直观的引入,强调数学建模的思想与方法,密切联系实际,精选许多实际应用的案例并配有相应的习题,还融入了MATLAB的简单应用及实例.

本书共8章,内容包括行列式、矩阵、矩阵的初等变换与初等矩阵、线性方程组、特征值与特征向量、二次型、线性空间与线性变换、线性代数实验及其实际生活应用,书末附有习题答案.

本书可供普通高校理工类专业学生使用,也可供科技工作者阅读.

图书在版编目(CIP)数据

线性代数 / 张丽春,孙波主编. —北京:科学出版社,2021.6

ISBN 978-7-03-069038-8

Ⅰ.①线… Ⅱ.①张… ②孙… Ⅲ.①线性代数-高等学校-教材 Ⅳ.①O151.2

中国版本图书馆CIP数据核字(2021)第104546号

责任编辑:昌 盛 滕 云 贾晓瑞 / 责任校对:彭珍珍

责任印制:吴兆东 / 封面设计:蓝正设计

科学出版社 出版

北京东黄城根北街16号

邮政编码:100717

http://www.sciencep.com

保定市中画美凯印刷有限公司印刷

科学出版社发行 各地新华书店经销

*

2021年6月第 一 版 开本:720×1000 1/16

2024年7月第三次印刷 印张:11

字数:222 000

定价:35.00元

(如有印装质量问题,我社负责调换)

前言

数学与其他自然科学一样,都是人类为了解释自然而创造的,是因人类而存在的. 大学数学是自然科学的基础语言,是探索现实世界物质运动机理的主要手段. "线性代数"课程是理工类专业的一门重要基础课,也是硕士研究生入学考试的重点科目. 我们根据理工类本科"线性代数"教学基本要求,为适应我国高等教育发展的需要,总结多年教学经验编写了本书.

本书从实际例子出发,引出线性代数的一些基本概念、基本理论和方法. 本书注重数学思想与数学文化的渗透,内容由简到难逐步展开,结构严谨,例题丰富,通俗易懂,难点分散. 为了使线性代数教学能适应现代化的需要,我们使用 MATLAB 软件,并设置数学实验、数学模型嵌入的章节(第 8 章),反映出现代科技对该课程是有影响的,而且这些内容能够使学生通过实验、观察和归纳,得出相应的线性代数的性质、定理,然后进行定理证明,让学生经历数学发现和创造的全过程. 我们还设置了应用部分(前七章),使得线性代数与相关数学分支可以有横向的联系.

本书可划分为三个层次.

第一层次:前四章是全书的基础、核心,把中学中对单个数运算的讨论推进到数表间的类似计算问题. 在这四章中,线性方程组的理论是核心的核心. 一方面,它是中学数学与大学数学的连接点;另一方面,它是其他几章理论发展的推动力或生长点. 认识到这一点,有利于启发学生由已知向未知转化、由个别向一般过渡、由形象向抽象的认识在思维层次上的提高,从而才有可能置学生于主动欲试的能动状态,提高师生双方面的积极性.

第二个层次:第 5,6 章,主要内容有特征值与特征向量、二次型. 核心内容是方阵的相似对角形问题. 这部分知识有很强的几何和物理背景. 因此,兼有数学上的较高层次的抽象性和其在物理学及诸多工程学科应用范围的广泛性、应用程度的深入性.

第三个层次:第 7,8 章,是关于线性空间与线性变换、线性代数实验及其实际生活应用. 线性空间、线性变换是高度抽象的,是思维形式的又一飞跃,对学生理论素养的提高有重要意义. 应用部分贯穿整部教材始终,对提高学生应用数学解决实际问题能力大有裨益.

目前传统的线性代数教学仍然是以理论为主导,偏重理论体系的完整性,过多强调证明和推导,再加上该课程本身所固有的抽象性和逻辑性,人工计算的烦琐使得学生学起来有一定困难、学习兴趣不高,弱化了该课程的计算功能,直接影响学生在后续课程及工程问题中对线性代数知识的运用. 为此,在掌握线性代数的基本方法的前提下，将计算机作为辅助工具引入教材，使用 MATLAB 软件，把线性代数中的一些理论、计算以及建模等通过数学实验方式实现. 当然线性代数的整个理论体系并不因此而有所改变，只是有些理论可以通过计算机来验证，而且可以把大量的应用问题纳入课程的习题或作业中，加强它的工程背景，提高学生的科学计算能力、创新能力及理论与实践相结合的能力. 同时，也为学生今后应用该软件在工程、信息等领域进行计算、模拟等打下良好的基础. 在让学生感觉到学有所用的同时，强化学生的应用意识，培养学生的实践动手能力，进而加深学生对知识的掌握和理解，增强学生的学习兴趣.

本书系统、连贯地介绍行列式、矩阵、矩阵的初等变换与初等矩阵、线性方程组、特征值与特征向量、二次型、线性空间与线性变换、线性代数实验及其实际生活应用等内容. 考虑到不同学时不同层次的教学需要，书中第 7，8 章为选学内容，略去不讲不会影响教材的系统性. 本书选取的实例多源于生活，目的在于更好地激发学生学习线性代数的积极性. 本书每章均有应用举例部分并配有例题和习题，均遵循难易适度的原则编写. 例题注重化解抽象理论的难度，易教易学，可读性强，适合普通高校理工类专业学生使用. 编写过程中我们参考了近年来全国硕士研究生入学统一考试数学考试大纲，因此也适合其他类型高校线性代数学时较少的专业选用，并可作为相关专业教师的教学参考书. 本书难度循序渐进，由浅入深，适合学生自学和老师备课使用.

本书由北华大学数学与统计学院大学数学基础教研部张丽春、孙波担任主编，李文钰、靳曼莉担任副主编，由张丽春定稿，杜忠复和孟秋担任主审. 本书的编写分工为：第 1～5 章由张丽春编写，第 6 章由靳曼莉编写，第 7 章由李文钰编写，第 8 章由孙波编写. 在本书的编写过程中我们得到了许多同行的大力支持与帮助，参考了有关书籍的一些例题和习题，在此一并向他们表示衷心的感谢！

虽然我们希望编写出一套质量较高、适合当前综合类大学数学教学实际需要的教材，但是限于编者的水平与学识，难免存在疏漏之处，恳请同行及广大读者给予批评指正.

编　者
2020 年 6 月

目　录

第1章　行　列　式

行列式是人们从求解线性方程组的需要中建立和发展起来的，而又远远超出求解线性方程组的范围，在求矩阵的秩、求矩阵的特征值、判断向量组的线性相关性、判断二次型的正定性等方面都有应用，成为线性代数重要的工具.

1.1　行列式的概念

1.1.1　二阶与三阶行列式

行列式的概念起源于解线性方程组，因此我们首先讨论解方程组的问题.

设有二元线性方程组

$$\begin{cases} a_{11}x_1 + a_{12}x_2 = b_1, \\ a_{21}x_1 + a_{22}x_2 = b_2, \end{cases} \tag{1.1}$$

用加减消元法容易求出未知量 x_1, x_2 的值，当 $a_{11}a_{22} - a_{12}a_{21} \neq 0$ 时，有

$$\begin{cases} x_1 = \dfrac{b_1 a_{22} - a_{12} b_2}{a_{11}a_{22} - a_{12}a_{21}}, \\ x_2 = \dfrac{a_{11} b_2 - b_1 a_{21}}{a_{11}a_{22} - a_{12}a_{21}}. \end{cases} \tag{1.2}$$

为了方便记忆，我们引进下面的符号来表示式(1.2)这个结果.

定义 1　我们称

$$\begin{vmatrix} a_{11} & a_{12} \\ a_{21} & a_{22} \end{vmatrix} = a_{11}a_{22} - a_{12}a_{21} \tag{1.3}$$

为二阶行列式.

它含有两行两列. 横的称为行，纵的称为列. 行列式中的数 a_{ij} $(i=1,2;j=1,2)$ 称为行列式第 i 行，第 j 列的元素. 从式(1.3)知，二阶行列式是这样两项的代数和：一个是从左上角到右下角的对角线(又称行列式的主对角线)上两个元素的乘积，取正号；另一个是从右上角到左下角的对角线(又称次对角线)上两个元素的乘积，取负号. 此为对角线法，如图 1.1 所示.

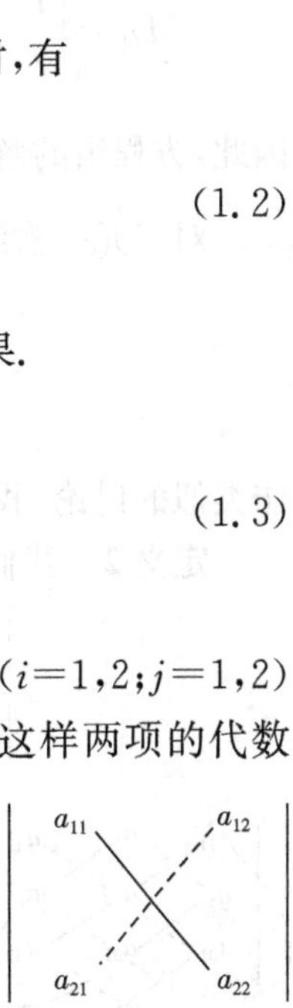

图 1.1

根据定义，易知式(1.2)中的两个分子可分别写成

$$b_1a_{22}-a_{12}b_2=\begin{vmatrix} b_1 & a_{12} \\ b_2 & a_{22} \end{vmatrix},\quad a_{11}b_2-b_1a_{21}=\begin{vmatrix} a_{11} & b_1 \\ a_{21} & b_2 \end{vmatrix}.$$

记 $D=\begin{vmatrix} a_{11} & a_{12} \\ a_{21} & a_{22} \end{vmatrix}$，$D_1=\begin{vmatrix} b_1 & a_{12} \\ b_2 & a_{22} \end{vmatrix}$，$D_2=\begin{vmatrix} a_{11} & b_1 \\ a_{21} & b_2 \end{vmatrix}$，其中，$D_1$ 是将 D 中的第一列换成常数项得到的，D_2 是将 D 中的第二列换成常数项得到的. 则当 $D\neq 0$ 时，方程组(1.1)的解(1.2)可以表示成

$$x_1=\frac{D_1}{D}=\frac{\begin{vmatrix} b_1 & a_{12} \\ b_2 & a_{22} \end{vmatrix}}{\begin{vmatrix} a_{11} & a_{12} \\ a_{21} & a_{22} \end{vmatrix}},\quad x_2=\frac{D_2}{D}=\frac{\begin{vmatrix} a_{11} & b_1 \\ a_{21} & b_2 \end{vmatrix}}{\begin{vmatrix} a_{11} & a_{12} \\ a_{21} & a_{22} \end{vmatrix}},\tag{1.4}$$

这样将解用行列式来表示，形式简洁整齐，同时也便于记忆.

例 1 用二阶行列式解线性方程组

$$\begin{cases} 2x_1+4x_2=1, \\ x_1+3x_2=2. \end{cases}$$

解 $D=\begin{vmatrix} 2 & 4 \\ 1 & 3 \end{vmatrix}=2\times 3-4\times 1=2\neq 0$,

$$D_1=\begin{vmatrix} 1 & 4 \\ 2 & 3 \end{vmatrix}=1\times 3-4\times 2=-5,\quad D_2=\begin{vmatrix} 2 & 1 \\ 1 & 2 \end{vmatrix}=2\times 2-1\times 1=3,$$

因此，方程组的解是 $x_1=\dfrac{D_1}{D}=-\dfrac{5}{2}$，$x_2=\dfrac{D_2}{D}=\dfrac{3}{2}$.

对三元一次线性方程组

$$\begin{cases} a_{11}x_1+a_{12}x_2+a_{13}x_3=b_1, \\ a_{21}x_1+a_{22}x_2+a_{23}x_3=b_2, \\ a_{31}x_1+a_{32}x_2+a_{33}x_3=b_3 \end{cases}\tag{1.5}$$

作类似的讨论，我们引入三阶行列式的概念.

定义 2 我们称

$$\begin{vmatrix} a_{11} & a_{12} & a_{13} \\ a_{21} & a_{22} & a_{23} \\ a_{31} & a_{32} & a_{33} \end{vmatrix}=a_{11}a_{22}a_{33}+a_{12}a_{23}a_{31}+a_{13}a_{21}a_{32} \\ -a_{11}a_{23}a_{32}-a_{12}a_{21}a_{33}-a_{13}a_{22}a_{31}\tag{1.6}$$

为三阶行列式.

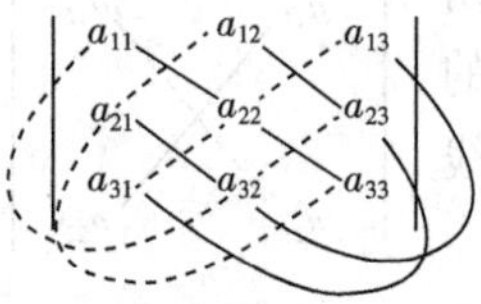

图 1.2

它有三行三列，是六项的代数和，每项均为不同行不同列的三个元素的乘积再冠以正负号. 其规律遵循图 1.2 所示的对角线法则：图中有三条实线看作平行于主对角线的连线，三条虚线看作平行于副对角线的连线，实线上三元素

的乘积冠正号,虚线上三元素的乘积冠负号.

令

$$D=\begin{vmatrix} a_{11} & a_{12} & a_{13} \\ a_{21} & a_{22} & a_{23} \\ a_{31} & a_{32} & a_{33} \end{vmatrix},\quad D_1=\begin{vmatrix} b_1 & a_{12} & a_{13} \\ b_2 & a_{22} & a_{23} \\ b_3 & a_{32} & a_{33} \end{vmatrix},$$

$$D_2=\begin{vmatrix} a_{11} & b_1 & a_{13} \\ a_{21} & b_2 & a_{23} \\ a_{31} & b_3 & a_{33} \end{vmatrix},\quad D_3=\begin{vmatrix} a_{11} & a_{12} & b_1 \\ a_{21} & a_{22} & b_2 \\ a_{31} & a_{32} & b_3 \end{vmatrix}.$$

当 $D\neq 0$ 时,方程组(1.5)的解可简单地表示成

$$x_1=\frac{D_1}{D},\quad x_2=\frac{D_2}{D},\quad x_3=\frac{D_3}{D}. \tag{1.7}$$

它的结构与前面二元一次方程组的解类似.

例 2 计算

$$D=\begin{vmatrix} 2 & 1 & 2 \\ -4 & 3 & 1 \\ 2 & 3 & 5 \end{vmatrix}.$$

解 $D=2\times3\times5+1\times1\times2+(-4)\times3\times2-2\times3\times2-1\times(-4)\times5-2\times3\times1$

$=30+2-24-12+20-6=10.$

例 3 解线性方程组

$$\begin{cases} 2x_1-x_2+x_3=0, \\ 3x_1+2x_2-5x_3=1, \\ x_1+3x_2-2x_3=4. \end{cases}$$

解 $D=\begin{vmatrix} 2 & -1 & 1 \\ 3 & 2 & -5 \\ 1 & 3 & -2 \end{vmatrix}=28\neq 0,$

$$D_1=\begin{vmatrix} 0 & -1 & 1 \\ 1 & 2 & -5 \\ 4 & 3 & -2 \end{vmatrix}=13,\quad D_2=\begin{vmatrix} 2 & 0 & 1 \\ 3 & 1 & -5 \\ 1 & 4 & -2 \end{vmatrix}=47,\quad D_3=\begin{vmatrix} 2 & -1 & 0 \\ 3 & 2 & 1 \\ 1 & 3 & 4 \end{vmatrix}=21.$$

所以

$$x_1=\frac{D_1}{D}=\frac{13}{28},\quad x_2=\frac{D_2}{D}=\frac{47}{28},\quad x_3=\frac{D_3}{D}=\frac{21}{28}=\frac{3}{4}.$$

例 4 已知

$$\begin{vmatrix} a & b & 0 \\ -b & a & 0 \\ 1 & 0 & 1 \end{vmatrix}=0,$$

问 a,b 应满足什么条件.(其中 a,b 均为实数.)

解 $\begin{vmatrix} a & b & 0 \\ -b & a & 0 \\ 1 & 0 & 1 \end{vmatrix}=a^2+b^2$,若要 $a^2+b^2=0$,则 a 与 b 须同时等于零.因此,当 $a=0$ 且 $b=0$ 时给定行列式等于零.

为了得到更为一般的线性方程组的求解公式,我们需要引入 n 阶行列式的概念,为此,先介绍排列的有关知识.

1.1.2　全排列及其逆序数

在引入 n 阶行列式的定义前,先介绍排列的一些基本知识.

定义 3　由 n 个数 $1,2,\cdots,n$ 组成的一个有序数组称为一个 n 级排列.

例如,1234 是一个 4 级排列,4312 也是一个 4 级排列,而 45231 是一个 5 级排列.由数码 1,2,3 组成的所有 3 级排列为 123,132,213,231,312,321,共有 $3!=6$ 个.

数字由小到大的 n 级排列 $1234\cdots n$ 称为自然排列,也称为 n 级标准排列.

定义 4　在一个 n 级排列 $i_1i_2\cdots i_n$ 中,如果有较大的数 i_t 排在较小的数 i_s 的前面($i_s<i_t$),则称 i_t 与 i_s 构成一个逆序,一个 n 级排列中逆序的总数,称为这个排列的逆序数,记作 $t(i_1i_2\cdots i_n)$.

例如,在 4 级排列 3412 中,31,32,41,42 各构成一个逆序数,所以排列 3412 的逆序数为 $t(3412)=4$.同样可计算排列 52341 的逆序数为 $t(52341)=7$.

容易看出,自然排列的逆序数为 0.

定义 5　如果排列 $i_1i_2\cdots i_n$ 的逆序数 $t(i_1i_2\cdots i_n)$ 是奇数,则称此排列为奇排列,逆序数是偶数的排列则称为偶排列.

例如,排列 3412 是偶排列.排列 52341 是奇排列.自然排列 $123\cdots n$ 是偶排列.

定义 6　在一个 n 级排列 $i_1\cdots i_s\cdots i_t\cdots i_n$ 中,如果其中某两个数 i_s 与 i_t 对调位置,其余各数位置不变,就得到另一个新的 n 级排列 $i_1\cdots i_t\cdots i_s\cdots i_n$,这样的手续称为一个对换,记作 (i_s,i_t).

如在排列 3412 中,将 4 与 2 对换,得到新的排列 3214.并且我们看到:偶排列 3412 经过 4 与 2 的对换后,变成了奇排列 3214.反之,也可以说奇排列 3214 经过 2 与 4 的对换后,变成了偶排列 3412.

一般地,有以下定理.

定理 1　任一排列经过一次对换后,其奇偶性改变.

证　(1)相邻位置元素的对换.设

$$a_1\cdots a_l pqb_1\cdots b_m \xrightarrow{(p,q)} a_1\cdots a_l qpb_1\cdots b_m.$$

显然,$a_1\cdots a_l$,$b_1\cdots b_m$ 这些元素的逆序数经过对换并不改变,而 p,q 两个元素的逆序改变为:当 $p<q$ 时,经对换后 q 的逆序数不变,而 p 的逆序数增加 1;当 $p>q$ 时,经对换后 p 的逆序数不变,而 q 的逆序数减少 1. 所以排列 $a_1\cdots a_l pqb_1\cdots b_m$ 与排列 $a_1\cdots a_l qpb_1\cdots b_m$ 的奇偶性不同.

(2)任意位置元素的对换. 设

$$a_1\cdots a_l pc_1\cdots c_m qb_1\cdots b_k \xrightarrow{(p,q)} a_1\cdots a_l qc_1\cdots c_m pb_1\cdots b_k.$$

该对换可以分解成:

先作 $m+1$ 次相邻元素的对换:$a_1\cdots a_l c_1\cdots c_m qpb_1\cdots b_k$;

再作 m 次相邻元素的对换:$a_1\cdots a_l qc_1\cdots c_m pb_1\cdots b_k$.

共 $2m+1$ 次相邻元素的对换,由(1)知,两个排列的奇偶性不同.

推论 奇排列变成自然排列的对换次数为奇数,偶排列变成自然排列的对换次数为偶数.

定理 2 在所有的 n 级排列中($n\geqslant 2$),奇排列与偶排列的个数相等,各为 $\frac{n!}{2}$ 个.

1.1.3 *n* 阶行列式

本节我们从观察二阶、三阶行列式的特征入手. 引出 n 阶行列式的定义.

已知二阶与三阶行列式分别为

$$\begin{vmatrix} a_{11} & a_{12} \\ a_{21} & a_{22} \end{vmatrix} = a_{11}a_{22}-a_{12}a_{21},$$

$$\begin{vmatrix} a_{11} & a_{12} & a_{13} \\ a_{21} & a_{22} & a_{23} \\ a_{31} & a_{32} & a_{33} \end{vmatrix} = a_{11}a_{22}a_{33}+a_{12}a_{23}a_{31}+a_{13}a_{21}a_{32}-a_{11}a_{23}a_{32}-a_{12}a_{21}a_{33}-a_{13}a_{22}a_{31},$$

其中元素 a_{ij} 的第一个下标 i 表示这个元素位于第 i 行,称为行标,第二个下标 j 表示此元素位于第 j 列,称为列标.

我们可以从中发现以下规律.

(1)二阶行列式是 2! 项的代数和,三阶行列式是 3! 项的代数和.

(2)二阶行列式中每一项是两个元素的乘积,它们分别取自不同的行和不同的列,三阶行列式中的每一项是三个元素的乘积,它们也是取自不同的行和不同的列.

(3)每一项的符号是:当这一项中元素的行标是按自然排列时,如果元素的列标为偶排列，则取正号；为奇排列，则取负号.

作为二阶、三阶行列式的推广我们给出 n 阶行列式的定义.

定义 7 由排成 n 行 n 列的 n^2 个元素 $a_{ij}\,(i,j=1,2,\cdots,n)$ 组成的符号

$$\begin{vmatrix} a_{11} & a_{12} & \cdots & a_{1n} \\ a_{21} & a_{22} & \cdots & a_{2n} \\ \vdots & \vdots & & \vdots \\ a_{n1} & a_{n2} & \cdots & a_{nn} \end{vmatrix}$$

称为 n 阶行列式. 它是 $n!$ 项的代数和，每一项是取自不同行和不同列的 n 个元素的乘积，各项的符号是：每一项中各元素的行标排成自然排列，如果列标的排列为偶排列时，则取正号；为奇排列时，则取负号. 于是得

$$\begin{vmatrix} a_{11} & a_{12} & \cdots & a_{1n} \\ a_{21} & a_{22} & \cdots & a_{2n} \\ \vdots & \vdots & & \vdots \\ a_{n1} & a_{n2} & \cdots & a_{nn} \end{vmatrix} = \sum_{j_1j_2\cdots j_n} (-1)^{t(j_1j_2\cdots j_n)} a_{1j_1}a_{2j_2}\cdots a_{nj_n}, \tag{1.8}$$

其中 $\sum\limits_{j_1j_2\cdots j_n}$ 表示对所有的 n 级排列 $j_1j_2\cdots j_n$ 求和.

式(1.8)称为 n 阶行列式按行标自然顺序排列的展开式. $(-1)^{t(j_1j_2\cdots j_n)}a_{1j_1}a_{2j_2}\cdots a_{nj_n}$ 称为行列式的一般项.

当 $n=2,3$ 时，这样定义的二阶、三阶行列式与 1.1.1 节中用对角线法则定义的是一致的. 当 $n=1$ 时，一阶行列式为 $|a_{11}|=a_{11}$.

当 $n=4$ 时，四阶行列式 $\begin{vmatrix} a_{11} & a_{12} & a_{13} & a_{14} \\ a_{21} & a_{22} & a_{23} & a_{24} \\ a_{31} & a_{32} & a_{33} & a_{34} \\ a_{41} & a_{42} & a_{43} & a_{44} \end{vmatrix}$ 表示 $4!=24$ 项的代数和，因为取自不同行、不同列 4 个元素的乘积恰为 $4!$ 项. 根据 n 阶行列式的定义，四阶行列式为

$$\begin{vmatrix} a_{11} & a_{12} & a_{13} & a_{14} \\ a_{21} & a_{22} & a_{23} & a_{24} \\ a_{31} & a_{32} & a_{33} & a_{34} \\ a_{41} & a_{42} & a_{43} & a_{44} \end{vmatrix} = \sum_{j_1j_2j_3j_4} (-1)^{t(j_1j_2j_3j_4)} a_{1j_1}a_{2j_2}a_{3j_3}a_{4j_4}.$$

例如，$a_{14}a_{23}a_{31}a_{42}$ 行标排列为 1234，元素取自不同的行；列标排列为 4312，元素取自不同的列，因为 $t(4312)=5$，所以该项取负号，即 $-a_{14}a_{23}a_{31}a_{42}$ 是上述行列式中的一项.

为了熟悉 n 阶行列式的定义,我们来看下面几个问题.

例 5 在五阶行列式中,$a_{12}a_{23}a_{35}a_{41}a_{54}$这一项应取什么符号?

解 这一项各元素的行标是按自然顺序排列的,而列标的排列为 23514. 因 $t(23514)=4$,故这一项应取正号.

例 6 写出四阶行列式中,带负号且包含因子 $a_{11}a_{23}$的项.

解 包含因子 $a_{11}a_{23}$项的一般形式为$(-1)^{t(13j_3j_4)}a_{11}a_{23}a_{3j_3}a_{4j_4}$,按定义,$j_3$可取 2 或 4,$j_4$可取 4 或 2,因此包含因子 $a_{11}a_{23}$的项只能是 $a_{11}a_{23}a_{32}a_{44}$或 $a_{11}a_{23}a_{34}a_{42}$.但因 $t(1324)=1$ 为奇数,$t(1342)=2$ 为偶数. 所以,此项只能是$-a_{11}a_{23}a_{32}a_{44}$.

例 7 计算行列式

$$\begin{vmatrix} a & b & 0 & 0 \\ c & d & 0 & 0 \\ x & y & e & f \\ u & v & g & h \end{vmatrix}.$$

解 这是一个四阶行列式,按行列式的定义,它应有 4! =24 项. 但只有以下四项 $adeh$,$adfg$,$bceh$,$bcfg$ 不为零. 与这四项相对应的列标的 4 级排列分别为 1234,1243,2134 和 2143,而 $t(1234)=0$,$t(1243)=1$,$t(2134)=1$ 和 $t(2143)=2$,所以第一项和第四项应取正号,第二项和第三项应取负号,即

$$\begin{vmatrix} a & b & 0 & 0 \\ c & d & 0 & 0 \\ x & y & e & f \\ u & v & g & h \end{vmatrix}=adeh-adfg-bceh+bcfg.$$

例 8 计算上三角形行列式

$$D=\begin{vmatrix} a_{11} & a_{12} & \cdots & a_{1n} \\ 0 & a_{22} & \cdots & a_{2n} \\ \vdots & \vdots & & \vdots \\ 0 & 0 & \cdots & a_{nn} \end{vmatrix},$$

其中 $a_{ii}\neq 0(i=1,2,\cdots,n)$.

解 由于当 $j<i$ 时, $a_{ij}=0$, 故 D 中可能不为 0 的元素 a_{ip_i}, 其下标应有 $p_i\geqslant i$, 即 $p_1\geqslant 1,p_2\geqslant 2,\cdots,p_n\geqslant n$.

在所有排列 $p_1p_2\cdots p_n$ 中, 能满足上述关系的排列只有一个自然排序 $12\cdots n$, 故 D 中可能不为 0 的项只有一项$(-1)^t a_{11}a_{22}\cdots a_{nn}$, 此项的符号$(-1)^{t(12\cdots n)}=(-1)^0=1$. 所以

$$D=a_{11}a_{22}\cdots a_{nn}.$$

同理可求得下三角形行列式

$$\begin{vmatrix} a_{11} & 0 & \cdots & 0 \\ a_{21} & a_{22} & \cdots & 0 \\ \vdots & \vdots & & \vdots \\ a_{n1} & a_{n2} & \cdots & a_{nn} \end{vmatrix} = a_{11}a_{22}\cdots a_{nn}.$$

特别地，对角形行列式

$$\begin{vmatrix} a_{11} & 0 & \cdots & 0 \\ 0 & a_{22} & \cdots & 0 \\ \vdots & \vdots & & \vdots \\ 0 & 0 & \cdots & a_{nn} \end{vmatrix} = a_{11}a_{22}\cdots a_{nn}.$$

上(下)三角形行列式及对角形行列式的值，均等于主对角线上元素的乘积.

例 9　计算行列式

$$\begin{vmatrix} 0 & 0 & \cdots & 0 & a_{1n} \\ 0 & 0 & \cdots & a_{2,n-1} & 0 \\ \vdots & \vdots & & \vdots & \vdots \\ a_{n1} & 0 & \cdots & 0 & 0 \end{vmatrix}.$$

解　这个行列式除了 $a_{1n}a_{2,n-1}\cdots a_{n1}$ 这一项外，其余项均为零，现在来看这一项的符号，列标的 n 级排列为

$$n(n-1)\cdots 21,\quad t(n(n-1)\cdots 21)=(n-1)+(n-2)+\cdots+2+1=\frac{n\cdot(n-1)}{2},$$

所以

$$\begin{vmatrix} 0 & 0 & \cdots & 0 & a_{1n} \\ 0 & 0 & \cdots & a_{2,n-1} & 0 \\ \vdots & \vdots & & \vdots & \vdots \\ a_{n1} & 0 & \cdots & 0 & 0 \end{vmatrix} = (-1)^{\frac{n(n-1)}{2}} a_{1n}a_{2,n-1}\cdots a_{n1}.$$

同理可计算出

$$\begin{vmatrix} a_{11} & a_{12} & \cdots & \cdots & a_{1n} \\ a_{21} & a_{22} & \cdots & a_{2,n-1} & 0 \\ \vdots & \vdots & & \vdots & \vdots \\ a_{n1} & 0 & \cdots & 0 & 0 \end{vmatrix} = \begin{vmatrix} 0 & \cdots & 0 & a_{1n} \\ 0 & \cdots & a_{2,n-1} & a_{2n} \\ \vdots & & \vdots & \vdots \\ a_{n1} & \cdots & a_{n,n-1} & a_{nn} \end{vmatrix} = (-1)^{\frac{n(n-1)}{2}} a_{1n}a_{2,n-1}\cdots a_{n1}.$$

由行列式的定义，行列式中的每一项都是取自不同的行不同的列的 n 个元素的乘积，所以可得出：如果行列式有一行(列)的元素全为 0，则该行列式等于 0.

在 n 阶行列式中，为了决定每一项的正负号，我们把 n 个元素的行标排成自然排列，即 $a_{1j_1}a_{2j_2}\cdots a_{nj_n}$. 事实上，数的乘法是满足交换律的，因而这 n 个元素的次序是可以任意写的，一般地，n 阶行列式的项可以写成 $a_{i_1j_1}a_{i_2j_2}\cdots a_{i_nj_n}$，其中 $i_1i_2\cdots i_n$，$j_1j_2\cdots j_n$ 是两个 n 级排列，它的符号由下面的定理来决定.

定理 3 n 阶行列式也定义为

$$D=\sum(-1)^S a_{i_1j_1}a_{i_2j_2}\cdots a_{i_nj_n},$$

其中 S 为行标与列标排列逆序数之和，即

$$S=t(i_1i_2\cdots i_n)+t(j_1j_2\cdots j_n).$$

推论 n 阶行列式也可定义为

$$D=\sum(-1)^{t(i_1i_2\cdots i_n)}a_{i_11}a_{i_22}\cdots a_{i_nn}.$$

1.2 行列式的性质

当行列式的阶数较高时，直接利用定义计算 n 阶行列式的值是困难的，本节将介绍行列式的性质，以便用这些性质将复杂的行列式转化为较简单的行列式(如上三角形行列式等)来计算.

将行列式 D 的行列互换后得到的行列式称为行列式 D 的转置行列式，记作 D^{T}，即若

$$D=\begin{vmatrix} a_{11} & a_{12} & \cdots & a_{1n} \\ a_{21} & a_{22} & \cdots & a_{2n} \\ \vdots & \vdots & & \vdots \\ a_{n1} & a_{n2} & \cdots & a_{nn} \end{vmatrix},\text{则 } D^{\mathrm{T}}=\begin{vmatrix} a_{11} & a_{21} & \cdots & a_{n1} \\ a_{12} & a_{22} & \cdots & a_{n2} \\ \vdots & \vdots & & \vdots \\ a_{1n} & a_{2n} & \cdots & a_{nn} \end{vmatrix}.$$

反之，行列式 D 也是行列式 D^{T} 的转置行列式，即行列式 D 与行列式 D^{T} 互为转置行列式.

性质 1 行列式 D 与它的转置行列式 D^{T} 的值相等.

说明 由此性质可知，行列式中的行与列具有同等的地位，行列式的性质凡是对行成立的，对列也同样成立，反之亦然.

性质 2 互换行列式的两行(列)，行列式变号.

例 10 计算行列式

$$D=\begin{vmatrix} 4 & 2 & 9 & -3 & 0 \\ 6 & 3 & -5 & 7 & 1 \\ 5 & 0 & 0 & 0 & 0 \\ 8 & 0 & 0 & 4 & 0 \\ 7 & 0 & 3 & 5 & 0 \end{vmatrix}.$$

解 将第一、二行互换，第三、五行互换，得

$$D=(-1)^2\begin{vmatrix}6&3&-5&7&1\\4&2&9&-3&0\\7&0&3&5&0\\8&0&0&4&0\\5&0&0&0&0\end{vmatrix}.$$

将第一、五列互换，得

$$D=(-1)^3\begin{vmatrix}1&3&-5&7&6\\0&2&9&-3&4\\0&0&3&5&7\\0&0&0&4&8\\0&0&0&0&5\end{vmatrix}=-1\cdot 2\cdot 3\cdot 4\cdot 5=-5!=-120.$$

推论 若行列式有两行(列)的对应元素相同，则此行列式的值等于零.

性质 3 行列式某一行(列)所有元素的公因子可以提到行列式符号的外面，即

$$\begin{vmatrix}a_{11}&a_{12}&\cdots&a_{1n}\\\vdots&\vdots&&\vdots\\ka_{i1}&ka_{i2}&\cdots&ka_{in}\\\vdots&\vdots&&\vdots\\a_{n1}&a_{n2}&\cdots&a_{nn}\end{vmatrix}=k\begin{vmatrix}a_{11}&a_{12}&\cdots&a_{1n}\\\vdots&\vdots&&\vdots\\a_{i1}&a_{i2}&\cdots&a_{in}\\\vdots&\vdots&&\vdots\\a_{n1}&a_{n2}&\cdots&a_{nn}\end{vmatrix}.$$

此性质也可表述为：用数 k 乘行列式的某一行(列)的所有元素，等于用数 k 乘此行列式.

推论 如果行列式中有两行(列)的对应元素成比例，则此行列式的值等于零.

性质 4 如果行列式的某一行(列)的各元素都是两个数的和，则此行列式等于两个相应的行列式的和，即

$$\begin{vmatrix}a_{11}&a_{12}&\cdots&a_{1n}\\\vdots&\vdots&&\vdots\\b_{i1}+c_{i1}&b_{i2}+c_{i2}&\cdots&b_{in}+c_{in}\\\vdots&\vdots&&\vdots\\a_{n1}&a_{n2}&\cdots&a_{nn}\end{vmatrix}=\begin{vmatrix}a_{11}&a_{12}&\cdots&a_{1n}\\\vdots&\vdots&&\vdots\\b_{i1}&b_{i2}&\cdots&b_{in}\\\vdots&\vdots&&\vdots\\a_{n1}&a_{n2}&\cdots&a_{nn}\end{vmatrix}+\begin{vmatrix}a_{11}&a_{12}&\cdots&a_{1n}\\\vdots&\vdots&&\vdots\\c_{i1}&c_{i2}&\cdots&c_{in}\\\vdots&\vdots&&\vdots\\a_{n1}&a_{n2}&\cdots&a_{nn}\end{vmatrix}.$$

性质 5 把行列式的某一行 (列)的所有元素乘以数 k 加到另一行(列)的相应元素上，行列式的值不变，即

$$D=\begin{vmatrix} a_{11} & a_{12} & \cdots & a_{1n} \\ \vdots & \vdots & & \vdots \\ a_{i1} & a_{i2} & \cdots & a_{in} \\ \vdots & \vdots & & \vdots \\ a_{s1} & a_{s2} & \cdots & a_{sn} \\ \vdots & \vdots & & \vdots \\ a_{n1} & a_{n2} & \cdots & a_{nn} \end{vmatrix} \xlongequal[\text{到第 } s \text{ 行}]{i \text{ 行}\times k \text{ 加}} \begin{vmatrix} a_{11} & a_{12} & \cdots & a_{1n} \\ \vdots & \vdots & & \vdots \\ a_{i1} & a_{i2} & \cdots & a_{in} \\ \vdots & \vdots & & \vdots \\ ka_{i1}+a_{s1} & ka_{i2}+a_{s2} & \cdots & ka_{in}+a_{sn} \\ \vdots & \vdots & & \vdots \\ a_{n1} & a_{n2} & \cdots & a_{nn} \end{vmatrix}.$$

注 为了便于使用上面的性质，我们引入下面这些记号：

(1)交换 i,j 两行(列)记为 $r_i\leftrightarrow r_j\,(c_i\leftrightarrow c_j)$；

(2)第 i 行(列)乘以 k，记为 $r_i\times k$ 或 $kr_i\,(c_i\times k$ 或 $kc_i)$；

(3)以数 k 乘第 j 行(列)加到第 i 行(列)上，记为 $r_i+kr_j\,(c_i+kc_j)$.

作为行列式性质的应用，我们来看下面几个例子.

例 11 计算行列式

$$D=\begin{vmatrix} 3 & 1 & 1 & 1 \\ 1 & 3 & 1 & 1 \\ 1 & 1 & 3 & 1 \\ 1 & 1 & 1 & 3 \end{vmatrix}.$$

解 这个行列式的特点是各行 4 个数的和都是 6，我们把第 2，3，4 各列同时加到第 1 列，把公因子提出，然后把第 1 行×(−1)加到第 2，3，4 行上就成为三角形行列式. 具体计算如下

$$D=\begin{vmatrix} 6 & 1 & 1 & 1 \\ 6 & 3 & 1 & 1 \\ 6 & 1 & 3 & 1 \\ 6 & 1 & 1 & 3 \end{vmatrix}=6\begin{vmatrix} 1 & 1 & 1 & 1 \\ 1 & 3 & 1 & 1 \\ 1 & 1 & 3 & 1 \\ 1 & 1 & 1 & 3 \end{vmatrix}=6\begin{vmatrix} 1 & 1 & 1 & 1 \\ 0 & 2 & 0 & 0 \\ 0 & 0 & 2 & 0 \\ 0 & 0 & 0 & 2 \end{vmatrix}=6\times 2^3=48.$$

例 11 的四阶行列式中各行元素值之和相等，我们也可以用上述方法计算具有这样特征的 n 阶行列式.

例 12 计算行列式 $\begin{vmatrix} x & a & a & \cdots & a \\ a & x & a & \cdots & a \\ a & a & x & \cdots & a \\ \vdots & \vdots & \vdots & & \vdots \\ a & a & a & \cdots & x \end{vmatrix}$ 的值(特征：行和相等).

解 第一列的元素分别加上第二列，…，第 n 列元素(的 1 倍)，再提取第一列

的公因子

$$D=[x+(n-1)a]\begin{vmatrix}1 & a & a & \cdots & a\\1 & x & a & \cdots & a\\1 & a & x & \cdots & a\\\vdots & \vdots & \vdots & & \vdots\\1 & a & a & \cdots & x\end{vmatrix}$$

$$=[x+(n-1)a]\begin{vmatrix}1 & a & \cdots & a\\0 & x-a & \cdots & 0\\\vdots & \vdots & & \vdots\\0 & 0 & \cdots & x-a\end{vmatrix}$$

$$=[x+(n-1)a](x-a)^{n-1}.$$

例 13 计算

$$D=\begin{vmatrix}1 & -5 & 3 & -3\\2 & 0 & 1 & -1\\3 & 1 & -1 & 2\\4 & 1 & 3 & -1\end{vmatrix}.$$

解 $D=\begin{vmatrix}1 & -5 & 3 & -3\\0 & 10 & -5 & 5\\0 & 16 & -10 & 11\\0 & 21 & -9 & 11\end{vmatrix}=5\begin{vmatrix}1 & -5 & 3 & -3\\0 & 2 & -1 & 1\\0 & 0 & -2 & 3\\0 & 1 & 1 & 1\end{vmatrix}$

$$=(-5)\begin{vmatrix}1 & -5 & 3 & -3\\0 & 1 & 1 & 1\\0 & 0 & -2 & 3\\0 & 2 & -1 & 1\end{vmatrix}=(-5)\begin{vmatrix}1 & -5 & 3 & -3\\0 & 1 & 1 & 1\\0 & 0 & -2 & 3\\0 & 0 & -3 & -1\end{vmatrix}$$

$$=(-5)\begin{vmatrix}1 & -5 & 3 & -3\\0 & 1 & 1 & 1\\0 & 0 & -2 & 3\\0 & 0 & 0 & -\frac{11}{2}\end{vmatrix}=-55.$$

例 14 证明

$$D=\begin{vmatrix}a_1+b_1 & b_1+c_1 & c_1+a_1\\a_2+b_2 & b_2+c_2 & c_2+a_2\\a_3+b_3 & b_3+c_3 & c_3+a_3\end{vmatrix}=2\times\begin{vmatrix}a_1 & b_1 & c_1\\a_2 & b_2 & c_2\\a_3 & b_3 & c_3\end{vmatrix}.$$

证 第一列元素分别加上第二、第三列元素，再提取第一列的公因子 2，得

$$D=2\times\begin{vmatrix}a_1+b_1+c_1 & b_1+c_1 & c_1+a_1\\ a_2+b_2+c_2 & b_2+c_2 & c_2+a_2\\ a_3+b_3+c_3 & b_3+c_3 & c_3+a_3\end{vmatrix}$$

$$\xlongequal{c_2+(-1)c_1;c_3+(-1)c_1}2\times\begin{vmatrix}a_1+b_1+c_1 & -a_1 & -b_1\\ a_2+b_2+c_2 & -a_2 & -b_2\\ a_3+b_3+c_3 & -a_3 & -b_3\end{vmatrix}$$

$$\xlongequal{(c_1+c_2;c_1+c_3)}2\times\begin{vmatrix}c_1 & -a_1 & -b_1\\ c_2 & -a_2 & -b_2\\ c_3 & -a_3 & -b_3\end{vmatrix}=2\times\begin{vmatrix}a_1 & b_1 & c_1\\ a_2 & b_2 & c_2\\ a_3 & b_3 & c_3\end{vmatrix}.$$

例 15 证明 $D=\begin{vmatrix}a_{11} & \cdots & a_{1m} & 0 & \cdots & 0\\ \vdots & & \vdots & \vdots & & \vdots\\ a_{m1} & \cdots & a_{mm} & 0 & \cdots & 0\\ * & \cdots & * & b_{11} & \cdots & b_{1n}\\ \vdots & & \vdots & \vdots & & \vdots\\ * & \cdots & * & b_{n1} & \cdots & b_{nn}\end{vmatrix}$

$$=\begin{vmatrix}a_{11} & \cdots & a_{1m}\\ \vdots & & \vdots\\ a_{m1} & \cdots & a_{mm}\end{vmatrix}\begin{vmatrix}b_{11} & \cdots & b_{1n}\\ \vdots & & \vdots\\ b_{n1} & \cdots & b_{nn}\end{vmatrix}.$$

证 $D_1=\begin{vmatrix}a_{11} & \cdots & a_{1m}\\ \vdots & & \vdots\\ a_{m1} & \cdots & a_{mm}\end{vmatrix}\xlongequal{\text{行倍加}}\begin{vmatrix}p_1 & & \\ \vdots & \ddots & \\ * & \cdots & p_m\end{vmatrix}=p_1\cdots p_m.$

$$D_2=\begin{vmatrix}b_{11} & \cdots & b_{1n}\\ \vdots & & \vdots\\ b_{n1} & \cdots & b_{nn}\end{vmatrix}\xlongequal{\text{列倍加}}\begin{vmatrix}q_1 & & \\ \vdots & \ddots & \\ * & \cdots & q_n\end{vmatrix}=q_1\cdots q_n.$$

$$D\xlongequal[\text{后 }n\text{ 列“列倍加”}]{\text{前 }m\text{ 行“行倍加”}}\begin{vmatrix}p_1 & & & 0 & \cdots & 0\\ \vdots & \ddots & & \vdots & & \vdots\\ * & \cdots & p_m & 0 & \cdots & 0\\ * & \cdots & * & q_1 & & \\ \vdots & & \vdots & \vdots & \ddots & \\ * & \cdots & * & * & \cdots & q_n\end{vmatrix}=(p_1\cdots p_m)(q_1\cdots q_n)=D_1D_2.$$

1.3 行列式的计算

1.3.1 按行(列)展开

本节我们要介绍如何将较高阶的行列式转化为较低阶行列式的问题,从而得到计算行列式的另一种基本方法——降阶法. 为此,先介绍代数余子式的概念.

定义在 n 阶行列式中,划去元素 a_{ij} 所在的第 i 行和第 j 列后,余下的元素按原来的位置构成的一个 $n-1$ 阶行列式,称为元素 a_{ij} 的余子式,记作 M_{ij}. 元素 a_{ij} 的余子式 M_{ij} 前面添上符号 $(-1)^{i+j}$ 称为元素 a_{ij} 的代数余子式,记作 A_{ij},即 $A_{ij}=(-1)^{i+j}M_{ij}$.

例如,在四阶行列式 $D=\begin{vmatrix} a_{11} & a_{12} & a_{13} & a_{14} \\ a_{21} & a_{22} & a_{23} & a_{24} \\ a_{31} & a_{32} & a_{33} & a_{34} \\ a_{41} & a_{42} & a_{43} & a_{44} \end{vmatrix}$ 中 a_{23} 的余子式是 $M_{23}=\begin{vmatrix} a_{11} & a_{12} & a_{14} \\ a_{31} & a_{32} & a_{34} \\ a_{41} & a_{42} & a_{44} \end{vmatrix}$,而 $A_{23}=(-1)^{2+3}M_{23}=-\begin{vmatrix} a_{11} & a_{12} & a_{14} \\ a_{31} & a_{32} & a_{34} \\ a_{41} & a_{42} & a_{44} \end{vmatrix}$ 是 a_{23} 的代数余子式. 为讨论行列式的降阶展开定理,我们首先给出一个引理.

引理 一个 n 阶行列式 D,若其中第 i 行所有元素除 a_{ij} 外都为零,则该行列式等于 a_{ij} 与它的代数余子式的乘积,即 $D=a_{ij}A_{ij}$.

证 先证 a_{ij} 位于 D 的第一行,第一列,则

$$D=\begin{vmatrix} a_{11} & 0 & \cdots & 0 \\ a_{21} & a_{22} & \cdots & a_{2n} \\ \vdots & \vdots & & \vdots \\ a_{n1} & a_{n2} & \cdots & a_{nn} \end{vmatrix}.$$

由例 15 的结果知

$$D=a_{11}M_{11}=a_{11}(-1)^{1+1}M_{11}=a_{11}A_{11}.$$

再证一般情形,设

$$D=\begin{vmatrix} a_{11} & \cdots & a_{1j} & \cdots & a_{1n} \\ \vdots & & \vdots & & \vdots \\ 0 & \cdots & a_{ij} & \cdots & 0 \\ \vdots & & \vdots & & \vdots \\ a_{n1} & \cdots & a_{nj} & \cdots & a_{nn} \end{vmatrix}.$$

把 D 的第 i 行依次与第 $i-1,\cdots,2,1$ 各行交换后到第一行，再把第 j 列依次与第 $j-1,\cdots,2,1$ 各列交换后到第一列，则总共经过 $i+j-2$ 次交换后，把 a_{ij} 交换到 D 的左上角，故所得行列式 $D_1=(-1)^{i+j-2}D=(-1)^{i+j}D$，而元素 a_{ij} 在 D_1 中的余子式仍为 a_{ij} 在 D 中的余子式 M_{ij}. 由于 a_{ij} 位于 D_1 的左上角，利用前面结果，有 $D_1=a_{ij}M_{ij}$，于是

$$D=(-1)^{i+j}D_1=(-1)^{i+j}a_{ij}M_{ij}=a_{ij}A_{ij}.$$

定理 4 n 阶行列式 D 等于它的任意一行(列)的元素与其对应的代数余子式的乘积之和，即

$$D=a_{i1}A_{i1}+a_{i2}A_{i2}+\cdots+a_{in}A_{in}\quad (i=1,2,\cdots,n)$$

或

$$D=a_{1j}A_{1j}+a_{2j}A_{2j}+\cdots+a_{nj}A_{nj}\quad (j=1,2,\cdots,n).$$

证 $$D=\begin{vmatrix} a_{11} & a_{12} & \cdots & a_{1n} \\ \vdots & \vdots & & \vdots \\ a_{i1}+0+\cdots+0 & 0+a_{i2}+\cdots+0 & \cdots & 0+0+\cdots+a_{in} \\ \vdots & \vdots & & \vdots \\ a_{n1} & a_{n2} & \cdots & a_{nn} \end{vmatrix}$$

$$=\begin{vmatrix} a_{11} & a_{12} & \cdots & a_{1n} \\ \vdots & \vdots & & \vdots \\ a_{i1} & 0 & \cdots & 0 \\ \vdots & \vdots & & \vdots \\ a_{n1} & a_{n2} & \cdots & a_{nn} \end{vmatrix}+\begin{vmatrix} a_{11} & a_{12} & \cdots & a_{1n} \\ \vdots & \vdots & & \vdots \\ 0 & a_{i2} & \cdots & 0 \\ \vdots & \vdots & & \vdots \\ a_{n1} & a_{n2} & \cdots & a_{nn} \end{vmatrix}+\cdots+\begin{vmatrix} a_{11} & a_{12} & \cdots & a_{1n} \\ \vdots & \vdots & & \vdots \\ 0 & 0 & \cdots & a_{in} \\ \vdots & \vdots & & \vdots \\ a_{n1} & a_{n2} & \cdots & a_{nn} \end{vmatrix}.$$

根据引理，即得

$$D=a_{i1}A_{i1}+a_{i2}A_{i2}+\cdots+a_{in}A_{in}\quad (i=1,2,\cdots,n).$$

类似地，若按列证明，可得

$$D=a_{1j}A_{1j}+a_{2j}A_{2j}+\cdots+a_{nj}A_{nj}\quad (j=1,2,\cdots,n).$$

推论 n 阶行列式 D 中某一行(列)的各元素与另一行(列)对应元素的代数余子式的乘积之和等于零，即

$$a_{i1}A_{j1}+a_{i2}A_{j2}+\cdots+a_{in}A_{jn}=0\quad (i\neq j)$$

或

$$a_{1i}A_{1j}+a_{2i}A_{2j}+\cdots+a_{ni}A_{nj}=0\quad (i\neq j).$$

定理 4 表明，n 阶行列式可以用 $n-1$ 阶行列式来表示，因此该定理为行列式的降阶展开定理. 利用它并结合行列式的性质，可以大大简化行列式的计算. 计算

行列式时，一般利用性质将某一行(列)化简为仅有一个非零元素，再按定理 4 展开，变为低一阶行列式，如此继续下去，直到将行列式化为三阶或二阶. 这在行列式的计算中是一种常用而有效的方法.

注 结合定理 4 与推论可得

$$a_{i1}A_{j1}+a_{i2}A_{j2}+\cdots+a_{in}A_{jn}=\begin{cases}D & (i=j),\\ 0 & (i\neq j),\end{cases}$$

$$a_{1i}A_{1j}+a_{2i}A_{2j}+\cdots+a_{ni}A_{nj}=\begin{cases}D & (i=j),\\ 0 & (i\neq j).\end{cases}$$

例 16 计算

$$D=\begin{vmatrix}1 & -5 & 3 & -3\\ 2 & 0 & 1 & -1\\ 3 & 1 & -1 & 2\\ 4 & 1 & 3 & -1\end{vmatrix}.$$

解 $D=\begin{vmatrix}16 & 0 & -2 & 7\\ 2 & 0 & 1 & -1\\ 3 & 1 & -1 & 2\\ 1 & 0 & 4 & -3\end{vmatrix}=(-1)^{3+2}\begin{vmatrix}16 & -2 & 7\\ 2 & 1 & -1\\ 1 & 4 & -3\end{vmatrix}$

$$=(-1)\begin{vmatrix}20 & 0 & 5\\ 2 & 1 & -1\\ -7 & 0 & 1\end{vmatrix}=(-1)(-1)^{2+2}\begin{vmatrix}20 & 5\\ -7 & 1\end{vmatrix}=-55.$$

例 17 $D=\begin{vmatrix}1 & 2 & 3 & 4\\ 2 & 4 & 3 & 1\\ 4 & 1 & 3 & 2\\ 1 & 4 & 3 & 2\end{vmatrix}$，求 $A_{11}+A_{21}+A_{31}+A_{41}$.

解 法 1　因为

$$D_1=\begin{vmatrix}1 & 2 & 3 & 4\\ 1 & 4 & 3 & 1\\ 1 & 1 & 3 & 2\\ 1 & 4 & 3 & 2\end{vmatrix}=0,$$

D_1 与 D 的第 1 列元素的代数余子式相同，所以将 D_1 按第 1 列展开可得 $A_{11}+A_{21}+A_{31}+A_{41}=0$.

法 2 因为 D 的第 3 列元素与 D 的第 1 列元素的代数余子式相乘求和为 0，即 $3A_{11}+3A_{21}+3A_{31}+3A_{41}=0$，所以 $A_{11}+A_{21}+A_{31}+A_{41}=0$.

例 18 证明

$$D_n=\begin{vmatrix}1 & 1 & \cdots & 1 & 1\\ x_1 & x_2 & \cdots & x_{n-1} & x_n\\ x_1^2 & x_2^2 & \cdots & x_{n-1}^2 & x_n^2\\ \vdots & \vdots & & \vdots & \vdots\\ x_1^{n-1} & x_2^{n-1} & \cdots & x_{n-1}^{n-1} & x_n^{n-1}\end{vmatrix}=\prod_{1\leqslant j<i\leqslant n}(x_i-x_j).$$

证 从第 n 行开始，后一行减去前一行的 x_n 倍，有

$$D_n\xlongequal[i=n,\cdots,2]{r_i-x_nr_{i-1}}\left|\begin{array}{cccc:c}1 & 1 & \cdots & 1 & 1\\ \hdashline (x_1-x_n) & (x_2-x_n) & \cdots & (x_{n-1}-x_n) & 0\\ x_1(x_1-x_n) & x_2(x_2-x_n) & \cdots & x_{n-1}(x_{n-1}-x_n) & 0\\ \vdots & \vdots & & \vdots & \vdots\\ x_1^{n-2}(x_1-x_n) & x_2^{n-2}(x_2-x_n) & \cdots & x_{n-1}^{n-2}(x_{n-1}-x_n) & 0\end{array}\right|$$

$$=(-1)^{1+n}(x_1-x_n)(x_2-x_n)\cdots(x_{n-1}-x_n)D_{n-1}$$

$$=(x_n-x_{n-1})(x_n-x_{n-2})\cdots(x_n-x_1)D_{n-1},$$

$$D_k=(x_k-x_{k-1})(x_k-x_{k-2})\cdots(x_k-x_1)D_{k-1}\quad(k=n,n-1,\cdots,3),$$

$$D_2=\begin{vmatrix}1 & 1\\ x_1 & x_2\end{vmatrix}=x_2-x_1,$$

$$\begin{aligned}D_n=&(x_n-x_{n-1})(x_n-x_{n-2})\cdots(x_n-x_2)(x_n-x_1)\\ &\times(x_{n-1}-x_{n-2})\cdots(x_{n-1}-x_2)(x_{n-1}-x_1)\\ &\times\cdots\\ &\times(x_3-x_2)(x_3-x_1)\\ &\times(x_2-x_1),\end{aligned}$$

即

$$D_n=\prod_{1\leqslant j<i\leqslant n}(x_i-x_j).$$

注 式中左端称为范德蒙德行列式. 结论说明，n 阶范德蒙德行列式之值等于 $x_1,x_2,\cdots,x_n$ 这 n 个数的所有可能的差 $x_i-x_j(1\leqslant j<i\leqslant n)$的乘积.

例 19 计算

$$D_{2n}=\begin{vmatrix} a & & & & & & & b \\ & a & & & & & b & \\ & & \ddots & & & \iddots & & \\ & & & a & b & & & \\ & & & c & d & & & \\ & & \iddots & & & \ddots & & \\ & c & & & & & d & \\ c & & & & & & & d \end{vmatrix}.$$

解 $D_{2n}=(-1)^{1+1}a\begin{vmatrix} D_{2(n-1)} & \begin{matrix}0\\ \vdots\\ 0\end{matrix} \\ \begin{matrix}0 & \cdots & 0\end{matrix} & d \end{vmatrix}_{(2n-1)}+(-1)^{1+2n}b\begin{vmatrix} \begin{matrix}0\\ \vdots\\ 0\end{matrix} & D_{2(n-1)} \\ c & \begin{matrix}0 & \cdots & 0\end{matrix} \end{vmatrix}_{(2n-1)}$

$$=(-1)^{(2n-1)+(2n-1)}ad\cdot D_{2(n-1)}+(-1)(-1)^{(2n-1)+1}bc\cdot D_{2(n-1)}$$

$$=(ad-bc)D_{2(n-1)}=\cdots=(ad-bc)^{n-1}D_2,$$

$$D_2=\begin{vmatrix} a & b \\ c & d \end{vmatrix}=ad-bc,$$

$$D_{2n}=(ad-bc)^n.$$

例 20 计算

$$D_n=\begin{vmatrix} 1 & 1 & & & & \\ 1 & 2 & 2 & & & \\ 1 & 0 & 3 & 3 & & \\ \vdots & \vdots & \vdots & \ddots & \ddots & \\ 1 & 0 & 0 & \cdots & n-1 & n-1 \\ 1 & 0 & 0 & \cdots & 0 & n \end{vmatrix}.$$

解 $D_n=nD_{n-1}+(-1)^{n+1}(n-1)!$

$$=n[(n-1)D_{n-2}+(-1)^{(n-1)+1}(n-1-1)!]+(-1)^{n+1}(n-1)!$$

$$=n(n-1)D_{n-2}+(-1)^n\frac{n!}{n-1}+(-1)^{n+1}\frac{n!}{n}$$

$$=\cdots$$

$$=n(n-1)\cdots 3\cdot D_2+(-1)^4\frac{n!}{3}+\cdots+(-1)^n\frac{n!}{n-1}+(-1)^{n+1}\frac{n!}{n},$$

$$D_2=\begin{vmatrix} 1 & 1 \\ 1 & 2 \end{vmatrix}=2-1=(-1)^2\cdot 2+(-1)^3\cdot 1,$$

$$D_n=(n!)\left[\frac{(-1)^2}{1}+\frac{(-1)^3}{2}+\frac{(-1)^4}{3}+\cdots+\frac{(-1)^{n+1}}{n}\right].$$

1.3.2 拉普拉斯定理

定义在 n 阶行列式 D 中，任意选取 k 行 k 列 $(1\leqslant k\leqslant n)$，位于这些行和列交叉处的 k^2 个元素，按原来顺序构成一个 k 阶行列式 M，称为 D 的一个 k 阶子式，划去这 k 行 k 列，余下的元素按原来的顺序构成 $n-k$ 阶行列式，在其前面冠以符号 $(-1)^{i_1+i_2+\cdots+i_k+j_1+j_2+\cdots+j_k}$，称为 M 的代数余子式，其中 $i_1,i_2,\cdots,i_k$ 为 k 阶子式 M 在 D 中的行标，$j_1,j_2,\cdots,j_k$ 为 M 在 D 中的列标.

定理 5 (拉普拉斯定理)* 在 n 阶行列式 D 中，任意取定 k 行(列) $(1\leqslant k\leqslant n-1)$，由这 k 行(列)组成的所有 k 阶子式与它们的代数余子式的乘积之和等于行列式 D.

证明 略.

例 21 用拉普拉斯定理求行列式 $\begin{vmatrix}2&3&0&0\\1&2&3&0\\0&1&2&3\\0&0&1&2\end{vmatrix}$ 的值.

解 按第一行和第二行展开

$$\begin{vmatrix}2&3&0&0\\1&2&3&0\\0&1&2&3\\0&0&1&2\end{vmatrix}=\begin{vmatrix}2&3\\1&2\end{vmatrix}\times(-1)^{1+2+1+2}\begin{vmatrix}2&3\\1&2\end{vmatrix}+\begin{vmatrix}2&0\\1&3\end{vmatrix}\times(-1)^{1+2+1+3}\begin{vmatrix}1&3\\0&2\end{vmatrix}$$

$$+\begin{vmatrix}3&0\\2&3\end{vmatrix}\times(-1)^{1+2+2+3}\begin{vmatrix}0&3\\0&2\end{vmatrix}=1-12+0=-11.$$

例 22 由拉普拉斯定理易证

$$\begin{vmatrix}a_{11}&a_{12}&0&0\\a_{21}&a_{22}&0&0\\c_{11}&c_{12}&b_{11}&b_{12}\\c_{21}&c_{22}&b_{21}&b_{22}\end{vmatrix}=\begin{vmatrix}a_{11}&a_{12}\\a_{21}&a_{22}\end{vmatrix}\cdot\begin{vmatrix}b_{11}&b_{12}\\b_{21}&b_{22}\end{vmatrix}.$$

本例的结论对一般情况也是成立的，即

$$\begin{vmatrix} a_{11} & a_{12} & \cdots & a_{1k} & 0 & 0 & \cdots & 0 \\ \vdots & \vdots & & \vdots & \vdots & \vdots & & \vdots \\ a_{k1} & a_{k2} & \cdots & a_{kk} & 0 & 0 & \cdots & 0 \\ c_{11} & c_{12} & \cdots & c_{1k} & b_{11} & b_{12} & \cdots & b_{1m} \\ \vdots & \vdots & & \vdots & \vdots & \vdots & & \vdots \\ c_{m1} & c_{m2} & \cdots & c_{mk} & b_{m1} & b_{m2} & \cdots & b_{mm} \end{vmatrix}$$

$$= \begin{vmatrix} a_{11} & a_{12} & \cdots & a_{1k} \\ \vdots & \vdots & & \vdots \\ a_{k1} & a_{k2} & \cdots & a_{kk} \end{vmatrix} \cdot \begin{vmatrix} b_{11} & b_{12} & \cdots & b_{1m} \\ \vdots & \vdots & & \vdots \\ b_{m1} & b_{m2} & \cdots & b_{mm} \end{vmatrix}.$$

1.4　行列式的应用——克拉默法则

前面我们已经介绍了 n 阶行列式的定义和计算方法，作为行列式的应用，本节介绍用行列式解 n 元线性方程组的方法——克拉默法则. 它是 1.1 节中二、三元线性方程组求解公式的推广.

设含有 n 个未知量 n 个方程的线性方程组为

$$\begin{cases} a_{11}x_1+a_{12}x_2+\cdots+a_{1n}x_n=b_1, \\ a_{21}x_1+a_{22}x_2+\cdots+a_{2n}x_n=b_2, \\ \cdots\cdots \\ a_{n1}x_1+a_{n2}x_2+\cdots+a_{nn}x_n=b_n, \end{cases} \tag{1.9}$$

它的系数 a_{ij} 构成的行列式 $D=\begin{vmatrix} a_{11} & a_{12} & \cdots & a_{1n} \\ a_{21} & a_{22} & \cdots & a_{2n} \\ \vdots & \vdots & & \vdots \\ a_{n1} & a_{n2} & \cdots & a_{nn} \end{vmatrix}$ 称为方程组(1.9)的系数行列式.

定理 6（克拉默法则）　如果线性方程组(1.9)的系数行列式 $D\neq 0$，则方程组(1.9)有唯一解

$$x_1=\frac{D_1}{D}, x_2=\frac{D_2}{D}, \cdots, x_n=\frac{D_n}{D}. \tag{1.10}$$

其中 $D_j(j=1,2,\cdots,n)$ 是 D 中第 j 列换成常数项 $b_1,b_2,\cdots,b_n$，其余各列不变而得到的行列式.

例 23　解线性方程组

$$\begin{cases}x_1+3x_2-2x_3+x_4=1,\\2x_1+5x_2-3x_3+2x_4=3,\\-3x_1+4x_2+8x_3-2x_4=4,\\6x_1-x_2-6x_3+4x_4=2.\end{cases}$$

解 因为

$$D=\begin{vmatrix}1&3&-2&1\\2&5&-3&2\\-3&4&8&-2\\6&-1&-6&4\end{vmatrix}=\begin{vmatrix}1&3&-2&1\\0&-1&1&0\\0&13&2&1\\0&-19&6&-2\end{vmatrix}$$

$$=\begin{vmatrix}1&3&-2&1\\0&-1&1&0\\0&0&15&1\\0&0&-13&-2\end{vmatrix}=17\neq0,$$

所以方程组有唯一解,又

$$D_1=\begin{vmatrix}1&3&-2&1\\3&5&-3&2\\4&4&8&-2\\2&-1&-6&4\end{vmatrix}=-34,\quad D_2=\begin{vmatrix}1&1&-2&1\\2&3&-3&2\\-3&4&8&-2\\6&2&-6&4\end{vmatrix}=0,$$

$$D_3=\begin{vmatrix}1&3&1&1\\2&5&3&2\\-3&4&4&-2\\6&-1&2&4\end{vmatrix}=17,\quad D_4=\begin{vmatrix}1&3&-2&1\\2&5&-3&3\\-3&4&8&4\\6&-1&-6&2\end{vmatrix}=85.$$

即得唯一解

$$x_1=-\frac{34}{17}=-2,\quad x_2=\frac{0}{17}=0,\quad x_3=\frac{17}{17}=1,\quad x_4=\frac{85}{17}=5.$$

注 用克拉默法则解线性方程组时,必须满足两个条件:一是方程的个数与未知量的个数相等;二是系数行列式 $D\neq0$.

当方程组(1.9)中的常数项都等于0时,即

$$\begin{cases}a_{11}x_1+a_{12}x_2+\cdots+a_{1n}x_n=0,\\a_{21}x_1+a_{22}x_2+\cdots+a_{2n}x_n=0,\\\quad\cdots\cdots\\a_{n1}x_1+a_{n2}x_2+\cdots+a_{nn}x_n=0\end{cases}\tag{1.11}$$

称为齐次线性方程组.显然,齐次线性方程组(1.11)总是有解的,因为 $x_1=0,x_2=$

$0,\cdots,x_n=0$ 必定满足方程组(1.11),这组解称为零解,也就是说:齐次线性方程组必有零解.

在解 $x_1=k_1,x_2=k_2,\cdots,x_n=k_n$ 不全为零时,称这组解为方程组(1.11)的非零解.

定理 7 如果齐次线性方程组(1.11)的系数行列式 $D\neq0$,则它只有零解.

推论 如果齐次线性方程组(1.11)有非零解,那么它的系数行列式 $D=0$.

例 24 若方程组 $\begin{cases}a_1x_1+x_2+x_3=0,\\x_1+bx_2+x_3=0,\\x_1+2bx_2+x_3=0\end{cases}$ 只有零解,则 a,b 应取何值?

解 由定理 7 知,当系数行列式 $D\neq0$ 时,方程组只有零解,

$$D=\begin{vmatrix}a&1&1\\1&b&1\\1&2b&1\end{vmatrix}=b(1-a),$$

所以,当 $a\neq1$ 且 $b\neq0$ 时,方程组只有零解.

1.5 应用举例

在空间解析几何的学习中已经看到,向量的叉积与混合积可以用二、三阶行列式来表示,直线及平面的一些问题如果运用行列式是较简捷的,在微积分、重积分的计算中,也出现过雅可比行列式,我们可以看到行列式是一个重要的数学工具,在很多方面都有重要应用,下面我们就介绍几个典型的例子.

例 25 用行列式表示三角形面积.

以平面内三点 $P(x_1,y_1),Q(x_2,y_2),R(x_3,y_3)$ 为顶点的 $\triangle PQR$ 的面积 S 是

$$\frac{1}{2}\begin{vmatrix}x_1&y_1&1\\x_2&y_2&1\\x_3&y_3&1\end{vmatrix}$$

的绝对值.

证 将平面 $P(x_1,y_1),Q(x_2,y_2),R(x_3,y_3)$ 三点扩充到三维空间,其坐标分别为 $(x_1,y_1,k),(x_2,y_2,k),(x_3,y_3,k)$,其中 k 为任意常数. 由此可得

$$\overrightarrow{PQ}=(x_2-x_1,y_2-y_1,0),\quad \overrightarrow{PR}=(x_3-x_1,y_3-y_1,0),$$

则

$$\overrightarrow{PQ}\times\overrightarrow{PR}=\left(0,\begin{vmatrix}x_2-x_1&y_2-y_1\\x_3-x_1&y_3-y_1\end{vmatrix}\right).$$

$\triangle PQR$ 面积为

$$S=\frac{1}{2}|\overrightarrow{PQ}||\overrightarrow{PR}|\sin\langle\overrightarrow{PQ},\overrightarrow{PR}\rangle$$

$$=\frac{1}{2}|\overrightarrow{PQ}\times\overrightarrow{PR}|=\frac{1}{2}\sqrt{\begin{vmatrix} x_2-x_1 & y_2-y_1 \\ x_3-x_1 & y_3-y_1 \end{vmatrix}^2}$$

$$=\left|\frac{1}{2}\begin{vmatrix} x_2-x_1 & y_2-y_1 \\ x_3-x_1 & y_3-y_1 \end{vmatrix}\right|=\left|\frac{1}{2}\begin{vmatrix} x_1 & y_1 & 1 \\ x_2-x_1 & y_2-y_1 & 0 \\ x_3-x_1 & y_3-y_1 & 0 \end{vmatrix}\right|$$

$$=\left|\frac{1}{2}\begin{vmatrix} x_1 & y_1 & 1 \\ x_2 & y_2 & 1 \\ x_3 & y_3 & 1 \end{vmatrix}\right|.$$

例 26 用行列式表示直线方程.

通过两点 $P(x_1,y_1)$ 和 $Q(x_2,y_2)$ 的直线 PQ 的方程为

$$\begin{vmatrix} x_1 & y_1 & 1 \\ x_2 & y_2 & 1 \\ x & y & 1 \end{vmatrix}=0.$$

证 设 $R(x,y)$ 为直线 PQ 上任意一点,则三角形 PQR 的面积必为 0,再由例 25 的讨论可知,原式得证.

例 27 三线共点.

平面内三条互不平行的直线

$$L_1: a_1x+b_1y+c_1=0,\quad L_2: a_2x+b_2y+c_2=0,\quad L_3: a_3x+b_3y+c_3=0$$

相交于一点的充要条件是

$$\begin{vmatrix} a_1 & b_1 & c_1 \\ a_2 & b_2 & c_2 \\ a_3 & b_3 & c_3 \end{vmatrix}=0.$$

例 28 三点共线.

平面内三点 $P(x_1,y_1)$,$Q(x_2,y_2)$,$R(x_3,y_3)$ 在一条直线的充要条件是

$$\begin{vmatrix} x_1 & y_1 & 1 \\ x_2 & y_2 & 1 \\ x_3 & y_3 & 1 \end{vmatrix}=0.$$

例 29 若直线 l 过平面上两个不同的已知点 $A(x_1,y_1)$,$B(x_2,y_2)$,求直线方程.

解 设直线 l 的方程为 $ax+by+c=0$,a,b 不全为 0,因为点 $A(x_1,y_1)$,$B(x_2,$

y_2)在直线 l 上，则必须满足上述方程，从而有

$$\begin{cases}ax+by+c=0,\\ax_1+by_1+c=0,\\ax_2+by_2+c=0.\end{cases}$$

这是一个以 a,b,c 为未知量的齐次线性方程组，且 a,b,c 不全为 0，说明该齐次线性方程组有非零解. 其系数行列式等于 0，即

$$\begin{vmatrix}x & y & 1\\x_1 & y_1 & 1\\x_2 & y_2 & 1\end{vmatrix}=0,$$

则所求直线 l 的方程为

$$\begin{vmatrix}x & y & 1\\x_1 & y_1 & 1\\x_2 & y_2 & 1\end{vmatrix}=0.$$

同理，若空间上有三个不同的已知点 $A(x_1,y_1,z_1)$，$B(x_2,y_2,z_2)$，$C(x_3,y_3,z_3)$，平面 S 过 A,B,C，则平面 S 的方程为

$$\begin{vmatrix}x & y & z & 1\\x_1 & y_1 & z_1 & 1\\x_2 & y_2 & z_2 & 1\\x_3 & y_3 & z_3 & 1\end{vmatrix}=0.$$

同理，若平面有三个不同的已知点 $A(x_1,y_1)$，$B(x_2,y_2)$，$C(x_3,y_3)$，圆 O 过 A,B,C，则圆 O 的方程为

$$\begin{vmatrix}x^2+y^2 & x & y & 1\\x_1^2+y_1^2 & x_1 & y_1 & 1\\x_2^2+y_2^2 & x_2 & y_2 & 1\\x_3^2+y_3^2 & x_3 & y_3 & 1\end{vmatrix}=0.$$

习　题 1

1. 计算下列行列式.

(1) $\begin{vmatrix}3 & 6 & 1\\1 & 0 & 5\\3 & 1 & 7\end{vmatrix}$；　　(2) $\begin{vmatrix}1 & 2 & 0 & 1\\1 & 3 & 5 & 0\\0 & 1 & 5 & 6\\1 & 2 & 3 & 4\end{vmatrix}$；

(3) $\begin{vmatrix} a & 1 & 0 & 0 \\ -1 & b & 1 & 0 \\ 0 & -1 & c & 1 \\ 0 & 0 & -1 & d \end{vmatrix}$； (4) $\begin{vmatrix} 1 & 1 & 1 & 1 \\ 1 & 2 & 3 & 4 \\ 1 & 3 & 6 & 10 \\ 1 & 4 & 10 & 20 \end{vmatrix}$；

(5) $\begin{vmatrix} 1 & 4 & 9 & 16 \\ 4 & 9 & 16 & 25 \\ 9 & 16 & 25 & 36 \\ 16 & 25 & 36 & 49 \end{vmatrix}$； (6) $\begin{vmatrix} 1 & 1 & 1 \\ a & b & c \\ a^2 & b^2 & c^2 \end{vmatrix}$.

2. 写出四阶行列式的展开式中含元素 a_{13} 且带负号的项.

3. 根据行列式定义，分别写出行列式 $\begin{vmatrix} 2x & x & 1 & 2 \\ 1 & x & 1 & -1 \\ 3 & 2 & x & 1 \\ 1 & 1 & 1 & x \end{vmatrix}$ 的展开式中含 x^4 的项和含 x^3 的项.

4. 利用行列式按行或列展开的方法计算行列式

$$D_4=\begin{vmatrix} 1-a & a & 0 & 0 \\ -1 & 1-a & a & 0 \\ 0 & -1 & 1-a & a \\ 0 & 0 & -1 & 1-a \end{vmatrix}.$$

5. 计算下列行列式.

(1) $\begin{vmatrix} 1+a_1 & 1 & \cdots & 1 \\ 1 & 1+a_2 & \cdots & 1 \\ \vdots & \vdots & & \vdots \\ 1 & 1 & \cdots & 1+a_n \end{vmatrix}$；

(2) $D_n=\begin{vmatrix} x & y & 0 & \cdots & 0 & 0 \\ 0 & x & y & \cdots & 0 & 0 \\ \vdots & \vdots & \vdots & & \vdots & \vdots \\ 0 & 0 & 0 & \cdots & x & y \\ y & 0 & 0 & \cdots & 0 & x \end{vmatrix}$；

(3) $\begin{vmatrix} 1 & 2 & 2 & \cdots & 2 \\ 2 & 2 & 2 & \cdots & 2 \\ 2 & 2 & 3 & \cdots & 2 \\ \vdots & \vdots & \vdots & & \vdots \\ 2 & 2 & 2 & \cdots & n \end{vmatrix}$.

6. 证明.

(1) $\begin{vmatrix} a^2 & ab & b^2 \\ 2a & a+b & 2b \\ 1 & 1 & 1 \end{vmatrix}=(a-b)^3$；

(2) $\begin{vmatrix} b+c & c+a & a+b \\ b_1+c_1 & c_1+a_1 & a_1+b_1 \\ b_2+c_2 & c_2+a_2 & a_2+b_2 \end{vmatrix}=2\begin{vmatrix} a & b & c \\ a_1 & b_1 & c_1 \\ a_2 & b_2 & c_2 \end{vmatrix}$；

(3) $\begin{vmatrix} a_1+ka_2+la_3 & a_2+ma_3 & a_3 \\ b_1+kb_2+lb_3 & b_2+mb_3 & b_3 \\ c_1+kc_2+lc_3 & c_2+mc_3 & c_3 \end{vmatrix}=\begin{vmatrix} a_1 & a_2 & a_3 \\ b_1 & b_2 & b_3 \\ c_1 & c_2 & c_3 \end{vmatrix}$；

(4) $\begin{vmatrix} 1 & 1 & 1 & 1 \\ a & b & c & d \\ a^2 & b^2 & c^2 & d^2 \\ a^4 & b^4 & c^4 & d^4 \end{vmatrix}=(b-a)(c-a)(d-a)(c-b)(d-b)(d-c)(a+b+c+d)$.

7. 当 λ,μ 取何值时，齐次线性方程组 $\begin{cases} \lambda x_1+x_2+x_3=0, \\ x_1+\mu x_2+x_3=0, \\ x_1+2\mu x_2+x_3=0 \end{cases}$ 有非零解？

8. 利用克拉默法则解线性方程组

$$\begin{cases} 2x_1+x_2-5x_3+x_4=8, \\ x_1-3x_2-6x_4=9, \\ 2x_2-x_3+2x_4=-5, \\ x_1+4x_2-7x_3+6x_4=0. \end{cases}$$

第 2 章　矩　　阵

2.1　矩阵的概念

2.1.1　矩阵的定义

矩阵是从许多实际问题中抽象出来的一个数学概念.我们所熟知的线性方程组的系数及常数项可用矩阵来表示,在一些经济活动中,也常常用到矩阵.

例 1　线性方程组

$$\begin{cases} a_{11}x_1+a_{12}x_2+\cdots+a_{1n}x_n=b_1, \\ a_{21}x_1+a_{22}x_2+\cdots+a_{2n}x_n=b_2, \\ \qquad\cdots\cdots \\ a_{m1}x_1+a_{m2}x_2+\cdots+a_{mn}x_n=b_m \end{cases}$$

的系数 $a_{ij}(i=1,2,\cdots,m;j=1,2,\cdots,n)$按原位置可以构成一数表,即

$$\begin{pmatrix} a_{11} & a_{12} & \cdots & a_{1n} \\ a_{21} & a_{22} & \cdots & a_{2n} \\ \vdots & \vdots & & \vdots \\ a_{m1} & a_{m2} & \cdots & a_{mn} \end{pmatrix}.$$

例 2　某工厂可用 3 种原料加工成 4 种产品，我们用 a_{ij} 表示生产一件第 j 种产品时第 i 种原料的用量($i=1,2,3;j=1,2,3,4$).那么可用 3×4 的数表来表示,即

$$\begin{pmatrix} 80 & 75 & 75 & 60 \\ 98 & 80 & 75 & 60 \\ 75 & 60 & 80 & 90 \end{pmatrix}.$$

定义 1　由 $m\times n$ 个数 $a_{ij}(i=1,2,\cdots,m;j=1,2,\cdots,n)$排成一个 m 行,n 列的数表

$$\begin{pmatrix} a_{11} & a_{12} & \cdots & a_{1n} \\ a_{21} & a_{22} & \cdots & a_{2n} \\ \vdots & \vdots & & \vdots \\ a_{m1} & a_{m2} & \cdots & a_{mn} \end{pmatrix},$$

称为一个 $m\times n$ 矩阵. a_{ij} 称为第 i 行,第 j 列的元素.

以后我们用字母 $\boldsymbol{A},\boldsymbol{B},\boldsymbol{C}$ 等表示矩阵,有时为了表明 $\boldsymbol{A}$ 的行数和列数,可记为 $\boldsymbol{A}_{m\times n}$ 或 $(a_{ij})_{m\times n}$,为了表明 $\boldsymbol{A}$ 中的元素,可简记为 $\boldsymbol{A}=(a_{ij})$.

注　矩阵和行列式虽然在形式上有些类似,但它们是两个完全不同的概念. 一方面,行列式既是一个记号又内含计算,其结果为一个数值(或符号),而矩阵只是一个数表;另一方面,行列式的行数与列数必须相等,而矩阵的行数与列数可以不等.

2.1.2　几种重要矩阵

下面介绍一些特殊矩阵.

(1)当 $m=n$ 时,称 $\boldsymbol{A}$ 为方阵.

(2)当 $a_{ij}\in\mathbf{R}$ 时,称 $\boldsymbol{A}$ 为实矩阵.

(3)当 $a_{ij}\in\mathbf{C}$ 时,称 $\boldsymbol{A}$ 为复矩阵.

(4) 当 $m=1,n>1$ 时,$\boldsymbol{A}=(a_1,a_2,\cdots,a_n)$,称 $\boldsymbol{A}$ 为行矩阵,又称行向量.

(5) 当 $m>1,n=1$ 时,$\boldsymbol{A}=\begin{pmatrix}b_1\\b_2\\\vdots\\b_n\end{pmatrix}$,称 $\boldsymbol{A}$ 为列矩阵,又称列向量.

(6)当所有元素都是 0 时,称 $\boldsymbol{A}$ 为零矩阵,记作 $\boldsymbol{O}$.

(7)单位矩阵

$$\boldsymbol{E}_n=\begin{pmatrix}1&0&\cdots&0\\0&1&\cdots&\vdots\\\vdots&\vdots&&0\\0&0&\cdots&1\end{pmatrix}.$$

(8)对角矩阵

$$\boldsymbol{\Lambda}=\begin{pmatrix}\lambda_1&&&\\&\lambda_2&&\\&&\ddots&\\&&&\lambda_n\end{pmatrix},$$

也可记为 $\mathrm{diag}(\lambda_i),i=1,2,\cdots,n$.

(9)三角矩阵. 设 $\boldsymbol{A}=(a_{ij})$ 是 n 阶矩阵.

①若 $\boldsymbol{A}$ 为 n 阶方阵,且当 $i>j$ 时,$a_{ij}=0$,称 $\boldsymbol{A}$ 是上三角矩阵,即

$$A=\begin{pmatrix} a_{11} & a_{12} & \cdots & a_{1n} \\ 0 & a_{22} & \cdots & a_{2n} \\ \vdots & \vdots & & \vdots \\ 0 & 0 & \cdots & a_{nn} \end{pmatrix}.$$

②若 A 为 n 阶方阵，且当 $i<j$ 时，$a_{ij}=0$，称 A 是下三角矩阵，即

$$A=\begin{pmatrix} a_{11} & 0 & \cdots & 0 \\ a_{21} & a_{22} & \cdots & 0 \\ \vdots & \vdots & & \vdots \\ a_{n1} & a_{n2} & \cdots & a_{nn} \end{pmatrix}.$$

(10)若两个矩阵具有相同的行数与列数，称它们为同型矩阵.

定义 2　$A=(a_{ij})$，$B=(b_{ij})$都是 $m\times n$ 矩阵，若它们的对应元素相等，即 $a_{ij}=b_{ij}(i=1,2,\cdots,m;j=1,2,\cdots,n)$，则称矩阵 A 与 B 相等，记为 $A=B$.

例如，由

$$\begin{pmatrix} 4 & x & 3 \\ -1 & 0 & y \end{pmatrix}=\begin{pmatrix} 4 & 5 & 3 \\ z & 0 & 6 \end{pmatrix},$$

可得 $x=5,y=6,z=-1$.

2.1.3　矩阵问题的应用

我们已经知道，一个 $m\times n$ 矩阵事实上就是一个数表，在很多实际问题中都可以用矩阵来表示，下面我们就介绍几个典型的例子.

1. 价格矩阵

例 3　某城市有甲、乙、丙三个大型超市，每个超市中销售的可乐都有四个品牌 A,B,C,D. 这几家超市对于商品的定价稍有不同，它们的价格如表 2.1 所示.

表 2.1　　(单位:元)

	A	B	C	D
甲	2.5	4	3	4.5
乙	3	4	3.5	4
丙	2.5	3.5	3	5

上述价格表可以用价格矩阵来表示，即

$$\begin{pmatrix} 2.5 & 4 & 3 & 4.5 \\ 3 & 4 & 3.5 & 4 \\ 2.5 & 3.5 & 3 & 5 \end{pmatrix}.$$

在上述矩阵中可以看到每一行代表的都是同一超市四种可乐的售价，而每一列代表的是同一品牌可乐在三家超市的售价.

2. 交通问题

例 4 四个城市的航班航线如图 2.1 所示.

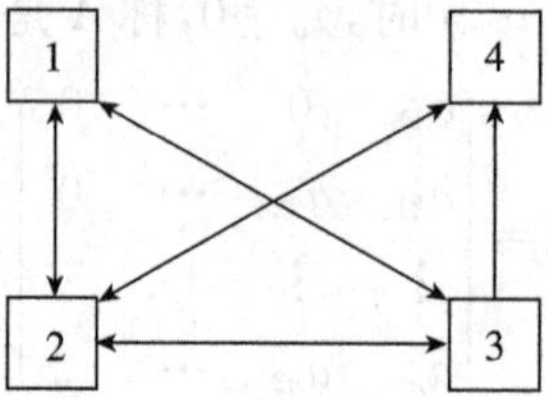

图 2.1

若令

$$a_{ij}=\begin{cases}1, & \text{从 } i \text{ 市到 } j \text{ 市有 1 条单向航线},\\ 0, & \text{从 } i \text{ 市到 } j \text{ 市没有单向航线},\end{cases}$$

则图 2.1 可用矩阵表示为

$$\boldsymbol{A}=(a_{ij})=\begin{pmatrix}0&1&1&0\\1&0&1&1\\1&1&0&1\\0&1&0&0\end{pmatrix}.$$

3. 通路矩阵

例 5 a 省两个城市 a_1,a_2 和 b 省三个城市 b_1,b_2,b_3 的交通联结情况如图 2.2 所示，每条线上的数字表示联结两城市的不同通路总数. 由该图提供的通路信息，可用矩阵形式表示(称之为通路矩阵)，以便存储、计算与利用这些信息. 现有矩阵 $\boldsymbol{C}=\begin{pmatrix}4&1&3\\0&2&2\end{pmatrix}$，它的行表示 a 省的城市，列是 b 省的城市，而 c_{ij} 表示 a_i 与 b_j 间的通路数. 矩阵 $\boldsymbol{C}$ 就称为通路矩阵.

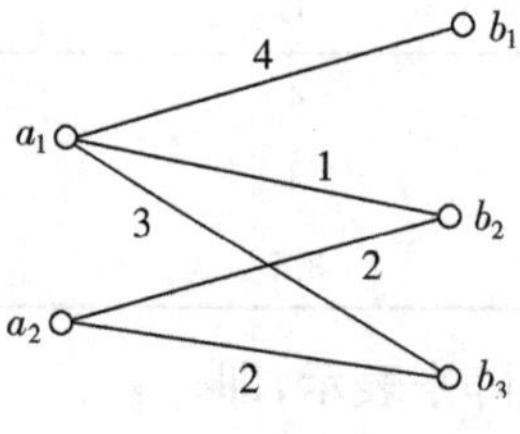

图 2.2

4. 赢得矩阵

博弈论中，用来描述两个或多个参与人的策略和支付的矩阵称为赢得矩阵.

不同参与人的利润或效用就是支付. 也称“支付矩阵”，是指从支付表中抽象出来由损益值组成的矩阵.

例 6 在“田忌赛马”的故事中，每局的三次比赛中胜者记 1 分，负者记 −1 分，平局记 0 分，即在任一局势下，双方赢得之和总是等于 0. 齐王和田忌都有六个策略，一局对策结束后，齐王的所得必为田忌的所失，反之亦然. 表 2.2 就给出了在六个策略下齐王的赢得情况.

表 2.2

		田忌的策略					
		上中下	上下中	中上下	中下上	下中上	下上中
齐王的策略	上中下	3	1	1	1	1	−1
	上下中	1	3	1	1	−1	1
	中上下	1	−1	3	1	1	1
	中下上	−1	1	1	3	1	1
	下中上	1	1	−1	1	3	1
	下上中	1	1	1	−1	1	3

那么齐王的赢得表就可以用下面的矩阵表示，即

$$\boldsymbol{A}=\begin{pmatrix} 3 & 1 & 1 & 1 & 1 & -1 \\ 1 & 3 & 1 & 1 & -1 & 1 \\ 1 & -1 & 3 & 1 & 1 & 1 \\ -1 & 1 & 1 & 3 & 1 & 1 \\ 1 & 1 & -1 & 1 & 3 & 1 \\ 1 & 1 & 1 & -1 & 1 & 3 \end{pmatrix}.$$

在博弈论中，这个矩阵就代表齐王的赢得矩阵（也称为田忌的支付矩阵），可以注意到田忌的赢得矩阵为 $-\boldsymbol{A}$.

5. 原子矩阵

例 7 在复杂化学反应系统中，涉及众多的化学物质. 为了定量地研究反应、平衡等问题，可引进表示这种系统的原子矩阵. 例如，在水煤气的生产中，系统内除含有一些惰性气体外，还存在以下 7 种化学物质：CH_4，H_2O，H_2，CO，CO_2，C，C_2H_6. 这时可写出原子矩阵

$$\boldsymbol{A}=\begin{pmatrix} 1 & 0 & 0 & 1 & 1 & 1 & 2 \\ 4 & 2 & 2 & 0 & 0 & 0 & 6 \\ 0 & 1 & 0 & 1 & 2 & 0 & 0 \end{pmatrix}.$$

该矩阵的行分别表示 C,H,O 三种原子,列分别表示上述 7 种化学物质 CH_4,H_2O, H_2, CO, CO_2, C, C_2H_6. 例如,第 2 行,第 3 列就表示 H_2 含有 2 个 H.

2.2 矩阵的运算

2.2.1 矩阵的线性运算

1. 矩阵的加法

定义 3 设 $\boldsymbol{A}=\begin{pmatrix} a_{11} & a_{12} & \cdots & a_{1n} \\ a_{21} & a_{22} & \cdots & a_{2n} \\ \vdots & \vdots & & \vdots \\ a_{m1} & a_{m2} & \cdots & a_{mn} \end{pmatrix}$, $\boldsymbol{B}=\begin{pmatrix} b_{11} & b_{12} & \cdots & b_{1n} \\ b_{21} & b_{22} & \cdots & b_{2n} \\ \vdots & \vdots & & \vdots \\ b_{m1} & b_{m2} & \cdots & b_{mn} \end{pmatrix}$ 是两个 $m\times n$ 的同型矩阵,则矩阵

$$\boldsymbol{C}=\begin{pmatrix} c_{11} & c_{12} & \cdots & c_{1n} \\ c_{21} & c_{22} & \cdots & c_{2n} \\ \vdots & \vdots & & \vdots \\ c_{m1} & c_{m2} & \cdots & c_{mn} \end{pmatrix}=\begin{pmatrix} a_{11}+b_{11} & a_{12}+b_{12} & \cdots & a_{1n}+b_{1n} \\ a_{21}+b_{21} & a_{22}+b_{22} & \cdots & a_{2n}+b_{2n} \\ \vdots & \vdots & & \vdots \\ a_{m1}+b_{m1} & a_{m2}+b_{m2} & \cdots & a_{mn}+b_{mn} \end{pmatrix}$$

称为 $\boldsymbol{A}$ 与 $\boldsymbol{B}$ 的和,记为 $\boldsymbol{C}=\boldsymbol{A}+\boldsymbol{B}$.

注 相加的两个矩阵必须为同型矩阵.

例 8 $\boldsymbol{A}=\begin{pmatrix} 2 & 1 & 4 \\ 0 & 3 & 3 \end{pmatrix}$, $\boldsymbol{B}=\begin{pmatrix} 3 & 3 & 1 \\ 4 & 0 & 3 \end{pmatrix}$,求 $\boldsymbol{A}+\boldsymbol{B}$.

解 $\boldsymbol{A}+\boldsymbol{B}=\begin{pmatrix} 2 & 1 & 4 \\ 0 & 3 & 3 \end{pmatrix}+\begin{pmatrix} 3 & 3 & 1 \\ 4 & 0 & 3 \end{pmatrix}=\begin{pmatrix} 2+3 & 1+3 & 4+1 \\ 0+4 & 3+0 & 3+3 \end{pmatrix}=\begin{pmatrix} 5 & 4 & 5 \\ 4 & 3 & 6 \end{pmatrix}$.

2. 数与矩阵相乘

定义 4 设有矩阵 $\boldsymbol{A}=(a_{ij})_{m\times n}=\begin{pmatrix} a_{11} & a_{12} & \cdots & a_{1n} \\ a_{21} & a_{22} & \cdots & a_{2n} \\ \vdots & \vdots & & \vdots \\ a_{m1} & a_{m2} & \cdots & a_{mn} \end{pmatrix}$, k 是任一个实数,矩阵 $(ka_{ij})_{m\times n}=\begin{pmatrix} ka_{11} & ka_{12} & \cdots & ka_{1n} \\ ka_{21} & ka_{22} & \cdots & ka_{2n} \\ \vdots & \vdots & & \vdots \\ ka_{m1} & ka_{m2} & \cdots & ka_{mn} \end{pmatrix}$ 称为数 k 与矩阵 $\boldsymbol{A}=(a_{ij})_{m\times n}$ 的数量乘积. 记为 $k\boldsymbol{A}$.

注　用数乘一个矩阵,就是把矩阵的每个元素都乘上 k,而不是用 k 乘矩阵的某一行(列), 注意与行列式的性质相区别.

定义 5　对于矩阵 $\boldsymbol{A}=(a_{ij})_{m\times n}$,称 $(-a_{ij})_{m\times n}$ 为 $\boldsymbol{A}$ 的负矩阵,记为 $-\boldsymbol{A}$,即

$$-\boldsymbol{A}=\begin{pmatrix} -a_{11} & -a_{12} & \cdots & -a_{1n} \\ -a_{21} & -a_{22} & \cdots & -a_{2n} \\ \vdots & \vdots & & \vdots \\ -a_{m1} & -a_{m2} & \cdots & -a_{mn} \end{pmatrix}.$$

由矩阵的加法和负矩阵的定义,显然有 $\boldsymbol{A}+(-\boldsymbol{A})=\boldsymbol{O}$,由此可以定义矩阵的减法:$\boldsymbol{A}-\boldsymbol{B}=\boldsymbol{A}+(-\boldsymbol{B})$.

例 9　求矩阵 $\boldsymbol{X}$ 使 $2\boldsymbol{A}+3\boldsymbol{X}=2\boldsymbol{B}$,其中 $\boldsymbol{A}=\begin{pmatrix} 2 & 0 & 5 \\ -6 & 1 & 0 \end{pmatrix}$,$\boldsymbol{B}=\begin{pmatrix} 1 & 3 & -1 \\ 0 & -2 & 1 \end{pmatrix}$.

解　由于 $3\boldsymbol{X}=2(\boldsymbol{B}-\boldsymbol{A})$,所以

$$\boldsymbol{X}=\frac{2}{3}(\boldsymbol{B}-\boldsymbol{A})=\frac{2}{3}\begin{pmatrix} -1 & 3 & -6 \\ 6 & -3 & 1 \end{pmatrix}=\begin{pmatrix} -\frac{2}{3} & 2 & -4 \\ 4 & -2 & \frac{2}{3} \end{pmatrix}.$$

矩阵的加法和数乘矩阵统称为矩阵的线性运算,它满足下列运算律.

设 $\boldsymbol{A},\boldsymbol{B},\boldsymbol{C}$ 为同阶矩阵, k,l 为常数, 则有

(1) $\boldsymbol{A}+\boldsymbol{B}=\boldsymbol{B}+\boldsymbol{A}$;

(2) $(\boldsymbol{A}+\boldsymbol{B})+\boldsymbol{C}=\boldsymbol{A}+(\boldsymbol{B}+\boldsymbol{C})$;

(3) $\boldsymbol{A}+\boldsymbol{O}=\boldsymbol{A}$;

(4) $\boldsymbol{A}+(-\boldsymbol{A})=\boldsymbol{O}$;

(5) $1\boldsymbol{A}=\boldsymbol{A}$;

(6) $(kl)\boldsymbol{A}=k(l\boldsymbol{A})$;

(7) $(k+l)\boldsymbol{A}=k\boldsymbol{A}+l\boldsymbol{A}$;

(8) $k(\boldsymbol{A}+\boldsymbol{B})=k\boldsymbol{A}+k\boldsymbol{B}$.

注　在数学中,把满足上述八条运算律的运算称为线性运算.

2.2.2 矩阵与矩阵的乘法

定义 6　设 $\boldsymbol{A}=(a_{ij})_{m\times s}=\begin{pmatrix} a_{11} & a_{12} & \cdots & a_{1s} \\ a_{21} & a_{22} & \cdots & a_{2s} \\ \vdots & \vdots & & \vdots \\ a_{m1} & a_{m2} & \cdots & a_{ms} \end{pmatrix}$,$\boldsymbol{B}=(b_{ij})_{s\times n}=\begin{pmatrix} b_{11} & b_{12} & \cdots & b_{1n} \\ b_{21} & b_{22} & \cdots & b_{2n} \\ \vdots & \vdots & & \vdots \\ b_{s1} & b_{s2} & \cdots & b_{sn} \end{pmatrix}$,

矩阵 $\boldsymbol{A}$ 与矩阵 $\boldsymbol{B}$ 的乘积记作 $\boldsymbol{AB}$,规定为

$$AB=(c_{ij})_{m\times n}=\begin{pmatrix} c_{11} & c_{12} & \cdots & c_{1n} \\ c_{21} & c_{22} & \cdots & c_{2n} \\ \vdots & \vdots & & \vdots \\ c_{m1} & c_{m2} & \cdots & c_{mn} \end{pmatrix},$$

其中 $c_{ij}=a_{i1}b_{1j}+a_{i2}b_{2j}+\cdots+a_{is}b_{sj}=\sum_{k=1}^{s}a_{ik}b_{kj}(i=1,2,\cdots,m;j=1,2,\cdots,n)$.

AB 常读作 **A** 左乘 **B** 或 **B** 右乘 **A**.

注　(1)只有当左边矩阵的列数等于右边矩阵的行数时,两个矩阵才能进行乘法运算.

(2)若 **C**=**AB**,则矩阵 **C** 的元素 c_{ij} 即为矩阵 **A** 的第 i 行元素与矩阵 **B** 的第 j 列对应元素乘积之和,即

$$c_{ij}=(a_{i1},a_{i2},\cdots,a_{is})\begin{pmatrix} b_{1j} \\ b_{2j} \\ \vdots \\ b_{sj} \end{pmatrix}$$

$$=a_{i1}b_{1j}+a_{i2}b_{2j}+\cdots+a_{is}b_{sj}.$$

例 10　设

$$A=\begin{pmatrix} 1 & 2 & 0 \\ 2 & 1 & 3 \end{pmatrix},\quad B=\begin{pmatrix} 2 & 3 & 0 \\ 1 & -2 & -1 \\ 3 & 1 & 1 \end{pmatrix},$$

求 **AB**.

解　因为 **A** 的列数与 **B** 的行数均为 3,所以 **AB** 有意义,且 **AB** 为 2×3 矩阵.

$$AB=\begin{pmatrix} 1 & 2 & 0 \\ 2 & 1 & 3 \end{pmatrix}\begin{pmatrix} 2 & 3 & 0 \\ 1 & -2 & -1 \\ 3 & 1 & 1 \end{pmatrix}$$

$$=\begin{pmatrix} 1\times2+2\times1+0\times3 & 1\times3+2\times(-2)+0\times1 & 1\times0+2\times(-1)+0\times1 \\ 2\times2+1\times1+3\times3 & 2\times3+1\times(-2)+3\times1 & 2\times0+1\times(-1)+3\times1 \end{pmatrix}$$

$$=\begin{pmatrix} 4 & -1 & -2 \\ 14 & 7 & 2 \end{pmatrix}.$$

如果将矩阵 **B** 作为左矩阵,**A** 作为右矩阵相乘,则没有意义,即 **BA** 没意义,因为 **B** 的列数为 3,而 **A** 的行数为 2.

此例说明:**AB** 有意义,但 **BA** 不一定有意义.

例 11　设

$$\boldsymbol{A}=\begin{pmatrix}a_1\\a_2\\\vdots\\a_n\end{pmatrix}_{n\times 1},\quad \boldsymbol{B}=(b_1,b_2,\cdots,b_n)_{1\times n},$$

求 $\boldsymbol{AB}$ 和 $\boldsymbol{BA}$.

解　$$\boldsymbol{AB}=\begin{pmatrix}a_1\\a_2\\\vdots\\a_n\end{pmatrix}(b_1,b_2,\cdots,b_n)=\begin{pmatrix}a_1b_1&a_1b_2&\cdots&a_1b_n\\a_2b_1&a_2b_2&\cdots&a_2b_n\\\vdots&\vdots&&\vdots\\a_nb_1&a_nb_2&\cdots&a_nb_n\end{pmatrix}_{n\times n},$$

$$\boldsymbol{BA}=(b_1,b_2,\cdots,b_n)\begin{pmatrix}a_1\\a_2\\\vdots\\a_n\end{pmatrix}=(b_1a_1+b_2a_2+\cdots+b_na_n)=b_1a_1+b_2a_2+\cdots+b_na_n.$$

注　此例说明,即使 $\boldsymbol{AB}$ 和 $\boldsymbol{BA}$ 都有意义,$\boldsymbol{AB}$ 和 $\boldsymbol{BA}$ 的行数及列数也不一定相同.

例 12　设

$$\boldsymbol{A}=\begin{pmatrix}1&1\\-1&-1\end{pmatrix},\quad \boldsymbol{B}=\begin{pmatrix}1&-1\\-1&1\end{pmatrix},$$

求 $\boldsymbol{AB}$ 和 $\boldsymbol{BA}$.

解　$$\boldsymbol{AB}=\begin{pmatrix}1&1\\-1&-1\end{pmatrix}\begin{pmatrix}1&-1\\-1&1\end{pmatrix}=\begin{pmatrix}0&0\\0&0\end{pmatrix},$$

$$\boldsymbol{BA}=\begin{pmatrix}1&-1\\-1&1\end{pmatrix}\begin{pmatrix}1&1\\-1&-1\end{pmatrix}=\begin{pmatrix}2&2\\-2&-2\end{pmatrix}.$$

此例说明:即使 $\boldsymbol{AB}$ 和 $\boldsymbol{BA}$ 都有意义且它们的行列数相同,$\boldsymbol{AB}$ 与 $\boldsymbol{BA}$ 也不相等.另外,此例还说明:两个非零矩阵的乘积可以是零矩阵.

例 13　设

$$\boldsymbol{A}=\begin{pmatrix}3&1\\4&6\end{pmatrix},\quad \boldsymbol{B}=\begin{pmatrix}2&1\\4&6\end{pmatrix},\quad \boldsymbol{C}=\begin{pmatrix}0&0\\1&1\end{pmatrix},$$

求 $\boldsymbol{AC}$ 和 $\boldsymbol{BC}$.

解　$$\boldsymbol{AC}=\begin{pmatrix}3&1\\4&6\end{pmatrix}\begin{pmatrix}0&0\\1&1\end{pmatrix}=\begin{pmatrix}1&1\\6&6\end{pmatrix};\quad \boldsymbol{BC}=\begin{pmatrix}2&1\\4&6\end{pmatrix}\begin{pmatrix}0&0\\1&1\end{pmatrix}=\begin{pmatrix}1&1\\6&6\end{pmatrix}.$$

此例说明:由 $\boldsymbol{AC}=\boldsymbol{BC}$,$\boldsymbol{C}\neq\boldsymbol{O}$,一般不能推出 $\boldsymbol{A}=\boldsymbol{B}$.

以上几个例子说明了数的乘法的运算律不一定都适合矩阵的乘法. 对矩阵乘法请注意下述问题.

(1)一般来讲,矩阵乘法不满足交换律,$\boldsymbol{AB}\neq\boldsymbol{BA}$.

(2)一般来说,矩阵乘法不满足消去律. 当 $\boldsymbol{AB}=\boldsymbol{AC}$ 或 $\boldsymbol{BA}=\boldsymbol{CA}$ 且 $\boldsymbol{A}\neq\boldsymbol{O}$ 时,不一定有 $\boldsymbol{B}=\boldsymbol{C}$.

(3)两个非零矩阵的乘积,可能是零矩阵. 因此,一般不能由 $\boldsymbol{AB}=\boldsymbol{O}$ 推出 $\boldsymbol{A}=\boldsymbol{O}$ 或 $\boldsymbol{B}=\boldsymbol{O}$.

若矩阵 $\boldsymbol{A}$ 与 $\boldsymbol{B}$ 满足 $\boldsymbol{AB}=\boldsymbol{BA}$,则称 $\boldsymbol{A}$ 与 $\boldsymbol{B}$ 可交换.

$\boldsymbol{E}_m,\boldsymbol{E}_n$ 为单位矩阵,对任意矩阵 $\boldsymbol{A}_{m\times n}$ 有 $\boldsymbol{E}_m\boldsymbol{A}_{m\times n}=\boldsymbol{A}_{m\times n},\boldsymbol{A}_{m\times n}\boldsymbol{E}_n=\boldsymbol{A}_{m\times n}$.

特别地,若 $\boldsymbol{A}$ 是 n 阶矩阵,则有 $\boldsymbol{EA}=\boldsymbol{AE}=\boldsymbol{A}$,即单位矩阵 $\boldsymbol{E}$ 在矩阵乘法中起的作用类似于数 1 在数的乘法中的作用.

利用矩阵的乘法运算,可以使许多问题表达简明.

例 14 若记线性方程组 $\begin{cases}a_{11}x_1+a_{12}x_2+\cdots+a_{1n}x_n=b_1,\\ a_{21}x_1+a_{22}x_2+\cdots+a_{2n}x_n=b_2,\\ \quad\cdots\cdots\\ a_{m1}x_1+a_{m2}x_2+\cdots+a_{mn}x_n=b_m\end{cases}$ 的系数矩阵为

$$\boldsymbol{A}=\begin{pmatrix}a_{11}&a_{12}&\cdots&a_{1n}\\a_{21}&a_{22}&\cdots&a_{2n}\\\vdots&\vdots&&\vdots\\a_{m1}&a_{m2}&\cdots&a_{mn}\end{pmatrix},$$

并记未知量和常数项矩阵分别为

$$\boldsymbol{X}=\begin{pmatrix}x_1\\x_2\\\vdots\\x_n\end{pmatrix},\quad\boldsymbol{B}=\begin{pmatrix}b_1\\b_2\\\vdots\\b_m\end{pmatrix},$$

则有

$$\boldsymbol{AX}=\begin{pmatrix}a_{11}&a_{12}&\cdots&a_{1n}\\a_{21}&a_{22}&\cdots&a_{2n}\\\vdots&\vdots&&\vdots\\a_{m1}&a_{m2}&\cdots&a_{mn}\end{pmatrix}\begin{pmatrix}x_1\\x_2\\\vdots\\x_n\end{pmatrix}=\begin{pmatrix}a_{11}x_1+a_{12}x_2+\cdots+a_{1n}x_n\\a_{21}x_1+a_{22}x_2+\cdots+a_{2n}x_n\\\vdots\\a_{m1}x_1+a_{m2}x_2+\cdots+a_{mn}x_n\end{pmatrix}.$$

所以上面的方程组可以简记为矩阵形式 $\boldsymbol{AX}=\boldsymbol{B}$.

矩阵的乘法满足下列运算律(假定运算都是可行的):

(1) $(\boldsymbol{AB})\boldsymbol{C}=\boldsymbol{A}(\boldsymbol{BC})$;

(2) $(\boldsymbol{A}+\boldsymbol{B})\boldsymbol{C}=\boldsymbol{AC}+\boldsymbol{BC}$;

(3) $\boldsymbol{C}(\boldsymbol{A}+\boldsymbol{B})=\boldsymbol{CA}+\boldsymbol{CB}$;

(4) $k(\boldsymbol{AB})=(k\boldsymbol{A})\boldsymbol{B}=\boldsymbol{A}(k\boldsymbol{B})$.

2.2.3　方阵的幂与方阵的多项式

定义 7 (方阵的幂)　设 $\boldsymbol{A}$ 是 n 阶方阵,规定 $\boldsymbol{A}^0=\boldsymbol{E}, \boldsymbol{A}^{k+1}=\boldsymbol{A}^k\boldsymbol{A}$ (k 为非负整数).

因为矩阵的乘法满足结合律,所以方阵的幂满足 $\boldsymbol{A}^k\boldsymbol{A}^l=\boldsymbol{A}^{k+l}$, $(\boldsymbol{A}^k)^l=\boldsymbol{A}^{kl}$,其中 k,l 为非负整数,又因为矩阵的乘法一般不满足交换律,所以对于两个 n 阶方阵 $\boldsymbol{A}$ 与 $\boldsymbol{B}$,一般来说,$(\boldsymbol{AB})^k\neq\boldsymbol{A}^k\boldsymbol{B}^k$. 此外,若 $\boldsymbol{A}^k=\boldsymbol{O}$,也不一定有 $\boldsymbol{A}=\boldsymbol{O}$.

例如,$\boldsymbol{A}=\begin{pmatrix}1&1\\-1&-1\end{pmatrix}\neq\boldsymbol{O}$,但

$$\boldsymbol{A}^2=\begin{pmatrix}1&1\\-1&-1\end{pmatrix}\begin{pmatrix}1&1\\-1&-1\end{pmatrix}=\begin{pmatrix}0&0\\0&0\end{pmatrix}.$$

例 15　$\boldsymbol{A}=\begin{pmatrix}1&0&1\\0&2&0\\0&0&1\end{pmatrix}$,求 $\boldsymbol{A}^k(k=2,3,\cdots)$.

解　$$\boldsymbol{A}^2=\begin{pmatrix}1&0&1\\0&2&0\\0&0&1\end{pmatrix}\begin{pmatrix}1&0&1\\0&2&0\\0&0&1\end{pmatrix}=\begin{pmatrix}1&0&2\\0&2^2&0\\0&0&1\end{pmatrix},$$

$$\boldsymbol{A}^3=\boldsymbol{A}^2\boldsymbol{A}=\begin{pmatrix}1&0&2\\0&2^2&0\\0&0&1\end{pmatrix}\begin{pmatrix}1&0&1\\0&2&0\\0&0&1\end{pmatrix}=\begin{pmatrix}1&0&3\\0&2^3&0\\0&0&1\end{pmatrix}.$$

可以验证:

$$\boldsymbol{A}^k=\begin{pmatrix}1&0&k\\0&2^k&0\\0&0&1\end{pmatrix}.$$

定义了方阵的幂,在前面我们介绍了矩阵的数乘运算,类似地可以得到方阵的多项式.

定义 8 (方阵的多项式)　设 $\boldsymbol{A}$ 是 n 阶方阵,称 $\varphi(\boldsymbol{A})=a_0\boldsymbol{A}^m+a_1\boldsymbol{A}^{m-1}+\cdots+a_{m-1}\boldsymbol{A}+a_m\boldsymbol{E}$ 为方阵 $\boldsymbol{A}$ 的 m 次多项式,其中 $a_0,a_1,\cdots,a_{m-1},a_m$ ($a_0\neq0$) 为任意常数.

2.2.4 矩阵的转置

定义 9 设 $m\times n$ 矩阵

$$A=\begin{pmatrix} a_{11} & a_{12} & \cdots & a_{1n} \\ a_{21} & a_{22} & \cdots & a_{2n} \\ \vdots & \vdots & & \vdots \\ a_{m1} & a_{m2} & \cdots & a_{mn} \end{pmatrix},$$

将 A 的行变成列所得的 $n\times m$ 矩阵 $\begin{pmatrix} a_{11} & a_{21} & \cdots & a_{m1} \\ a_{12} & a_{22} & \cdots & a_{m2} \\ \vdots & \vdots & & \vdots \\ a_{1n} & a_{2n} & \cdots & a_{mn} \end{pmatrix}$ 定义为 A 的转置矩阵,记作 A^{T}.

由定义可知,A^{T} 在位置(i,j)上的元素是矩阵 A 在位置(j,i)上的元素.

例如,$A=\begin{pmatrix} 4 & -1 \\ 0 & 2 \\ -3 & 2 \end{pmatrix}$ 的转置矩阵为 $A^{\mathrm{T}}=\begin{pmatrix} 4 & 0 & -3 \\ -1 & 2 & 2 \end{pmatrix}$.

矩阵的转置运算满足下述运算律(假设运算律都是可行的):

(1)$(A^{\mathrm{T}})^{\mathrm{T}}=A$;

(2)$(A+B)^{\mathrm{T}}=A^{\mathrm{T}}+B^{\mathrm{T}}$;

(3)$(\lambda A)^{\mathrm{T}}=\lambda A^{\mathrm{T}}$;

(4)$(AB)^{\mathrm{T}}=B^{\mathrm{T}}A^{\mathrm{T}}$.

例 16 设

$$A=\begin{pmatrix} 1 & -1 & 2 \\ 0 & 1 & 1 \end{pmatrix},\quad B=\begin{pmatrix} -1 & 0 \\ 1 & 3 \\ 2 & 1 \end{pmatrix},$$

求$(AB)^{\mathrm{T}}$和 $A^{\mathrm{T}}B^{\mathrm{T}}$.

解 因为

$$A^{\mathrm{T}}=\begin{pmatrix} 1 & 0 \\ -1 & 1 \\ 2 & 1 \end{pmatrix},\quad B^{\mathrm{T}}=\begin{pmatrix} -1 & 1 & 2 \\ 0 & 3 & 1 \end{pmatrix},$$

所以

$$(AB)^{\mathrm{T}}=B^{\mathrm{T}}A^{\mathrm{T}}=\begin{pmatrix} -1 & 1 & 2 \\ 0 & 3 & 1 \end{pmatrix}\begin{pmatrix} 1 & 0 \\ -1 & 1 \\ 2 & 1 \end{pmatrix}=\begin{pmatrix} 2 & 3 \\ -1 & 4 \end{pmatrix},$$

$$A^{\mathrm{T}}B^{\mathrm{T}}=\begin{pmatrix}1&0\\-1&1\\2&1\end{pmatrix}\begin{pmatrix}-1&1&2\\0&3&1\end{pmatrix}=\begin{pmatrix}-1&1&2\\1&2&-1\\-2&5&5\end{pmatrix}.$$

注 一般情况下 $(\boldsymbol{AB})^{\mathrm{T}}\neq\boldsymbol{A}^{\mathrm{T}}\boldsymbol{B}^{\mathrm{T}}$，显然，(2)和(4)可以推广到 n 个矩阵的情形，即

$$(\boldsymbol{A}_1+\boldsymbol{A}_2+\cdots+\boldsymbol{A}_n)^{\mathrm{T}}=\boldsymbol{A}_1^{\mathrm{T}}+\boldsymbol{A}_2^{\mathrm{T}}+\cdots+\boldsymbol{A}_n^{\mathrm{T}},\quad (\boldsymbol{A}_1\boldsymbol{A}_2\cdots\boldsymbol{A}_{n-1}\boldsymbol{A}_n)^{\mathrm{T}}=\boldsymbol{A}_n^{\mathrm{T}}\boldsymbol{A}_{n-1}^{\mathrm{T}}\cdots\boldsymbol{A}_2^{\mathrm{T}}\boldsymbol{A}_1^{\mathrm{T}}.$$

2.2.5 方阵的行列式

定义 10 由 n 阶方阵 $\boldsymbol{A}=(a_{ij})_{n\times n}$ 的元素按原来位置所构成的行列式，称为 $\boldsymbol{A}$ 的行列式，记作 $\det\boldsymbol{A}$，或者 $|\boldsymbol{A}|$.

设 $\boldsymbol{A},\boldsymbol{B}$ 是 n 阶方阵，k 是常数，则 n 阶方阵的行列式具有如下性质：

(1) $|\boldsymbol{A}^{\mathrm{T}}|=|\boldsymbol{A}|$；

(2) $|k\boldsymbol{A}|=k^n|\boldsymbol{A}|$；

(3) $|\boldsymbol{AB}|=|\boldsymbol{A}|\cdot|\boldsymbol{B}|$.

把性质(3)推广到 m 个 n 阶方阵相乘的情形，有

$$|\boldsymbol{A}_1\boldsymbol{A}_2\cdots\boldsymbol{A}_m|=|\boldsymbol{A}_1||\boldsymbol{A}_2|\cdots|\boldsymbol{A}_m|.$$

注 方阵是数表，而行列式是数值.

$$\boldsymbol{A}_{n\times n}\boldsymbol{B}_{n\times n}\neq\boldsymbol{BA},\ 而\ |\boldsymbol{AB}|=|\boldsymbol{BA}|.$$

定义 11 对于 n 阶方阵 $\boldsymbol{A}$，若 $\boldsymbol{A}^{\mathrm{T}}=\boldsymbol{A}$，则称矩阵 $\boldsymbol{A}$ 为对称矩阵. 若 $\boldsymbol{A}^{\mathrm{T}}=-\boldsymbol{A}$，则称矩阵 $\boldsymbol{A}$ 为反对阵矩阵.

易见，奇数阶反对称矩阵的行列式为 0.

2.3 逆 矩 阵

在 2.2 节中已详细介绍了矩阵的加法、乘法. 根据加法，我们定义了减法. 因此我们要问有了乘法，能否定义矩阵的除法，即矩阵的乘法是否存在一种逆运算？如果这种逆运算存在，它的存在应该满足什么条件？下面，我们将探索什么样的矩阵存在这种逆运算，以及这种逆运算如何去实施等问题.

我们知道，在数的运算中，对于数 $a\neq0$，总存在唯一的一个数 a^{-1} 使得 $aa^{-1}=a^{-1}a=1$. 类似地，在矩阵的运算中我们也可以考虑，对于矩阵 $\boldsymbol{A}$，是否存在唯一的一个类似于 a^{-1} 的矩阵 $\boldsymbol{B}$，使得

$$\boldsymbol{AB}=\boldsymbol{BA}=\boldsymbol{E}.$$

为此引入逆矩阵的概念.

2.3.1 逆矩阵的概念

定义 12 对于 n 阶矩阵 $\boldsymbol{A}$，如果存在一个 n 阶矩阵 $\boldsymbol{B}$，使得 $\boldsymbol{AB}=\boldsymbol{BA}=\boldsymbol{E}$，则称 $\boldsymbol{A}$ 为可逆矩阵，称 $\boldsymbol{B}$ 为 $\boldsymbol{A}$ 的逆矩阵，记为 $\boldsymbol{A}^{-1}$.

若矩阵 $\boldsymbol{A}$ 可逆，则 $\boldsymbol{A}$ 的逆矩阵是唯一的. 这是因为：设 $\boldsymbol{B},\boldsymbol{C}$ 均为 $\boldsymbol{A}$ 的逆矩阵，则有

$$\boldsymbol{B}=\boldsymbol{BE}=\boldsymbol{B}(\boldsymbol{AC})=(\boldsymbol{BA})\boldsymbol{C}=\boldsymbol{EC}=\boldsymbol{C}.$$

例 17 已知矩阵

$$\boldsymbol{A}=\begin{pmatrix}2&0\\3&1\end{pmatrix},\quad \boldsymbol{B}=\begin{pmatrix}\frac{1}{2}&0\\-\frac{3}{2}&1\end{pmatrix}.$$

因为

$$\boldsymbol{AB}=\begin{pmatrix}2&0\\3&1\end{pmatrix}\begin{pmatrix}\frac{1}{2}&0\\-\frac{3}{2}&1\end{pmatrix}=\begin{pmatrix}1&0\\0&1\end{pmatrix},\quad \boldsymbol{BA}=\begin{pmatrix}\frac{1}{2}&0\\-\frac{3}{2}&1\end{pmatrix}\begin{pmatrix}2&0\\3&1\end{pmatrix}=\begin{pmatrix}1&0\\0&1\end{pmatrix}.$$

故 $\boldsymbol{A}$ 为可逆矩阵，$\boldsymbol{B}$ 为 $\boldsymbol{A}$ 的逆矩阵.

例 18 因为 $\boldsymbol{EE}=\boldsymbol{E}$，所以 $\boldsymbol{E}$ 是可逆矩阵，$\boldsymbol{E}$ 的逆矩阵为其自身.

例 19 因为对任何方阵 $\boldsymbol{B}$，都有 $\boldsymbol{B}\cdot\boldsymbol{O}=\boldsymbol{O}\cdot\boldsymbol{B}=\boldsymbol{O}$，所以零矩阵不是可逆矩阵.

在定义 12 中，由于矩阵 $\boldsymbol{A}$ 与 $\boldsymbol{B}$ 在等式 $\boldsymbol{AB}=\boldsymbol{BA}=\boldsymbol{E}$ 中的地位是平等的，所以，若 $\boldsymbol{A}$ 可逆，$\boldsymbol{B}$ 是 $\boldsymbol{A}$ 的逆矩阵，那么 $\boldsymbol{B}$ 也可逆，且 $\boldsymbol{A}$ 是 $\boldsymbol{B}$ 的逆矩阵，即 $\boldsymbol{A},\boldsymbol{B}$ 互为逆矩阵.

2.3.2 逆矩阵的运算性质

可逆矩阵具有下列性质.

性质 1 如果矩阵 $\boldsymbol{A}$ 可逆，则 $\boldsymbol{A}$ 的逆矩阵 $\boldsymbol{A}^{-1}$ 也可逆，且 $(\boldsymbol{A}^{-1})^{-1}=\boldsymbol{A}$.

性质 2 如果 $\boldsymbol{A},\boldsymbol{B}$ 是两个同阶可逆矩阵，则 $\boldsymbol{AB}$ 也可逆，且 $(\boldsymbol{AB})^{-1}=\boldsymbol{B}^{-1}\boldsymbol{A}^{-1}$.

此性质可推广到有限个可逆矩阵相乘的情形，即

如果 $\boldsymbol{A}_1,\boldsymbol{A}_2,\cdots,\boldsymbol{A}_n$ 为同阶可逆矩阵，则 $(\boldsymbol{A}_1\boldsymbol{A}_2\cdots\boldsymbol{A}_n)^{-1}=\boldsymbol{A}_n^{-1}\boldsymbol{A}_{n-1}^{-1}\cdots\boldsymbol{A}_2^{-1}\boldsymbol{A}_1^{-1}$.

性质 3 如果 $\boldsymbol{A}$ 可逆，数 $k\neq0$，则 $k\boldsymbol{A}$ 也可逆，且 $(k\boldsymbol{A})^{-1}=\frac{1}{k}\boldsymbol{A}^{-1}$.

性质 4 如果矩阵 $\boldsymbol{A}$ 可逆，则 $\boldsymbol{A}$ 的转置矩阵 $\boldsymbol{A}^{\mathrm{T}}$ 也可逆，且 $(\boldsymbol{A}^{\mathrm{T}})^{-1}=(\boldsymbol{A}^{-1})^{\mathrm{T}}$.

2.3.3 逆矩阵存在的条件与求法

对于一个 n 阶矩阵 $\boldsymbol{A}$ 来说，逆矩阵可能存在，也可能不存在. 我们需要研究：在

什么条件下 n 阶矩阵 $\boldsymbol{A}$ 可逆？如果可逆，如何求逆矩阵 $\boldsymbol{A}^{-1}$？为此先介绍一个概念.

定义 13　设 A_{ij} 是 n 阶方阵 $\boldsymbol{A}=(a_{ij})_{n\times n}$ 的行列式 $|\boldsymbol{A}|$ 中的元素 a_{ij} 的代数余子式，矩阵

$$\boldsymbol{A}^*=\begin{pmatrix} A_{11} & A_{21} & \cdots & A_{n1} \\ A_{12} & A_{22} & \cdots & A_{n2} \\ \vdots & \vdots & & \vdots \\ A_{1n} & A_{2n} & \cdots & A_{nn} \end{pmatrix}$$

称为矩阵 $\boldsymbol{A}$ 的伴随矩阵.

例 20　设

$$\boldsymbol{A}=\begin{pmatrix} 1 & 0 & 2 \\ -1 & 1 & 3 \\ 3 & 1 & 0 \end{pmatrix},$$

试求伴随矩阵 $\boldsymbol{A}^*$.

解　$A_{11}=\begin{vmatrix} 1 & 3 \\ 1 & 0 \end{vmatrix}=-3$，$A_{12}=-\begin{vmatrix} -1 & 3 \\ 3 & 0 \end{vmatrix}=9$，$A_{13}=\begin{vmatrix} -1 & 1 \\ 3 & 1 \end{vmatrix}=-4$，

$A_{21}=-\begin{vmatrix} 0 & 2 \\ 1 & 0 \end{vmatrix}=2$，$A_{22}=\begin{vmatrix} 1 & 2 \\ 3 & 0 \end{vmatrix}=-6$，$A_{23}=-\begin{vmatrix} 1 & 0 \\ 3 & 1 \end{vmatrix}=-1$，

$A_{31}=\begin{vmatrix} 0 & 2 \\ 1 & 3 \end{vmatrix}=-2$，$A_{32}=-\begin{vmatrix} 1 & 2 \\ -1 & 3 \end{vmatrix}=-5$，$A_{33}=\begin{vmatrix} 1 & 0 \\ -1 & 1 \end{vmatrix}=1$，

所以

$$\boldsymbol{A}^*=\begin{pmatrix} -3 & 2 & -2 \\ 9 & -6 & -5 \\ -4 & -1 & 1 \end{pmatrix}.$$

由第 1 章中行列式按一行展开的公式，可得

$$\boldsymbol{AA}^*=\begin{pmatrix} a_{11} & a_{12} & \cdots & a_{1n} \\ a_{21} & a_{22} & \cdots & a_{2n} \\ \vdots & \vdots & & \vdots \\ a_{n1} & a_{n2} & \cdots & a_{nn} \end{pmatrix}\begin{pmatrix} A_{11} & A_{21} & \cdots & A_{n1} \\ A_{12} & A_{22} & \cdots & A_{n2} \\ \vdots & \vdots & & \vdots \\ A_{1n} & A_{2n} & \cdots & A_{nn} \end{pmatrix}$$

$$=\begin{pmatrix} |\boldsymbol{A}| & 0 & \cdots & 0 \\ 0 & |\boldsymbol{A}| & \cdots & 0 \\ \vdots & \vdots & & \vdots \\ 0 & 0 & \cdots & |\boldsymbol{A}| \end{pmatrix}=|\boldsymbol{A}|\boldsymbol{E}.$$

同理，利用行列式按列展开公式可得

$$A^*A=|A|E,$$

即对任一 n 阶矩阵 A，有

$$AA^*=A^*A=|A|E.$$

若 $|A|\neq 0$，则有

$$A\left(\frac{1}{|A|}A^*\right)=\left(\frac{1}{|A|}A^*\right)A=E.$$

由此我们得到下面的定理.

定理 1　n 阶矩阵 A 可逆的充分必要条件是 A 是非奇异的（即 $|A|\neq 0$），且当 A 可逆时，$A^{-1}=\dfrac{1}{|A|}A^*$.

推论　若 A,B 为同阶方阵，且 $AB=E$，则 A,B 都可逆，且 $A^{-1}=B, B^{-1}=A$.

证　因 $|AB|=|A||B|=|E|=1\neq 0$，所以 $|A|\neq 0$，$|B|\neq 0$，由定理 1 得 A,B 都可逆.

在等式 $AB=E$ 的两边左乘 A^{-1}，有 $A^{-1}(AB)=A^{-1}E$，即得 $B=A^{-1}$，在 $AB=E$ 的两边右乘 B^{-1}，得 $A=B^{-1}$.

例 21　设

$$A=\begin{pmatrix} a & b \\ c & d \end{pmatrix},$$

问：当 a,b,c,d 满足什么条件时，矩阵 A 可逆？当 A 可逆时，求 A^{-1}.

解　$|A|=\begin{vmatrix} a & b \\ c & d \end{vmatrix}=ad-bc$. 当 $ad-bc\neq 0$ 时，$|A|\neq 0$，从而 A 可逆. 此时

$$A^{-1}=\frac{1}{|A|}A^*=\frac{1}{ad-bc}\begin{pmatrix} d & -b \\ -c & a \end{pmatrix}=\begin{pmatrix} \dfrac{d}{ad-bc} & -\dfrac{b}{ad-bc} \\ -\dfrac{c}{ad-bc} & \dfrac{a}{ad-bc} \end{pmatrix}.$$

当 $ad-bc=0$ 时，$|A|=0$，从而 A 不可逆.

2.3.4　逆矩阵的应用

逆矩阵在密码学、经济学等领域都有着广泛应用，这里以密码学中的一个小问题为例介绍逆矩阵在其中的重要应用.

密码问题：设 26 个英文字母分别对应 1～26 这些数字，即 $a\to 1$，$b\to 2$，$c\to 3$，…，$z\to 26$，则一个英文单词就可以用一串数字表示，如

action：1，3，20，9，15，14.

下面给出加密矩阵和解密矩阵：

$$A=\begin{pmatrix}1&2&3\\1&1&2\\0&1&2\end{pmatrix},\quad A^{-1}=\begin{pmatrix}0&1&-1\\2&-2&-1\\-1&1&1\end{pmatrix}.$$

加密：

$$A\begin{pmatrix}1\\3\\20\end{pmatrix}=\begin{pmatrix}67\\44\\43\end{pmatrix},\quad A\begin{pmatrix}9\\15\\14\end{pmatrix}=\begin{pmatrix}81\\52\\43\end{pmatrix}.$$

发出/接收密码：67，44，43，81，52，43.

解密：

$$A^{-1}\begin{pmatrix}67\\44\\43\end{pmatrix}=\begin{pmatrix}1\\3\\20\end{pmatrix},\quad A^{-1}\begin{pmatrix}81\\52\\43\end{pmatrix}=\begin{pmatrix}9\\15\\14\end{pmatrix}.$$

明码：1，3，20，9，15，14，表示 action.

2.4 分块矩阵

在这一节里，我们将介绍一种在处理阶数较高的矩阵时常用的技巧——矩阵的分块.把一个矩阵看成是由一些小矩阵组成的，有时会对一些具有特殊结构的矩阵的运算带来方便，如乘法和求逆等. 而在具体运算时，则把这些小矩阵看作数一样(按运算规则)进行运算. 这种把一个矩阵划分成一些小矩阵，就是所谓的矩阵分块.

2.4.1 分块矩阵的概念

下面通过例子来说明这种方法.

$$A=\left(\begin{array}{ccc:cc}1&0&0&-1&2\\0&1&0&2&3\\0&0&1&5&1\\\hdashline 0&0&0&2&0\\0&0&0&0&2\end{array}\right)=\begin{pmatrix}E_3&A_1\\O&2E_2\end{pmatrix}.$$

其中 E_2，E_3 分别表示二阶和三阶单位矩阵，而

$$A_1=\begin{pmatrix}-1&2\\2&3\\5&1\end{pmatrix},\quad O=\begin{pmatrix}0&0&0\\0&0&0\end{pmatrix}.$$

每一个小矩阵称为矩阵 $\boldsymbol{A}$ 的一个子块或子阵，原矩阵分块后就称为分块矩阵.

上述矩阵 $\boldsymbol{A}$ 也可以采用另外的分块方法. 例如，在矩阵 $\boldsymbol{A}$ 中，如果令

$$\boldsymbol{\varepsilon}_1=\begin{pmatrix}1\\0\\0\\0\\0\end{pmatrix},\quad \boldsymbol{\varepsilon}_2=\begin{pmatrix}0\\1\\0\\0\\0\end{pmatrix},\quad \boldsymbol{\varepsilon}_3=\begin{pmatrix}0\\0\\1\\0\\0\end{pmatrix},\quad \boldsymbol{\alpha}_1=\begin{pmatrix}-1\\2\\5\\2\\0\end{pmatrix},\quad \boldsymbol{\alpha}_2=\begin{pmatrix}2\\3\\1\\0\\2\end{pmatrix},$$

则

$$\boldsymbol{A}=\left(\begin{array}{c:c:c:c:c}1&0&0&-1&2\\0&1&0&2&3\\0&0&1&5&1\\0&0&0&2&0\\0&0&0&0&2\end{array}\right)=(\boldsymbol{\varepsilon}_1,\boldsymbol{\varepsilon}_2,\boldsymbol{\varepsilon}_3,\boldsymbol{\alpha}_1,\boldsymbol{\alpha}_2).$$

采用怎样的分块方法，要根据原矩阵的结构特点，既要使子块在参与运算时不失意义，又要为运算的方便考虑，这就是把矩阵分块处理的目的.

2.4.2 分块矩阵的运算

1. 分块矩阵的加法和数量乘法

设 $\boldsymbol{A},\boldsymbol{B}$ 是两个 $m\times n$ 矩阵，对 $\boldsymbol{A},\boldsymbol{B}$ 都用同样的方法分块得到分块矩阵

$$\boldsymbol{A}=\begin{pmatrix}\boldsymbol{A}_{11}&\boldsymbol{A}_{12}&\cdots&\boldsymbol{A}_{1t}\\\boldsymbol{A}_{21}&\boldsymbol{A}_{22}&\cdots&\boldsymbol{A}_{2t}\\\vdots&\vdots&&\vdots\\\boldsymbol{A}_{s1}&\boldsymbol{A}_{s2}&\cdots&\boldsymbol{A}_{st}\end{pmatrix},\quad \boldsymbol{B}=\begin{pmatrix}\boldsymbol{B}_{11}&\boldsymbol{B}_{12}&\cdots&\boldsymbol{B}_{1t}\\\boldsymbol{B}_{21}&\boldsymbol{B}_{22}&\cdots&\boldsymbol{B}_{2t}\\\vdots&\vdots&&\vdots\\\boldsymbol{B}_{s1}&\boldsymbol{B}_{s2}&\cdots&\boldsymbol{B}_{st}\end{pmatrix},$$

则

$$\boldsymbol{A}+\boldsymbol{B}=\begin{pmatrix}\boldsymbol{A}_{11}+\boldsymbol{B}_{11}&\boldsymbol{A}_{12}+\boldsymbol{B}_{12}&\cdots&\boldsymbol{A}_{1t}+\boldsymbol{B}_{1t}\\\boldsymbol{A}_{21}+\boldsymbol{B}_{21}&\boldsymbol{A}_{22}+\boldsymbol{B}_{22}&\cdots&\boldsymbol{A}_{2t}+\boldsymbol{B}_{2t}\\\vdots&\vdots&&\vdots\\\boldsymbol{A}_{s1}+\boldsymbol{B}_{s1}&\boldsymbol{A}_{s2}+\boldsymbol{B}_{s2}&\cdots&\boldsymbol{A}_{st}+\boldsymbol{B}_{st}\end{pmatrix}.$$

$\boldsymbol{A},\boldsymbol{B}$ 分块方法相同是为了保证各对应子块（作为矩阵）可以相加.

设 k 为一个常数，则

$$k\boldsymbol{A}=\begin{pmatrix}k\boldsymbol{A}_{11}&k\boldsymbol{A}_{12}&\cdots&k\boldsymbol{A}_{1t}\\k\boldsymbol{A}_{21}&k\boldsymbol{A}_{22}&\cdots&k\boldsymbol{A}_{2t}\\\vdots&\vdots&&\vdots\\k\boldsymbol{A}_{s1}&k\boldsymbol{A}_{s2}&\cdots&k\boldsymbol{A}_{st}\end{pmatrix}.$$

这就是说,两个行数与列数都相同的矩阵 $\boldsymbol{A},\boldsymbol{B}$,按同一种分块方法分块,那么 $\boldsymbol{A}$ 与 $\boldsymbol{B}$ 相加时,只需把对应位置的子块相加;用一个数 $\boldsymbol{k}$ 乘一个分块矩阵时,只需用这个数遍乘各子块.

2. 分块矩阵的乘法

设 $\boldsymbol{A}=(a_{ik})$ 是 $m\times n$ 矩阵,$\boldsymbol{B}=(b_{kj})$ 是 $n\times p$ 矩阵,把 $\boldsymbol{A}$ 和 $\boldsymbol{B}$ 分块,并使 $\boldsymbol{A}$ 的列的分法与 $\boldsymbol{B}$ 的行的分法相同,即

$$\boldsymbol{A}=\begin{array}{c} \begin{array}{cccc} n_1 & n_2 & \cdots & n_s \end{array} \\ \begin{pmatrix} \boldsymbol{A}_{11} & \boldsymbol{A}_{12} & \cdots & \boldsymbol{A}_{1s} \\ \boldsymbol{A}_{21} & \boldsymbol{A}_{22} & \cdots & \boldsymbol{A}_{2s} \\ \vdots & \vdots & & \vdots \\ \boldsymbol{A}_{r1} & \boldsymbol{A}_{r2} & \cdots & \boldsymbol{A}_{rs} \end{pmatrix} \end{array} \begin{array}{c} m_1 \\ m_2 \\ \vdots \\ m_r \end{array},\quad \boldsymbol{B}=\begin{array}{c} \begin{array}{cccc} p_1 & p_2 & \cdots & p_t \end{array} \\ \begin{pmatrix} \boldsymbol{A}_{11} & \boldsymbol{A}_{12} & \cdots & \boldsymbol{A}_{1t} \\ \boldsymbol{A}_{21} & \boldsymbol{A}_{22} & \cdots & \boldsymbol{A}_{2t} \\ \vdots & \vdots & & \vdots \\ \boldsymbol{A}_{s1} & \boldsymbol{A}_{s2} & \cdots & \boldsymbol{A}_{st} \end{pmatrix} \end{array} \begin{array}{c} n_1 \\ n_2 \\ \vdots \\ n_s \end{array},$$

其中,m_i,n_j 分别为 $\boldsymbol{A}$ 的子块 $\boldsymbol{A}_{ij}$ 的行数与列数,n_i,p_l 分别为 $\boldsymbol{B}$ 的子块 $\boldsymbol{B}_{ij}$ 的行数与列数,$\sum\limits_{i=1}^{r}m_i=m$,$\sum\limits_{j=1}^{s}n_j=n$,$\sum\limits_{l=1}^{t}p_l=p$,则

$$\boldsymbol{C}=\boldsymbol{AB}=\begin{array}{c} \begin{array}{cccc} p_1 & p_2 & \cdots & p_t \end{array} \\ \begin{pmatrix} \boldsymbol{C}_{11} & \boldsymbol{C}_{12} & \cdots & \boldsymbol{C}_{1t} \\ \boldsymbol{C}_{21} & \boldsymbol{C}_{22} & \cdots & \boldsymbol{C}_{2t} \\ \vdots & \vdots & & \vdots \\ \boldsymbol{C}_{r1} & \boldsymbol{C}_{r2} & \cdots & \boldsymbol{C}_{rt} \end{pmatrix} \end{array} \begin{array}{c} m_1 \\ m_2 \\ \vdots \\ m_r \end{array},$$

其中 $\boldsymbol{C}_{ij}=\boldsymbol{A}_{i1}\boldsymbol{B}_{1j}+\boldsymbol{A}_{i2}\boldsymbol{B}_{2j}+\cdots+\boldsymbol{A}_{is}\boldsymbol{B}_{sj}$.

由此可以看出,要使矩阵的分块乘法能够进行,在对矩阵分块时必须满足:

(1)以子块为元素时,两矩阵可乘,即左矩阵的列块数应等于右矩阵的行块数;

(2)相应地需做乘法的子块也应可乘,即左子块的列数应等于右子块的行数.

若将 $\boldsymbol{A},\boldsymbol{B}$ 直接相乘,可得同样的结果.

例 22 利用分块矩阵求矩阵

$$\boldsymbol{D}=\begin{pmatrix} \boldsymbol{A} & \boldsymbol{O} \\ \boldsymbol{C} & \boldsymbol{B} \end{pmatrix},\quad \boldsymbol{D}^{-1}=\begin{pmatrix} \boldsymbol{A}^{-1} & \boldsymbol{O} \\ -\boldsymbol{B}^{-1}\boldsymbol{C}\boldsymbol{A}^{-1} & \boldsymbol{B}^{-1} \end{pmatrix}.$$

特别地,当 $\boldsymbol{C}=\boldsymbol{O}$ 时,有

$$\begin{pmatrix} \boldsymbol{A} & \boldsymbol{O} \\ \boldsymbol{O} & \boldsymbol{B} \end{pmatrix}=\begin{pmatrix} \boldsymbol{A}^{-1} & \boldsymbol{O} \\ \boldsymbol{O} & \boldsymbol{B}^{-1} \end{pmatrix}.$$

3. 分块矩阵的转置

设分块矩阵为

$$A=\begin{pmatrix} A_{11} & A_{12} & \cdots & A_{1t} \\ A_{21} & A_{22} & \cdots & A_{2t} \\ \vdots & \vdots & & \vdots \\ A_{s1} & A_{s2} & \cdots & A_{st} \end{pmatrix},$$

则有

$$A^{\mathrm{T}}=\begin{pmatrix} A_{11}^{\mathrm{T}} & A_{21}^{\mathrm{T}} & \cdots & A_{s1}^{\mathrm{T}} \\ A_{12}^{\mathrm{T}} & A_{22}^{\mathrm{T}} & \cdots & A_{s2}^{\mathrm{T}} \\ \vdots & \vdots & & \vdots \\ A_{1t}^{\mathrm{T}} & A_{2t}^{\mathrm{T}} & \cdots & A_{st}^{\mathrm{T}} \end{pmatrix}.$$

即当分块矩阵转置时，不仅要把当作元素看待的子块行列互换，而且要把每个子块内部的元素也应行列互换.

2.5 应用举例

例 23　某航空公司在 A,B,C,D,E 五个城市间开辟了若干航线，五个城市间的航班如表 2.3 及图 2.3 所示.

表 2.3

	A	B	C	D	E
A		√	√		
B	√		√		
C	√			√	
D		√			
E			√		

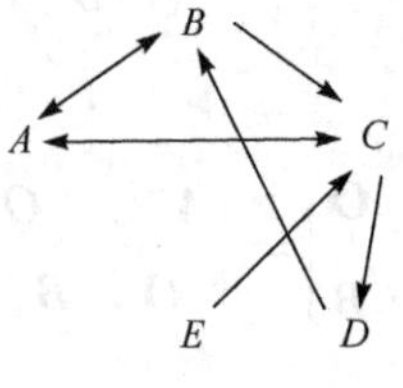

图 2.3

用矩阵表示五个城市间的航班情况：

$$\begin{pmatrix} 0 & 1 & 1 & 0 & 0 \\ 1 & 0 & 1 & 0 & 0 \\ 1 & 0 & 0 & 1 & 0 \\ 0 & 1 & 0 & 0 & 0 \\ 0 & 0 & 1 & 0 & 0 \end{pmatrix}.$$

例 24 某经济系统有三个企业:煤矿、电厂和铁路.在一年内,企业间的直接消耗系数如表 2.4 所示.

表 2.4

	煤矿	电厂	铁路局
煤矿	0	0.65	0.55
电厂	0.25	0.05	0.10
铁路局	0.25	0.05	0

用矩阵表示为

$$\begin{pmatrix} 0 & 0.65 & 0.55 \\ 0.25 & 0.05 & 0.10 \\ 0.25 & 0.05 & 0 \end{pmatrix}.$$

例 25 某厂有种新产品,市场推销策略有 S_1,S_2,S_3 三种,市场需求情况有大、中、小三种,分别用 N_1,N_2,N_3 来表示,其效益值如表 2.5 所示.

表 2.5

销售策略	市场情况		
	N_1	N_2	N_3
S_1	50	10	−5
S_2	30	25	0
S_3	10	10	10

用矩阵表示为

$$\begin{pmatrix} 50 & 10 & -5 \\ 30 & 25 & 0 \\ 10 & 10 & 10 \end{pmatrix}.$$

习 题 2

1. 设 $\boldsymbol{\alpha}=(1,3,6)^{\mathrm{T}}$，$\boldsymbol{\beta}=(2,1,5)^{\mathrm{T}}$，$\boldsymbol{\gamma}=(4,-3,3)^{\mathrm{T}}$，求：

(1)$7\boldsymbol{\alpha}-3\boldsymbol{\beta}-2\boldsymbol{\gamma}$；

(2)$2\boldsymbol{\alpha}-3\boldsymbol{\beta}+\boldsymbol{\gamma}$.

2. 设 $\boldsymbol{A}=\begin{pmatrix}1&1&1\\1&1&-1\\1&-1&1\end{pmatrix}$，$\boldsymbol{B}=\begin{pmatrix}1&2&3\\-1&-2&4\\0&5&1\end{pmatrix}$，求 $3\boldsymbol{AB}-2\boldsymbol{A}$ 及 $\boldsymbol{A}^{\mathrm{T}}\boldsymbol{B}$.

3. 计算下列乘积.

(1) $\begin{pmatrix}4&3&1\\1&-2&3\\5&7&0\end{pmatrix}\begin{pmatrix}7\\2\\1\end{pmatrix}$；　(2)$(1,2,3)\begin{pmatrix}3\\2\\1\end{pmatrix}$；　(3) $\begin{pmatrix}2\\1\\3\end{pmatrix}(-1,2)$；

(4) $\begin{pmatrix}2&1&4&0\\1&-1&3&4\end{pmatrix}\begin{pmatrix}1&3&1\\0&-1&2\\1&-3&1\\4&0&-2\end{pmatrix}$；　(5)$(x_1,x_2,x_3)\begin{pmatrix}a_{11}&a_{12}&a_{13}\\a_{12}&a_{22}&a_{23}\\a_{13}&a_{23}&a_{33}\end{pmatrix}\begin{pmatrix}x_1\\x_2\\x_3\end{pmatrix}$；

(6) $\begin{pmatrix}1&2&1&0\\0&1&0&1\\0&0&2&1\\0&0&0&3\end{pmatrix}\begin{pmatrix}1&0&3&1\\0&1&2&-1\\0&0&-2&3\\0&0&0&-3\end{pmatrix}$.

4. 已知 $\boldsymbol{A}=(1,1,0,2)$，$\boldsymbol{B}=(4,-1,2,1)^{\mathrm{T}}$，求 $\boldsymbol{AB}$ 和 $\boldsymbol{A}^{\mathrm{T}}\boldsymbol{B}^{\mathrm{T}}$.

5. 求 $\boldsymbol{A}^n$，其中 n 为自然数，$\boldsymbol{A}=\begin{pmatrix}1&1&0\\0&1&0\\0&0&1\end{pmatrix}$.

6. 如果 $\boldsymbol{A}=\frac{1}{2}(\boldsymbol{B}+\boldsymbol{E})$，证明 $\boldsymbol{A}^2=\boldsymbol{A}$ 当且仅当 $\boldsymbol{B}^2=\boldsymbol{E}$ 成立.

7. 对于任意的方阵 $\boldsymbol{A}$，证：

(1)$\boldsymbol{A}+\boldsymbol{A}^{\mathrm{T}}$ 是对称矩阵，$\boldsymbol{A}-\boldsymbol{A}^{\mathrm{T}}$ 是反对称矩阵；

(2)$\boldsymbol{A}$ 可表示为一个对称矩阵和一个反对称矩阵的和.

8. 证：如果 $\boldsymbol{A}$，$\boldsymbol{B}$ 都是 n 阶对称矩阵，则 $\boldsymbol{AB}$ 是对称矩阵的充分必要条件是 $\boldsymbol{A}$ 与 $\boldsymbol{B}$ 是可交换的.

9. 求下列矩阵的逆矩阵.

(1) $\begin{pmatrix} 1 & 2 \\ 2 & 5 \end{pmatrix}$；　(2) $\begin{pmatrix} \cos\theta & -\sin\theta \\ \sin\theta & \cos\theta \end{pmatrix}$；　(3) $\begin{pmatrix} 1 & 2 & -1 \\ 3 & 4 & -2 \\ 5 & -4 & 1 \end{pmatrix}$；

(4) $\begin{pmatrix} a_1 & 0 & \cdots & 0 \\ 0 & a_2 & \cdots & 0 \\ \vdots & \vdots & & \vdots \\ 0 & 0 & \cdots & a_n \end{pmatrix}$，其中 $a_1a_2\cdots a_n \neq 0$.

10. 求下列矩阵方程.

(1) $\begin{pmatrix} 2 & 5 \\ 1 & 3 \end{pmatrix}\boldsymbol{X}=\begin{pmatrix} 4 & -6 \\ 2 & 1 \end{pmatrix}$；

(2) $\boldsymbol{X}\begin{pmatrix} 2 & 1 & -1 \\ 2 & 1 & 0 \\ 1 & -1 & 1 \end{pmatrix}=\begin{pmatrix} 1 & -1 & 3 \\ 4 & 3 & 2 \end{pmatrix}$；

(3) $\begin{pmatrix} 1 & 4 \\ -1 & 2 \end{pmatrix}\boldsymbol{X}\begin{pmatrix} 2 & 0 \\ -1 & 1 \end{pmatrix}=\begin{pmatrix} 3 & 1 \\ 0 & -1 \end{pmatrix}$；

(4) $\begin{pmatrix} 0 & 1 & 0 \\ 1 & 0 & 0 \\ 0 & 0 & 1 \end{pmatrix}\boldsymbol{X}\begin{pmatrix} 1 & 0 & 0 \\ 0 & 0 & 1 \\ 0 & 1 & 0 \end{pmatrix}=\begin{pmatrix} 1 & -4 & 3 \\ 2 & 0 & -1 \\ 1 & -2 & 0 \end{pmatrix}$.

11. 用分块法求 $\boldsymbol{AB}$.

(1) $\boldsymbol{A}=\begin{pmatrix} 1 & 0 & 0 & 0 \\ 0 & 1 & 0 & 0 \\ -1 & 2 & 1 & 0 \\ 1 & 1 & 0 & 1 \end{pmatrix}$，$\boldsymbol{B}=\begin{pmatrix} 1 & 0 & 3 & 2 \\ -1 & 2 & 0 & 1 \\ 1 & 0 & 4 & 1 \\ 1 & -1 & 0 & 0 \end{pmatrix}$；

(2) $\boldsymbol{A}=\begin{pmatrix} 1 & 0 & 1 & 2 & -1 \\ 0 & 1 & 3 & 2 & -2 \\ -1 & 4 & 0 & 0 & 0 \\ 0 & 2 & 0 & 0 & 0 \end{pmatrix}$，$\boldsymbol{B}=\begin{pmatrix} 2 & -3 & 0 & 0 \\ 0 & -2 & 0 & 0 \\ 1 & 0 & 5 & -1 \\ 1 & 1 & 0 & 2 \\ 0 & 0 & 3 & 0 \end{pmatrix}$.

12. 用分块法求下列矩阵的逆矩阵.

(1) $\begin{pmatrix} 3 & 1 & 0 & 0 \\ 2 & 1 & 0 & 0 \\ 0 & 0 & 2 & 5 \\ 0 & 0 & 4 & 1 \end{pmatrix}$；(2) $\begin{pmatrix} \cos\theta & \sin\theta & 0 & 0 & 0 \\ -\sin\theta & \cos\theta & 0 & 0 & 0 \\ 0 & 0 & 1 & a & b \\ 0 & 0 & 0 & 1 & a \\ 0 & 0 & 0 & 0 & 1 \end{pmatrix}$.

第 3 章 矩阵的初等变换与初等矩阵

3.1 矩阵的初等变换

在 2.3 节中给出了矩阵可逆的充分必要条件,并同时给出了求逆矩阵的一种方法——伴随矩阵法. 但是利用伴随矩阵法求逆矩阵,当矩阵的阶数较高时计算量是很大的. 本章将介绍求逆矩阵的另一种方法——初等变换法,并用初等变换法求矩阵的秩.

3.1.1 高斯消元法

$$\begin{cases} a_{11}x_1+a_{12}x_2+\cdots+a_{1n}x_n=b_1, \\ a_{21}x_1+a_{22}x_2+\cdots+a_{2n}x_n=b_2, \\ \cdots\cdots \\ a_{m1}x_1+a_{m2}x_2+\cdots+a_{mn}x_n=b_m. \end{cases}$$

线性方程组的矩阵形式:$\boldsymbol{AX}=\boldsymbol{B}$.

增广矩阵 $\bar{\boldsymbol{A}}=(\boldsymbol{A},\boldsymbol{B})=\begin{pmatrix} a_{11} & a_{12} & \cdots & a_{1n} & b_1 \\ a_{21} & a_{22} & \cdots & a_{2n} & b_2 \\ \vdots & \vdots & & \vdots & \vdots \\ a_{m1} & a_{m2} & \cdots & a_{mn} & b_m \end{pmatrix}$.

例 1 用高斯消元法求解线性方程组

$$\begin{cases} x_1+2x_2-5x_3=19, \\ 2x_1+8x_2+3x_3=-22, \\ x_1+3x_2+2x_3=-11. \end{cases}$$

解 消元

$$\begin{cases} x_1+2x_2-5x_3=19, \\ \qquad x_2+7x_3=-30, \\ \qquad\qquad x_3=-4. \end{cases} \quad \text{(同时对增广矩阵作同样变换)}$$

消元结束,再回代. 可得到方程组的解为

$$x_1=3, \quad x_2=-2, \quad x_3=-4.$$

也可以继续消元

$$\begin{cases} x_1 \qquad =3, \\ \quad x_2 \quad =-2, \\ \qquad x_3=-4. \end{cases}$$ （同时对增广矩阵作同样变换）

对方程组用了以下三种变换：①互换两个方程的位置；②用一个不等于零的数乘某一个方程；③某一个方程加上另一个方程的 k 倍. 相应的矩阵也有上述三种变换. 施行这三种变换不会改变方程组的同解性.

3.1.2 初等变换的概念

在计算行列式时，利用行列式的性质可以将给定的行列式化为上（下）三角形行列式，从而简化行列式的计算. 把行列式的某些性质引用到矩阵上，会给我们研究矩阵带来很大的方便，这些性质反映到矩阵上就是矩阵的初等变换.

定义 1（初等变换） 矩阵的初等行(列)变换是指下列三种变换：

(1)对换：互换矩阵中两行(列)的位置；

(2)倍乘：用一个非零数 k 乘矩阵的某一行(列)；

(3)倍加：矩阵的某一行(列)元素加上另一行(列)对应元素的 k 倍(注意：另一行的元素并没有改变).

矩阵的初等行变换与初等列变换统称为矩阵的初等变换.

例 2 用初等行变换化矩阵 $\boldsymbol{A}$ 为上三角矩阵

$$\boldsymbol{A}=\begin{pmatrix} 2 & -1 & 1 & 4 \\ 1 & 1 & 2 & -1 \\ -1 & 3 & 1 & -1 \\ -2 & 1 & 1 & 1 \end{pmatrix} \rightarrow \begin{pmatrix} 1 & 1 & 2 & -1 \\ 0 & -1 & -1 & 2 \\ 0 & 0 & -1 & 6 \\ 0 & 0 & 0 & 17 \end{pmatrix}.$$

行阶梯形矩阵是指满足下列两个条件的矩阵：

(1)矩阵的零行(元素全为零的行)全部位于非零行的下方；也可以画一条阶梯线，线的下方全是 0.

(2)各个非零行的左起第一个非零元素的列序数由上至下严格递增；画完阶梯线后，每个台阶只有一行，台阶数就是非零行的行数，而且非零行的第一个元是非零元.

例如，矩阵$\begin{pmatrix} 2 & 3 & 7 & 0 & 3 \\ 0 & -2 & 4 & 2 & 1 \\ 0 & 0 & 0 & 3 & 2 \\ 0 & 0 & 0 & 0 & 0 \end{pmatrix}$是一个行阶梯形矩阵，下列矩阵则不是

$$\begin{pmatrix} 1 & 2 & 4 & 0 \\ 0 & 0 & 2 & 1 \\ 0 & 3 & 0 & -2 \\ 0 & 0 & 0 & 0 \end{pmatrix},\quad \begin{pmatrix} 1 & 2 & -1 & 3 & 4 \\ 0 & 3 & 4 & 8 & 0 \\ 0 & 3 & 8 & 1 & -2 \\ 0 & 0 & 0 & 0 & 0 \end{pmatrix},\quad \begin{pmatrix} 4 & -1 & 2 & 3 \\ 0 & 0 & 0 & 0 \\ 0 & 1 & 4 & 5 \\ 0 & 0 & 0 & 0 \end{pmatrix}.$$

行最简形矩阵　若行阶梯形矩阵还满足

(1)所有非零行的左起第一个非零元素均为 1；

(2)各个非零行的左起第一个非零元素所在的列的其余元素都是零；

$\begin{pmatrix} 2 & 3 & 7 & 0 & 3 \\ 0 & -2 & 4 & 2 & 1 \\ 0 & 0 & 0 & 3 & 2 \\ 0 & 0 & 0 & 0 & 0 \end{pmatrix}$还可进一步通过初等行变换化为$\begin{pmatrix} 1 & 0 & \frac{13}{2} & 0 & \frac{5}{4} \\ 0 & 1 & -2 & 0 & \frac{1}{6} \\ 0 & 0 & 0 & 1 & \frac{2}{3} \\ 0 & 0 & 0 & 0 & 0 \end{pmatrix}$.

定理 1　任意一个非零矩阵总可经过初等行变换化为行阶梯形矩阵和行最简形矩阵.

证　因$\boldsymbol{A}\neq\boldsymbol{O}$，在$\boldsymbol{A}$的第一列元素中找一个非零元素，若全为零，则在第二列中找，依此类推. 不妨设$a_{11}\neq 0$，对$\boldsymbol{A}$施行初等行变换，得

$$\boldsymbol{A}\longrightarrow\begin{pmatrix} a_{11} & a_{12} & \cdots & a_{1n} \\ 0 & b_{22} & \cdots & b_{2n} \\ \vdots & \vdots & & \vdots \\ 0 & b_{m2} & \cdots & b_{mn} \end{pmatrix}=\begin{pmatrix} a_{11} & \boldsymbol{A}_{12} \\ \boldsymbol{0} & \boldsymbol{A}_{22} \end{pmatrix}=\boldsymbol{B}.$$

如果$\boldsymbol{A}_{22}=\boldsymbol{O}$，则$\boldsymbol{A}$已化为行阶梯形，如果$\boldsymbol{A}_{22}\neq\boldsymbol{O}$，同样在$\boldsymbol{A}_{22}$的第一列元素中找第一个非零元素，若全为零，则在第二列中找. 不妨设$b_{22}\neq 0$，重复上述步骤，必可得到矩阵

$$
\begin{pmatrix}
a_{11} & a_{12} & a_{13} & \cdots & a_{1r} & \cdots & a_{1n} \\
0 & b_{22} & b_{23} & \cdots & b_{2r} & \cdots & b_{2n} \\
0 & 0 & c_{33} & \cdots & c_{3r} & \cdots & c_{3n} \\
\vdots & \vdots & \vdots & & \vdots & & \vdots \\
0 & 0 & 0 & \cdots & d_{rr} & \cdots & d_{rn} \\
0 & 0 & 0 & \cdots & 0 & \cdots & 0 \\
\vdots & \vdots & \vdots & & \vdots & & \vdots \\
0 & 0 & 0 & \cdots & 0 & \cdots & 0
\end{pmatrix},
$$

其中，$a_{11}, b_{22}, \cdots$都不等于零. 故得到 $\boldsymbol{A}$ 的**行阶梯形矩阵**，再施行初等行变换，得

$$
\rightarrow
\begin{pmatrix}
1 & 0 & 0 & \cdots & 0 & \cdots & a_{1n}' \\
0 & 1 & 0 & \cdots & 0 & \cdots & b_{2n}' \\
0 & 0 & 1 & \cdots & 0 & \cdots & c_{3n}' \\
\vdots & \vdots & \vdots & & \vdots & & \vdots \\
0 & 0 & 0 & \cdots & 1 & \cdots & d_{rn}' \\
0 & 0 & 0 & \cdots & 0 & \cdots & 0 \\
\vdots & \vdots & \vdots & & \vdots & & \vdots \\
0 & 0 & 0 & \cdots & 0 & \cdots & 0
\end{pmatrix},
$$

即为行最简形矩阵.

3.2　初等矩阵

矩阵的初等变换是矩阵的一种最基本的运算，它有着广泛的应用. 下面我们进一步介绍相关知识.

由单位矩阵 $\boldsymbol{E}$ 经过一次初等变换得到的矩阵称为初等矩阵.

显然，初等矩阵都是方阵，并且每个初等变换都有一个与之相应的初等矩阵. 由于初等变换有三种，所以初等矩阵也有三种.

定义 2 (初等矩阵)

(1)互换矩阵 $\boldsymbol{E}$ 的第 i 行(列)与第 j 行(列)的位置，得

$$
\boldsymbol{P}(i,j)=\begin{pmatrix}
1 & & & & & & & & & & \\
 & \ddots & & & & & & & & & \\
 & & 1 & & & & & & & & \\
 & & & 0 & \cdots & \cdots & \cdots & 1 & & & \\
 & & & \vdots & 1 & & & \vdots & & & \\
 & & & \vdots & & \ddots & & \vdots & & & \\
 & & & \vdots & & & 1 & \vdots & & & \\
 & & & 1 & \cdots & \cdots & \cdots & 0 & & & \\
 & & & & & & & & 1 & & \\
 & & & & & & & & & \ddots & \\
 & & & & & & & & & & 1
\end{pmatrix}
\begin{matrix} \\ \\ \\ i\text{行} \\ \\ \\ \\ j\text{行} \\ \\ \\ \\ \end{matrix}
$$

$$\qquad\qquad i\text{列}\qquad\qquad\qquad j\text{列}$$

(2)用非零数 c 乘 $\boldsymbol{E}$ 的第 i 行(列),得

$$
\boldsymbol{P}(i(c))=\begin{pmatrix}
1 & & & & & & \\
 & \ddots & & & & & \\
 & & 1 & & & & \\
 & & & c & & & \\
 & & & & 1 & & \\
 & & & & & \ddots & \\
 & & & & & & 1
\end{pmatrix}
\begin{matrix} \\ \\ \\ i\text{行} \\ \\ \\ \\ \end{matrix}
$$

$$i\text{列}$$

(3)将 $\boldsymbol{E}$ 的第 j 行的 k 倍加到第 i 行上,得

$$
\boldsymbol{P}(i,j(k))=\begin{pmatrix}
1 & & & & & & \\
 & \ddots & & & & & \\
 & & 1 & \cdots & k & & \\
 & & & \ddots & \vdots & & \\
 & & & & 1 & & \\
 & & & & & \ddots & \\
 & & & & & & 1
\end{pmatrix}
\begin{matrix} \\ \\ i\text{行} \\ \\ j\text{行} \\ \\ \\ \end{matrix}
$$

$$i\text{列}\qquad j\text{列}$$

该矩阵也是 $\boldsymbol{E}$ 的第 i 列的 k 倍加到第 j 列所得的初等矩阵.

显然,上述三种初等矩阵就是全部的初等矩阵.

初等矩阵具有下列性质:

(1)初等矩阵都是可逆的.初等矩阵的逆矩阵仍是同类型的初等矩阵,且有

$$\boldsymbol{P}^{-1}(i,j)=\boldsymbol{P}(i,j),\quad \boldsymbol{P}^{-1}(i(c))=\boldsymbol{P}\left(i\left(\frac{1}{c}\right)\right),\quad \boldsymbol{P}^{-1}(i,j(k))=\boldsymbol{P}(i,j(-k)).$$

(2)初等矩阵的转置矩阵仍是同类型的初等矩阵,且有

$$P^{\mathrm{T}}(i,j)=P(i,j);\quad P^{\mathrm{T}}(i(c))=P(i(c));\quad P^{\mathrm{T}}(i,j(k))=P(j,i(k)).$$

(3)$|P(i,j)|=-1$;$|P(i(c))|=c$;$|P(i,j(k))|=1$.

定理 2　对一个 $m\times n$ 矩阵 $\boldsymbol{A}$ 施行一次初等行变换就相当于对 $\boldsymbol{A}$ 左乘一个相应的 m 阶初等矩阵;对 $\boldsymbol{A}$ 施行一次初等列变换就相当于对 $\boldsymbol{A}$ 右乘一个相应的 n 阶初等矩阵.

定义 3(矩阵等价)　若矩阵 $\boldsymbol{A}$ 经过有限次初等变换化为矩阵 $\boldsymbol{B}$,则称 $\boldsymbol{A}$ 与 $\boldsymbol{B}$ 等价,记为 $\boldsymbol{A}\rightarrow\boldsymbol{B}$ 或 $\boldsymbol{A}\sim\boldsymbol{B}$.

矩阵等价的三个性质:

(1)自反性:对任一矩阵 $\boldsymbol{A}$,有 $\boldsymbol{A}\sim\boldsymbol{A}$;

(2)对称性:若 $\boldsymbol{A}\sim\boldsymbol{B}$,则 $\boldsymbol{B}\sim\boldsymbol{A}$;

(3)传递性:若 $\boldsymbol{A}\sim\boldsymbol{B}$,$\boldsymbol{B}\sim\boldsymbol{C}$,则 $\boldsymbol{A}\sim\boldsymbol{C}$.

证　(3)$\boldsymbol{B}=\boldsymbol{P}_k\cdots\boldsymbol{P}_1\boldsymbol{A}$,$\boldsymbol{C}=\boldsymbol{Q}_m\cdots\boldsymbol{Q}_1\boldsymbol{B}\Rightarrow\boldsymbol{C}=\boldsymbol{Q}_m\cdots\boldsymbol{Q}_1\boldsymbol{P}_k\cdots\boldsymbol{P}_1\boldsymbol{A}$,$\boldsymbol{A}$ 与 $\boldsymbol{C}$ 等价.

3.3　初等变换法求矩阵的逆

利用矩阵的初等变换,可以把任一矩阵化为最简单的形式.

定理 3　任意一个 $m\times n$ 矩阵 $\boldsymbol{A}$ 经过一系列初等变换,总可以化成形如

$$\boldsymbol{D}=\begin{pmatrix}1&&&&&\\&\ddots&&&&\\&&1&&&\\&&&0&&\\&&&&\ddots&\\&&&&&0\end{pmatrix}=\begin{pmatrix}\boldsymbol{E}_r&\boldsymbol{O}\\\boldsymbol{O}&\boldsymbol{O}\end{pmatrix}$$

的矩阵,$\boldsymbol{D}$ 称为矩阵 $\boldsymbol{A}$ 的初等变换标准形.

根据定理 2,对一个矩阵 $\boldsymbol{A}$ 作初等行(列)变换就相当于用相应的初等矩阵去左(右)乘这个矩阵.

因此,矩阵与它的标准形 $\boldsymbol{D}$ 有如下关系

$$\boldsymbol{D}=\boldsymbol{P}_s\cdots\boldsymbol{P}_2\boldsymbol{P}_1\boldsymbol{A}\boldsymbol{Q}_1\boldsymbol{Q}_2\cdots\boldsymbol{Q}_t,\tag{3.1}$$

其中 $\boldsymbol{P}_1,\boldsymbol{P}_2,\cdots,\boldsymbol{P}_s$ 和 $\boldsymbol{Q}_1,\boldsymbol{Q}_2,\cdots,\boldsymbol{Q}_t$ 是初等矩阵. 由于初等矩阵都是可逆的,所以式(3.1)又可写成:$\boldsymbol{A}=\boldsymbol{P}_1^{-1}\boldsymbol{P}_2^{-1}\cdots\boldsymbol{P}_s^{-1}\boldsymbol{D}\boldsymbol{Q}_t^{-1}\cdots\boldsymbol{Q}_2^{-1}\boldsymbol{Q}_1^{-1}$.

推论　若 n 阶方阵 $\boldsymbol{A}$ 可逆,则总可以经过一系列初等行变换将 $\boldsymbol{A}$ 化成单位矩阵.

以上的讨论提供了一个求逆矩阵的方法，设 $\boldsymbol{A}$ 为一个 n 阶可逆矩阵，由上述推论，存在一系列初等矩阵 $\boldsymbol{P}_1,\boldsymbol{P}_2,\cdots,\boldsymbol{P}_m$，使得

$$\boldsymbol{P}_m\cdots\boldsymbol{P}_2\boldsymbol{P}_1\boldsymbol{A}=\boldsymbol{E}. \tag{3.2}$$

式(3.2)右乘 $\boldsymbol{A}^{-1}$ 得

$$\boldsymbol{A}^{-1}=\boldsymbol{P}_m\cdots\boldsymbol{P}_2\boldsymbol{P}_1\boldsymbol{E}. \tag{3.3}$$

式(3.2)和式(3.3)说明：如果用一系列初等行变换将可逆矩阵 $\boldsymbol{A}$ 化成单位矩阵，那么同样地用这一系列初等行变换就可将单位矩阵 $\boldsymbol{E}$ 化成 $\boldsymbol{A}^{-1}$. 于是得到了一个求逆矩阵的方法：

作 $n\times 2n$ 矩阵 $(\boldsymbol{A}\quad\boldsymbol{E})$，对此矩阵作初等行变换，使左边子块 $\boldsymbol{A}$ 化为 $\boldsymbol{E}$，同时右边子块 $\boldsymbol{E}$ 就化成了 $\boldsymbol{A}^{-1}$. 简示为

$$(\boldsymbol{A}\quad\boldsymbol{E})\xrightarrow{\text{初等行变换}}(\boldsymbol{E}\quad\boldsymbol{A}^{-1}).$$

例 3　设

$$\boldsymbol{A}=\begin{pmatrix}4&2&3\\3&1&2\\2&1&1\end{pmatrix},$$

求 $\boldsymbol{A}^{-1}$.

解　对矩阵 $(\boldsymbol{A}\quad\boldsymbol{E})$ 施以初等行变换

$$(\boldsymbol{A}\quad\boldsymbol{E})=\begin{pmatrix}4&2&3&1&0&0\\3&1&2&0&1&0\\2&1&1&0&0&1\end{pmatrix}\longrightarrow\begin{pmatrix}1&1&1&1&-1&0\\3&1&2&0&1&0\\2&1&1&0&0&1\end{pmatrix}$$

$$\longrightarrow\begin{pmatrix}1&1&1&1&-1&0\\0&-2&-1&-3&4&0\\0&-1&-1&-2&2&1\end{pmatrix}\longrightarrow\begin{pmatrix}1&0&0&-1&1&1\\0&0&1&1&0&-2\\0&1&1&2&-2&-1\end{pmatrix}$$

$$\longrightarrow\begin{pmatrix}1&0&0&-1&1&1\\0&1&0&1&-2&1\\0&0&1&1&0&-2\end{pmatrix}.$$

所以

$$\boldsymbol{A}^{-1}=\begin{pmatrix}-1&1&1\\1&-2&1\\1&0&-2\end{pmatrix}.$$

根据定理 3 的推论，若 $\boldsymbol{A}$ 不能化为单位矩阵 $\boldsymbol{E}$，说明 $\boldsymbol{A}$ 不可逆.

下面介绍一种利用矩阵求逆解简单的矩阵方程的方法.

设 $\boldsymbol{A}$ 为 n 阶可逆矩阵，对矩阵方程 $\boldsymbol{AX}=\boldsymbol{B}$，有 $\boldsymbol{A}^{-1}(\boldsymbol{AX})=\boldsymbol{A}^{-1}\boldsymbol{B}$，即 $\boldsymbol{X}=\boldsymbol{A}^{-1}\boldsymbol{B}$.

由于 $\boldsymbol{A}^{-1}(\boldsymbol{A}|\boldsymbol{B})=(\boldsymbol{E}_n|\boldsymbol{A}^{-1}\boldsymbol{B})$，而 $\boldsymbol{A}^{-1}$ 可表示为初等矩阵的乘积，所以对矩阵 $(\boldsymbol{A}|\boldsymbol{B})$ 进行一系列初等行变换时，当把子块 $\boldsymbol{A}$ 化为单位阵 $\boldsymbol{E}_n$ 的同时，子块 $\boldsymbol{B}$ 也就变换为 $\boldsymbol{A}^{-1}\boldsymbol{B}$.

同理，对于方程 $\boldsymbol{XA}=\boldsymbol{C}$，可以化为方程 $\boldsymbol{A}^{\mathrm{T}}\boldsymbol{X}^{\mathrm{T}}=\boldsymbol{C}^{\mathrm{T}}$，用上述方法求得 $\boldsymbol{X}^{\mathrm{T}}$，即可求得 $\boldsymbol{X}$.

例 4　求解下列矩阵方程.

(1) $\begin{pmatrix}2&1&-1\\2&1&0\\1&-1&1\end{pmatrix}\boldsymbol{X}=\begin{pmatrix}1&4\\-1&3\\3&2\end{pmatrix}$；　(2) $\begin{pmatrix}1&4\\-1&2\end{pmatrix}\boldsymbol{X}\begin{pmatrix}2&0\\-1&1\end{pmatrix}=\begin{pmatrix}3&1\\0&1\end{pmatrix}$.

解　(1) $\begin{pmatrix}2&1&-1&1&4\\2&1&0&-1&3\\1&-1&1&3&2\end{pmatrix}\longrightarrow\begin{pmatrix}1&0&0&\frac{4}{3}&2\\0&1&0&-\frac{11}{3}&-1\\0&0&1&-2&-1\end{pmatrix}$，所以

$$\boldsymbol{X}=\begin{pmatrix}\frac{4}{3}&2\\-\frac{11}{3}&-1\\-2&-1\end{pmatrix}.$$

(2)原方程为 $\boldsymbol{AXB}=\boldsymbol{C}$，其解为

$$\boldsymbol{X}=\boldsymbol{A}^{-1}\boldsymbol{C}\boldsymbol{B}^{-1}.$$

$$\boldsymbol{X}=\boldsymbol{A}^{-1}\boldsymbol{C}\boldsymbol{B}^{-1}=\begin{pmatrix}\frac{1}{3}&-\frac{1}{3}\\\frac{5}{12}&\frac{1}{3}\end{pmatrix}.$$

3.4　矩阵的秩

矩阵经初等行变换化为行阶梯形矩阵，且行阶梯形矩阵所含非零行的行数是唯一的，这个数就是矩阵的秩. 但是这个唯一性尚未证明，因此下面用另外一种说法来给出矩阵的秩的定义.

定义 4　在 $\boldsymbol{A}_{m\times n}$ 中，选取 k 行与 k 列，位于交叉处的 k^2 个数按照原来的相对位置构成 k 阶行列式，称为 $\boldsymbol{A}$ 的一个 k 阶子式，记作 D_k. 对于给定的 k，不同的 k

阶子式总共有 $C_m^k C_n^k$ 个.

定义 5　在 $\boldsymbol{A}_{m\times n}$ 中,若

(1) 有某个 r 阶子式 $D_r\neq 0$;

(2) 所有的 $r+1$ 阶子式 $D_{r+1}=0$(如果有 $r+1$ 阶子式的话).

称 $\boldsymbol{A}$ 的秩为 r, 记作 $R(\boldsymbol{A})=r$, 或者 $r(\boldsymbol{A})=r$. 规定:$R(\boldsymbol{O})=0$.

性质

(1)$R(\boldsymbol{A}_{m\times n})\leqslant \min\{m,n\}$;

(2)当 $k\neq 0$ 时,$R(k\boldsymbol{A})=R(\boldsymbol{A})$;

(3)$R(\boldsymbol{A}^{\mathrm{T}})=R(\boldsymbol{A})$;

(4)$\boldsymbol{A}$ 中的一个 $D_r\neq 0\Rightarrow R(\boldsymbol{A})\geqslant r$;

(5)$\boldsymbol{A}$ 中所有的 $D_{r+1}=0\Rightarrow R(\boldsymbol{A})\leqslant r$.

例 5　$\boldsymbol{A}=\begin{pmatrix}2&-3&8&2\\2&12&-2&12\\1&3&1&4\end{pmatrix}$,求 $R(\boldsymbol{A})$.

解　位于 1,2 行与 1,2 列处的一个二阶子式

$$D_2=\begin{vmatrix}2&-3\\2&12\end{vmatrix}=30\neq 0.$$

计算知, 所有的三阶子式 $D_3=0$, 故 $R(\boldsymbol{A})=2$.

注　对于 $m\times n$ 矩阵 $\boldsymbol{A}_{m\times n}$:

若 $R(\boldsymbol{A})=m$, 称 $\boldsymbol{A}$ 为行满秩矩阵;

若 $R(\boldsymbol{A})=n$, 称 $\boldsymbol{A}$ 为列满秩矩阵.

对于 $n\times n$ 方阵 $\boldsymbol{A}_{n\times n}$:

若 $R(\boldsymbol{A})=n$, 称 $\boldsymbol{A}$ 为满秩矩阵(可逆矩阵, 非奇异矩阵);

若 $R(\boldsymbol{A})<n$, 称 $\boldsymbol{A}$ 为降秩矩阵(不可逆矩阵, 奇异矩阵).

定理 4　若 $\boldsymbol{A}\to\boldsymbol{B}$,则 $R(\boldsymbol{A})=R(\boldsymbol{B})$.

证　只需证明 $\boldsymbol{A}\xrightarrow{1\text{次}}\boldsymbol{B}\Rightarrow R(\boldsymbol{A})=R(\boldsymbol{B})$.

设 $R(\boldsymbol{A})=r$, 仅证行变换的情形:

$$\boldsymbol{A}=\begin{pmatrix}\vdots\\\alpha_i\\\vdots\\\alpha_j\\\vdots\end{pmatrix}\xrightarrow{r_i+kr_j}\begin{pmatrix}\vdots\\\alpha_i+k\alpha_j\\\vdots\\\alpha_j\\\vdots\end{pmatrix}=\boldsymbol{B}$$

(1)若 $r<\min\{m,n\}$, 则有

$D_{r+1}^{(B)}$不含 r_i：$D_{r+1}^{(B)}=D_{r+1}^{(A)}=0$；

$D_{r+1}^{(B)}$含 r_i，不含 r_j：$D_{r+1}^{(B)}=D_{r+1}^{(A)}\pm kD_{r+1}^{(A)}=0$；

$D_{r+1}^{(B)}$含 r_i，且含 r_j：$D_{r+1}^{(B)}\xlongequal{\text{倍加}}D_{r+1}^{(A)}=0$.

故 $\boldsymbol{B}$ 中所有的 $r+1$ 阶子式 $D_{r+1}^{(B)}=0\Rightarrow R(\boldsymbol{A})\geqslant R(\boldsymbol{B})$.

$\boldsymbol{B}\xrightarrow{r_i-kr_j}\boldsymbol{A}\Rightarrow R(\boldsymbol{A})\leqslant R(\boldsymbol{B})$，于是可得 $R(\boldsymbol{A})=R(\boldsymbol{B})$.

(2)若 $r=m$ 或者 $r=n$，构造矩阵

$$\boldsymbol{A}_1=\begin{pmatrix}\boldsymbol{A} & \boldsymbol{O}\\ \boldsymbol{O} & \boldsymbol{O}\end{pmatrix}_{(m+1)\times(n+1)},\quad \boldsymbol{B}_1\begin{pmatrix}\boldsymbol{B} & \boldsymbol{O}\\ \boldsymbol{O} & \boldsymbol{O}\end{pmatrix}_{(m+1)\times(n+1)}.$$

由(1)可得

$$\boldsymbol{A}_1\xrightarrow{r_i+kr_j}\boldsymbol{B}_1\Rightarrow R(\boldsymbol{A}_1)=R(\boldsymbol{B}_2),$$

$$\left.\begin{matrix}R(\boldsymbol{A}_1)=R(\boldsymbol{A})\\ R(\boldsymbol{B}_1)=R(\boldsymbol{B})\end{matrix}\right\}\Rightarrow R(\boldsymbol{A})=R(\boldsymbol{B}).$$

其余情形类似.

注 由此定理可以得出求一个矩阵的秩的方法，只需将其化成行阶梯形矩阵，而行阶梯形矩阵非零行的行数即为所求矩阵的秩.

例 6 $\boldsymbol{A}=\begin{pmatrix}2 & -3 & 8 & 2\\ 2 & 12 & -2 & 12\\ 1 & 3 & 1 & 4\end{pmatrix}$，求 $R(\boldsymbol{A})$.

解 $\boldsymbol{A}\xrightarrow{\text{行}}\begin{pmatrix}0 & -9 & 6 & -6\\ 0 & 6 & -4 & 4\\ 1 & 3 & 1 & 4\end{pmatrix}\xrightarrow{\text{行}}\begin{pmatrix}1 & 3 & 1 & 4\\ 0 & 6 & -4 & 4\\ 0 & 0 & 0 & 0\end{pmatrix}$，故 $R(\boldsymbol{A})=2$.

进而，行最简形：

$$\boldsymbol{A}\xrightarrow{\text{行}}\begin{pmatrix}1 & 3 & 1 & 4\\ 0 & 1 & -\frac{2}{3} & \frac{2}{3}\\ 0 & 0 & 0 & 0\end{pmatrix}\xrightarrow{\text{行}}\begin{pmatrix}1 & 0 & 3 & 2\\ 0 & 1 & -\frac{2}{3} & \frac{2}{3}\\ 0 & 0 & 0 & 0\end{pmatrix}=\boldsymbol{B}.$$

标准形：

$$\boldsymbol{A}\xrightarrow{\text{行与列}}\begin{pmatrix}1 & 0 & 0 & 0\\ 0 & 1 & 0 & 0\\ 0 & 0 & 0 & 0\end{pmatrix}=\boldsymbol{H}.$$

定理 5 若 $R(\boldsymbol{A}_{m\times n})=r(r>0)$，则

$$\boldsymbol{A}\longrightarrow\begin{pmatrix}\boldsymbol{E}_r & \boldsymbol{O}\\ \boldsymbol{O} & \boldsymbol{O}\end{pmatrix},$$

称为 $\boldsymbol{A}$ 的等价标准形.

推论 若 $\boldsymbol{A}_n$ 满秩,则 $\boldsymbol{A}\to\boldsymbol{E}_n$.

3.5 应用举例

例 7 某日化公司生产四种产品,各产品在生产过程中的生产成本以及在各个季度的产量分别由表 3.1 和表 3.2 给出. 在年度股东大会上,公司准备用一个单一的表向股东们介绍所有产品在各个季度的各项生产成本,各个季度的总成本,以及全年各项的总成本. 此表应如何做?

表 3.1 (单位:元)

成本	产品			
	A	B	C	D
原材料	0.5	0.8	0.7	0.65
劳动力	0.8	1.05	0.9	0.85
经营管理	0.3	0.6	0.7	0.5

表 3.2 (单位:个)

产品	季度			
	春季	夏季	秋季	冬季
A	9000	10500	11000	8500
B	6500	6000	5500	7000
C	10500	9500	9500	10000
D	8500	9500	9000	8500

解 我们用矩阵的方法来考虑上述问题,这两个表格分别可以用矩阵表示:

$$\boldsymbol{M}=\begin{pmatrix}0.5 & 0.8 & 0.7 & 0.65\\ 0.8 & 1.05 & 0.9 & 0.85\\ 0.3 & 0.6 & 0.7 & 0.5\end{pmatrix},\quad \boldsymbol{P}=\begin{pmatrix}9000 & 10500 & 11000 & 8500\\ 6500 & 6000 & 5500 & 7000\\ 10500 & 9500 & 9500 & 10000\\ 8500 & 9500 & 9000 & 8500\end{pmatrix}.$$

如果我们构造乘积 $\boldsymbol{MP}$,

$$\boldsymbol{MP}=\begin{pmatrix}0.5 & 0.8 & 0.7 & 0.65\\0.8 & 1.05 & 0.9 & 0.85\\0.3 & 0.6 & 0.7 & 0.5\end{pmatrix}\begin{pmatrix}9000 & 10500 & 11000 & 8500\\6500 & 6000 & 5500 & 7000\\10500 & 9500 & 9500 & 10000\\8500 & 9500 & 9000 & 8500\end{pmatrix}$$

$$=\begin{pmatrix}22575 & 22875 & 22400 & 22375\\30700 & 31325 & 30775 & 30375\\18200 & 18150 & 17750 & 18000\end{pmatrix}.$$

根据乘积 $\boldsymbol{MP}$ 就可以做满足要求的表 3.3.

表 3.3　　　　（单位:元）

	春季	夏季	秋季	冬季	全年
原材料	22575	22875	22400	22375	90225
劳动力	30700	31325	30775	30375	123175
经营管理	18200	18150	17750	18000	72100
总成本	71475	72350	70925	70750	285500

例 8　假设某大城市人口相对固定. 然而，每年有 6%的人口从城市搬到郊区，2%的人口从郊区搬到城市. 如果初始时，30%的人口生活在城市，70%的人口生活在郊区，那么 10 年后这些比例有什么变化?

解　人口的变化可由矩阵乘法确定，若令

$$\boldsymbol{A}=\begin{pmatrix}0.94 & 0.02\\0.06 & 0.98\end{pmatrix}\text{ 及 }\boldsymbol{X}_0=\begin{pmatrix}0.30\\0.70\end{pmatrix},$$

则 1 年后，在城市和郊区生活的人口比例可由 $\boldsymbol{X}_1=\boldsymbol{AX}_0$ 求得. 2 年后的比例可由 $\boldsymbol{X}_2=\boldsymbol{AX}_1=\boldsymbol{A}^2\boldsymbol{X}_0$ 求得. 一般地，n 年后的比例可由 $\boldsymbol{X}_n=\boldsymbol{A}^n\boldsymbol{X}_0$ 求出. 当 $n=10$ 时有（结果经四舍五入）

$$\boldsymbol{X}_{10}=\boldsymbol{A}^{10}\boldsymbol{X}_0=\begin{pmatrix}0.27\\0.73\end{pmatrix}.$$

即 10 年后城市人口比例为 27%，郊区人口比例为 73%.

例 9　某地区有四个工厂Ⅰ，Ⅱ，Ⅲ，Ⅳ，生产甲、乙、丙三种产品，矩阵 $\boldsymbol{A}$ 表示一年中各工厂生产各种产品的数量，矩阵 $\boldsymbol{B}$ 表示各种产品的单位价格（元）及单位利润（元），矩阵 $\boldsymbol{C}$ 表示各工厂的总收入及总利润.

$$\boldsymbol{A}=\begin{pmatrix} a_{11} & a_{12} & a_{13} \\ a_{21} & a_{22} & a_{23} \\ a_{31} & a_{32} & a_{33} \\ a_{41} & a_{42} & a_{43} \end{pmatrix}\begin{matrix}\text{Ⅰ}\\ \text{Ⅱ}\\ \text{Ⅲ}\\ \text{Ⅳ}\end{matrix},\quad \boldsymbol{B}=\begin{pmatrix} b_{11} & b_{12} \\ b_{21} & b_{22} \\ b_{31} & b_{32} \end{pmatrix}\begin{matrix}\text{甲}\\ \text{乙}\\ \text{丙}\end{matrix},\quad \boldsymbol{C}=\begin{pmatrix} c_{11} & c_{12} \\ c_{21} & c_{22} \\ c_{31} & c_{32} \\ c_{41} & c_{42} \end{pmatrix}\begin{matrix}\text{Ⅰ}\\ \text{Ⅱ}\\ \text{Ⅲ}\\ \text{Ⅳ}\end{matrix}$$

甲　乙　丙　　　单位价格　单位利润　　　总收入　总利润

其中，$a_{ik}(i=1,2,3,4;k=1,2,3)$是第 i 个工厂生产第 k 种产品的数量，b_{k1} 及 $b_{k2}(k=1,2,3)$分别是第 k 种产品的单位价格及单位利润，c_{i1} 及 $c_{i2}(i=1,2,3,4)$分别是第 i 个工厂生产三种产品的总收入及总利润，则矩阵 $\boldsymbol{A},\boldsymbol{B},\boldsymbol{C}$ 的元素之间有下列关系：

$$\begin{pmatrix} a_{11}b_{11}+a_{12}b_{21}+a_{13}b_{31} & a_{11}b_{12}+a_{12}b_{22}+a_{13}b_{32} \\ a_{21}b_{11}+a_{22}b_{21}+a_{23}b_{31} & a_{21}b_{12}+a_{22}b_{22}+a_{23}b_{32} \\ a_{31}b_{11}+a_{32}b_{21}+a_{33}b_{31} & a_{31}b_{12}+a_{32}b_{22}+a_{33}b_{32} \\ a_{41}b_{11}+a_{42}b_{21}+a_{43}b_{31} & a_{41}b_{12}+a_{42}b_{22}+a_{43}b_{32} \end{pmatrix}=\begin{pmatrix} c_{11} & c_{12} \\ c_{21} & c_{22} \\ c_{31} & c_{32} \\ c_{41} & c_{42} \end{pmatrix}$$

总收入　　　　总利润

其中 $c_{ij}=a_{i1}b_{1j}+a_{i2}b_{2j}+a_{i3}b_{3j}(i=1,2,3,4;j=1,2)$，即 $\boldsymbol{C}=\boldsymbol{AB}$.

习　题　3

1. 设 $\boldsymbol{A}^k=\boldsymbol{O}$($k$ 为正整数)，证明$(\boldsymbol{E}-\boldsymbol{A})^{-1}=\boldsymbol{E}+\boldsymbol{A}+\boldsymbol{A}^2+\cdots+\boldsymbol{A}^{k-1}$.

2. 设矩阵 $\boldsymbol{A}=\begin{pmatrix} 1 & 1 & 1 & 1 \\ 1 & 1 & -1 & -1 \\ 1 & -1 & 1 & -1 \\ 1 & -1 & -1 & 1 \end{pmatrix}$，(1)求 $\boldsymbol{A}^2$；(2)证明矩阵 $\boldsymbol{A}$ 可逆，并求出 $\boldsymbol{A}^{-1}$；(3)求$(\boldsymbol{A}^*)^{-1}$.

3. 设方阵 $\boldsymbol{A}$ 满足 $\boldsymbol{A}^2-\boldsymbol{A}-2\boldsymbol{E}=\boldsymbol{O}$，证明 $\boldsymbol{A}$ 及 $\boldsymbol{A}+2\boldsymbol{E}$ 都可逆，并求 $\boldsymbol{A}^{-1}$ 及$(\boldsymbol{A}+2\boldsymbol{E})^{-1}$.

4. 利用逆矩阵解下列线性方程组(注：请注意用逆矩阵解法，不可以用消元法)：

(1)$\begin{cases} x_1+2x_2+3x_3=1, \\ 2x_1+2x_2+5x_3=2, \\ 3x_1+5x_2+x_3=3; \end{cases}$　　　(2)$\begin{cases} x_1-x_2-x_3=2, \\ 2x_1-x_2-3x_3=1, \\ 3x_1+2x_2-5x_3=0. \end{cases}$

5. 求下列矩阵的秩.

(1) $\begin{pmatrix} 1 & -1 & 5 & -1 \\ 1 & 1 & -2 & 3 \\ 3 & -1 & 8 & 1 \\ 1 & 3 & -9 & 7 \end{pmatrix}$； (2) $\begin{pmatrix} 0 & 1 & 1 & -1 & 2 \\ 0 & 2 & -2 & -2 & 0 \\ 0 & -1 & -1 & 1 & 1 \\ 1 & 1 & 0 & 1 & -1 \end{pmatrix}$.

6. 已知

$$\boldsymbol{A}=\begin{pmatrix} 1 & 2 & -3 \\ 3 & 2 & -4 \\ 2 & -1 & 0 \end{pmatrix},\quad \boldsymbol{B}=\begin{pmatrix} 1 & -3 & 0 \\ 10 & 2 & 7 \\ 10 & 7 & 8 \end{pmatrix},$$

试用初等行变换求 $\boldsymbol{A}^{-1}\boldsymbol{B}$.

7. 设 $\boldsymbol{A}=\begin{pmatrix} 0 & 3 & 3 \\ 1 & 1 & 0 \\ -1 & 2 & 3 \end{pmatrix}$, $\boldsymbol{AB}=\boldsymbol{A}+2\boldsymbol{B}$, 求 $\boldsymbol{B}$.

8. 设 m 次多项式 $f(x)=a_0+a_1x^2+a_2x^2\cdots+a_nx^n$, 其中 $a_0\neq 0$, 记 $f(\boldsymbol{A})=a_0\boldsymbol{E}+a_1\boldsymbol{A}+a_2\boldsymbol{A}^2+\cdots+a_n\boldsymbol{A}^n$, 则 $f(\boldsymbol{A})$ 为矩阵 $\boldsymbol{A}$ 的 m 次多项式.

(1) 若 $f(\boldsymbol{A})=0$, 证明矩阵 $\boldsymbol{A}$ 可逆；

(2) 设 $\boldsymbol{A}=\boldsymbol{P\Lambda P}^{-1}$, 证 $\boldsymbol{A}^k=\boldsymbol{P\Lambda}^k\boldsymbol{P}^{-1}$, $f(\boldsymbol{A})=\boldsymbol{P}f(\boldsymbol{\Lambda})\boldsymbol{P}^{-1}$.

9. 设某港口在某月份出口到三个地区的两种货物 A_1, A_2 的数量以及它们的单位价格、单位质量和单位体积如下表.

货物	不同地区的数量			单位价格/万元	单位质量/t	单位体积/m^3
	北美	欧洲	非洲			
A_1	2000	1000	800	0.2	0.011	0.12
A_2	1200	1300	500	0.35	0.05	0.5

试利用矩阵乘法计算：

(1) 经该港口出口到三个地区的货物价格、质量、体积分别为多少？

(2) 经该港口出口的货物总价格、总质量、总体积为多少？

第 4 章　线性方程组

本章主要是对线性方程组解的存在、唯一性问题及解的结构进行讨论，并求解线性方程组.

第 1 章已经介绍了求解线性方程组的克拉默法则. 虽然克拉默法则在理论上具有重要的意义，但是利用它求解线性方程组，要受到一定的限制. 首先，它要求线性方程组中方程的个数与未知量的个数相等，其次，还要求方程组的系数行列式不等于零. 即使方程组具备上述条件，在求解时，也需计算 $n+1$ 个 n 阶行列式. 由此可见，应用克拉默法则只能求解一些较为特殊的线性方程组且计算量较大.

本章讨论一般的 n 元线性方程组的求解问题. 一般的线性方程组的形式为

$$\begin{cases} a_{11}x_1+a_{12}x_2+\cdots+a_{1n}x_n=b_1, \\ a_{21}x_1+a_{22}x_2+\cdots+a_{2n}x_n=b_2, \\ \cdots\cdots \\ a_{m1}x_1+a_{m2}x_2+\cdots+a_{mn}x_n=b_m. \end{cases} \tag{Ⅰ}$$

方程的个数 m 与未知量的个数 n 不一定相等，当 $m=n$ 时，系数行列式也有可能等于零. 因此不能用克拉默法则求解. 对于线性方程组(Ⅰ)，需要研究以下四个问题：

(1)解的存在问题，即解的存在条件；

(2)解的唯一性问题；

(3)解的结构问题；

(4)求解线性方程组.

4.1　消　元　法

解二元、三元线性方程组时曾用过加减消元法，实际上这个方法比用行列式求解更具有普遍性，是解一般 n 元线性方程组的最有效的方法. 在 3.1 节中已经介绍过高斯消元法，下面再通过例子介绍如何用消元法解一般的线性方程组.

例 1　求解线性方程组

$$\begin{cases} x_1+x_2+x_3+x_4=1, \\ 3x_1+2x_2+x_3+x_4=-3, \\ x_2+3x_3+2x_4=5, \\ 5x_1+4x_2+3x_3+3x_4=-1. \end{cases}$$

解 对它的增广矩阵作初等行变换

$$\begin{pmatrix}1&1&1&1&1\\3&2&1&1&-3\\0&1&3&2&5\\5&4&3&3&-1\end{pmatrix}\rightarrow\begin{pmatrix}1&1&1&1&1\\0&-1&-2&-2&-6\\0&1&3&2&5\\0&-1&-2&-2&-6\end{pmatrix}\rightarrow\begin{pmatrix}1&1&1&1&1\\0&-1&-2&-2&-6\\0&0&1&0&-1\\0&0&0&0&0\end{pmatrix}.$$

最后一个矩阵就是一个阶梯形矩阵.对这个阶梯形矩阵,还可进一步化简.把第二行乘1加到第一行上,第三行乘1加到第一行上,第三行乘2加到第二行上,得

$$\begin{pmatrix}1&0&0&-1&-6\\0&-1&0&-2&-8\\0&0&1&0&-1\\0&0&0&0&0\end{pmatrix}.$$

它所表示的方程组为

$$\begin{cases}x_1-x_4=-6,\\-x_2-2x_4=-8,\\x_3=-1,\end{cases}$$

得到方程组的一般解为

$$\begin{cases}x_1=-6+x_4,\\x_2=8-2x_4,\\x_3=-1,\end{cases}\text{其中 } x_4 \text{ 为自由未知量.}$$

用矩阵的形式可以将一般解写成

$$\begin{pmatrix}x_1\\x_2\\x_3\\x_4\end{pmatrix}=c\begin{pmatrix}1\\-2\\0\\1\end{pmatrix}+\begin{pmatrix}-6\\8\\-1\\0\end{pmatrix},\text{其中 } c=x_4 \text{ 为任意常数.}$$

4.2 n 维向量与向量组的线性相关性

4.2.1 n 维向量

定义 1(向量) 由 n 个(实)数 $a_1,a_2,\cdots,a_n$ 组成的有序数组,称作 n 维(实)向量(用希腊字母 $\boldsymbol{\alpha},\boldsymbol{\beta},\cdots$ 来表示),记作 $\boldsymbol{\alpha}=\{a_i\}_n$ 或 $\boldsymbol{\alpha}=\{a_i\}$,其中第 i 个数 a_i 称为向量 $\boldsymbol{\alpha}$ 的(第 i 个)分量.

用 $\mathbf{R}^n$ 表示 n 维实向量的全体;用 $\mathbf{C}^n$ 表示 n 维复向量的全体.

n 维向量可写成一行,也可写成一列. 按第 2 章中的规定,分别称为行向量和列向量. n 维行向量即为 $1\times n$ 矩阵,n 维列向量是 $n\times 1$ 矩阵. 本书中不加特殊说明的向量形式均指列向量 $\boldsymbol{\alpha}=\begin{pmatrix}a_1\\a_2\\\vdots\\a_n\end{pmatrix}$,利用转置,$\boldsymbol{\alpha}^{\mathrm{T}}$ 表示一个行向量.

向量是矩阵的特殊形式,因此向量也有下列概念和性质.

定义 2 设 $\boldsymbol{\alpha}=\{a_i\}_n$,$\boldsymbol{\beta}=\{b_i\}_n$ 是两个 n 维向量.

(1)**向量相等** 若 $a_i=b_i$,$i=1,\cdots,n$,称向量 $\boldsymbol{\alpha}$ 和向量 $\boldsymbol{\beta}$ 相等.

(2)**零向量** 所有分量都为零的向量. 一般记作 $\mathbf{0}$ 或 $\boldsymbol{\theta}$,$\boldsymbol{\theta}_n$.

(3)**负向量** 称向量 $-\boldsymbol{\alpha}=\{-a_i\}_n$ 为向量 $\boldsymbol{\alpha}$ 的负向量.

(4)**向量加法** 称向量 $\boldsymbol{\gamma}=\boldsymbol{\alpha}+\boldsymbol{\beta}=\{a_i+b_i\}_n$ 为向量 $\boldsymbol{\alpha}$ 和向量 $\boldsymbol{\beta}$ 的和.

向量减法 向量 $\boldsymbol{\alpha}$ 和向量 $\boldsymbol{\beta}$ 的减法定义为 $\boldsymbol{\alpha}$ 和$(-\boldsymbol{\beta})$的加法:$\boldsymbol{\gamma}=\boldsymbol{\alpha}-\boldsymbol{\beta}=\boldsymbol{\alpha}+(-\boldsymbol{\beta})$.

(5)**数乘向量** 设 k 是一个数. 称向量 $k\boldsymbol{\alpha}=\boldsymbol{\alpha}k=\{ka_i\}_n$ 为向量 $\boldsymbol{\alpha}$ 和数 k 的数乘向量.

把矩阵的加法、数乘等运算法则移到向量上,同样成立.

(1)$\boldsymbol{\alpha}+\boldsymbol{\beta}=\boldsymbol{\beta}+\boldsymbol{\alpha}$.

(2)$(\boldsymbol{\alpha}+\boldsymbol{\beta})+\boldsymbol{\gamma}=\boldsymbol{\alpha}+(\boldsymbol{\beta}+\boldsymbol{\gamma})$.

(3)$\boldsymbol{\alpha}+\mathbf{0}=\boldsymbol{\alpha}$;$\boldsymbol{\alpha}-\boldsymbol{\alpha}=\mathbf{0}$.

(4)$k(\boldsymbol{\alpha}+\boldsymbol{\beta})=k\boldsymbol{\alpha}+k\boldsymbol{\beta}$;$(k+l)\boldsymbol{\alpha}=k\boldsymbol{\alpha}+l\boldsymbol{\alpha}$.

(5)$(kl)\boldsymbol{\alpha}=k(l\boldsymbol{\alpha})$.

(6)$1\boldsymbol{\alpha}=\boldsymbol{\alpha}$;$(-1)\boldsymbol{\alpha}=-\boldsymbol{\alpha}$;$0\boldsymbol{\alpha}=\mathbf{0}$;$k\mathbf{0}=\mathbf{0}$.

(7)若 $k\boldsymbol{\alpha}=\mathbf{0}$,则 $k=0$ 或 $\boldsymbol{\alpha}=\mathbf{0}$.

(8)设 $\boldsymbol{E}$ 是 n 阶单位矩阵,则 $\boldsymbol{E}\boldsymbol{\alpha}=\boldsymbol{\alpha}$.

例 2 设 $\boldsymbol{\alpha}_1=(4,1,-1)^{\mathrm{T}}$,$\boldsymbol{\alpha}_2=(2,-3,1)^{\mathrm{T}}$,$\boldsymbol{\alpha}_3=(10,-1,-1)^{\mathrm{T}}$,计算 $2\boldsymbol{\alpha}_1+\boldsymbol{\alpha}_2$,并判别 $\boldsymbol{\alpha}_3$ 与 $\boldsymbol{\alpha}_1$,$\boldsymbol{\alpha}_2$ 的关系.

解 $2\boldsymbol{\alpha}_1+\boldsymbol{\alpha}_2=(10,-1,-1)^{\mathrm{T}}$,且 $\boldsymbol{\alpha}_3=2\boldsymbol{\alpha}_1+\boldsymbol{\alpha}_2$,或等价地 $2\boldsymbol{\alpha}_1+\boldsymbol{\alpha}_2+(-1)\boldsymbol{\alpha}_3=\mathbf{0}$.

注 若 $\boldsymbol{\alpha}$,$\boldsymbol{\beta}$ 均为 n 维向量:$\boldsymbol{\alpha}\boldsymbol{\beta}$ 无意义;$\boldsymbol{\alpha}^{\mathrm{T}}\boldsymbol{\beta}$ 是一个数(即 1×1 的矩阵);$\boldsymbol{\alpha}\boldsymbol{\beta}^{\mathrm{T}}$ 是 $n\times n$ 的矩阵.

下面我们进一步研究向量间的关系.

4.2.2 线性组合

若干个同维数的列向量(或同维数的行向量)所组成的集合称为向量组.

两个向量之间最简单的关系是成比例.所谓向量 $\boldsymbol{\alpha}$ 与 $\boldsymbol{\beta}$ 成比例,是说有一个数 k 存在,使得 $\boldsymbol{\beta}=k\boldsymbol{\alpha}$(或者 $\boldsymbol{\alpha}=k\boldsymbol{\beta}$),即向量 $\boldsymbol{\beta}$ 可由向量 $\boldsymbol{\alpha}$ 经过线性运算得到(或向量 $\boldsymbol{\alpha}$ 可由向量 $\boldsymbol{\beta}$ 经过线性运算得到).

多个向量之间的比例关系,表现为线性组合.如向量 $\boldsymbol{\alpha}_1=(1,2,-1,1)^{\mathrm{T}}$,$\boldsymbol{\alpha}_2=(2,-3,1,0)^{\mathrm{T}}$,$\boldsymbol{\alpha}_3=(4,1,-1,2)^{\mathrm{T}}$.容易看出 $\boldsymbol{\alpha}_1$ 的 2 倍加上 $\boldsymbol{\alpha}_2$ 就等于 $\boldsymbol{\alpha}_3$,即 $\boldsymbol{\alpha}_3=2\boldsymbol{\alpha}_1+\boldsymbol{\alpha}_2$,我们称 $\boldsymbol{\alpha}_3$ 是 $\boldsymbol{\alpha}_1,\boldsymbol{\alpha}_2$ 的线性组合.

一般地,有

定义 3　对于向量 $\boldsymbol{\alpha}_1,\boldsymbol{\alpha}_2,\cdots,\boldsymbol{\alpha}_m,\boldsymbol{\beta}$,如果存在一组数 $k_1,k_2,\cdots,k_m$ 使得

$$\boldsymbol{\beta}=k_1\boldsymbol{\alpha}_1+k_2\boldsymbol{\alpha}_2+\cdots+k_m\boldsymbol{\alpha}_m \tag{4.1}$$

成立.则称向量 $\boldsymbol{\beta}$ 是向量组 $\boldsymbol{\alpha}_1,\boldsymbol{\alpha}_2,\cdots,\boldsymbol{\alpha}_m$ 的线性组合,或称向量 $\boldsymbol{\beta}$ 可由 $\boldsymbol{\alpha}_1,\boldsymbol{\alpha}_2,\cdots,\boldsymbol{\alpha}_m$ 线性表出.其中 $k_1,k_2,\cdots,k_m$ 称为这一个组合的系数或表出的系数.

例 3　任一 n 维向量 $\boldsymbol{\alpha}=(a_1,a_2,\cdots,a_n)^{\mathrm{T}}$ 都可由 n 维向量组 $\boldsymbol{\varepsilon}_1=(1,0,\cdots,0)^{\mathrm{T}}$,$\boldsymbol{\varepsilon}_2=(0,1,\cdots,0)^{\mathrm{T}},\cdots,\boldsymbol{\varepsilon}_n=(0,0,\cdots,1)^{\mathrm{T}}$ 线性表出.事实上,有一组数 $a_1,a_2,\cdots,a_n$,使得 $\boldsymbol{\alpha}=a_1\boldsymbol{\varepsilon}_1+a_2\boldsymbol{\varepsilon}_2+\cdots+a_n\boldsymbol{\varepsilon}_n$ 成立.所以 $\boldsymbol{\alpha}$ 可以由 $\boldsymbol{\varepsilon}_1,\boldsymbol{\varepsilon}_2,\cdots,\boldsymbol{\varepsilon}_n$ 线性表出.$\boldsymbol{\varepsilon}_1,\boldsymbol{\varepsilon}_2,\cdots,\boldsymbol{\varepsilon}_n$ 称为 n 维基本单位向量组.

例 4　向量组 $\boldsymbol{\alpha}_1,\boldsymbol{\alpha}_2,\cdots,\boldsymbol{\alpha}_m$ 中的每一个向量都可由该向量组线性表出.

事实上,有一组数 $0,0,\cdots,1,\cdots,0$,使得 $\boldsymbol{\alpha}_i=0\boldsymbol{\alpha}_1+0\boldsymbol{\alpha}_2+\cdots+1\boldsymbol{\alpha}_i+\cdots+0\boldsymbol{\alpha}_m$ $(i=1,2,\cdots,m)$ 成立.所以向量组 $\boldsymbol{\alpha}_1,\boldsymbol{\alpha}_2,\cdots,\boldsymbol{\alpha}_m$ 中的每一个向量都可由该向量组线性表出.

给定向量 $\boldsymbol{\beta}$ 与向量组 $\boldsymbol{\alpha}_1,\boldsymbol{\alpha}_2,\cdots,\boldsymbol{\alpha}_m$,如何判断 $\boldsymbol{\beta}$ 能否由 $\boldsymbol{\alpha}_1,\boldsymbol{\alpha}_2,\cdots,\boldsymbol{\alpha}_m$ 线性表出呢?

根据定义,这个问题取决于能否找到一组数 $k_1,k_2,\cdots,k_m$ 使得 $\boldsymbol{\beta}=k_1\boldsymbol{\alpha}_1+k_2\boldsymbol{\alpha}_2+\cdots+k_m\boldsymbol{\alpha}_m$ 成立.下面通过例子说明判定方法.

例 5　设 $\boldsymbol{\beta}=(1,1)^{\mathrm{T}}$,$\boldsymbol{\alpha}_1=(1,-2)^{\mathrm{T}}$,$\boldsymbol{\alpha}_2=(-2,4)^{\mathrm{T}}$,问 $\boldsymbol{\beta}$ 能否由 $\boldsymbol{\alpha}_1,\boldsymbol{\alpha}_2$ 线性表出.

解　设 k_1,k_2 为两个数,使 $\boldsymbol{\beta}=k_1\boldsymbol{\alpha}_1+k_2\boldsymbol{\alpha}_2$ 成立,比较等式两端的对应分量得

$$\begin{cases}k_1-2k_2=1,\\-2k_1+4k_2=1.\end{cases}$$

这一方程组无解,说明满足 $\boldsymbol{\beta}=k_1\boldsymbol{\alpha}_1+k_2\boldsymbol{\alpha}_2$ 的 k_1,k_2 不存在,所以 $\boldsymbol{\beta}$ 不能由 $\boldsymbol{\alpha}_1,\boldsymbol{\alpha}_2$ 线性表出.

例 6　设

$$\boldsymbol{\beta}=\begin{pmatrix}0\\4\\2\end{pmatrix},\quad \boldsymbol{\alpha}_1=\begin{pmatrix}1\\2\\3\end{pmatrix},\quad \boldsymbol{\alpha}_2=\begin{pmatrix}2\\3\\1\end{pmatrix},\quad \boldsymbol{\alpha}_3=\begin{pmatrix}3\\1\\2\end{pmatrix},$$

问 $\boldsymbol{\beta}$ 是否能由 $\boldsymbol{\alpha}_1,\boldsymbol{\alpha}_2,\boldsymbol{\alpha}_3$ 线性表出.

解　设 $\boldsymbol{\beta}=k_1\boldsymbol{\alpha}_1+k_2\boldsymbol{\alpha}_2+k_3\boldsymbol{\alpha}_3$，其中 k_1,k_2,k_3 为一组数，则有

$$\begin{cases}k_1+2k_2+3k_3=0,\\2k_1+3k_2+k_3=4,\\3k_1+k_2+2k_3=2.\end{cases}$$

解之，得唯一解 $k_1=1,k_2=1,k_3=-1$，所以 $\boldsymbol{\beta}$ 能由 $\boldsymbol{\alpha}_1,\boldsymbol{\alpha}_2,\boldsymbol{\alpha}_3$ 唯一地线性表出，且 $\boldsymbol{\beta}=\boldsymbol{\alpha}_1+\boldsymbol{\alpha}_2-\boldsymbol{\alpha}_3$.

一般地，有如下定理.

定理 1　向量 $\boldsymbol{\beta}$ 可由 $\boldsymbol{\alpha}_1,\boldsymbol{\alpha}_2,\cdots,\boldsymbol{\alpha}_m$ 线性表出的充分必要条件是：线性方程组 $\boldsymbol{\alpha}_1x_1+\boldsymbol{\alpha}_2x_2+\cdots+\boldsymbol{\alpha}_mx_m=\boldsymbol{\beta}$ 有解.

4.2.3　线性相关与线性无关

对于任何一个向量组都有这样一个性质，即 $0\boldsymbol{\alpha}_1+0\boldsymbol{\alpha}_2+\cdots+0\boldsymbol{\alpha}_m=\mathbf{0}$，这就是说：任何一个向量组，它的系数全为零的线性组合一定是零向量. 而有些向量组，还可以有系数不全为零的线性组合，也是零向量，例，向量组 $\boldsymbol{\alpha}_1=(1,2,-1,3)^{\mathrm{T}}$，$\boldsymbol{\alpha}_2=(1,5,4,7)^{\mathrm{T}}$，$\boldsymbol{\alpha}_3=(4,8,-4,12)^{\mathrm{T}}$. 容易看出 $\boldsymbol{\alpha}_3=4\boldsymbol{\alpha}_1$，于是有 $4\boldsymbol{\alpha}_1+0\boldsymbol{\alpha}_2+(-1)\boldsymbol{\alpha}_3=\mathbf{0}$，当然也可以有 $0\boldsymbol{\alpha}_1+0\boldsymbol{\alpha}_2+0\boldsymbol{\alpha}_3=\mathbf{0}$ 或 $2\boldsymbol{\alpha}_1+0\boldsymbol{\alpha}_2+\left(-\dfrac{1}{2}\right)\boldsymbol{\alpha}_3=\mathbf{0}$. 即至少存在一组不全为零的数，如 $4,0,-1$ 可使得 $\boldsymbol{\alpha}_1,\boldsymbol{\alpha}_2,\boldsymbol{\alpha}_3$ 的线性组合是零向量. 这种性质的向量组称为线性相关的向量组.

定义 4　对于向量组 $\boldsymbol{\alpha}_1,\boldsymbol{\alpha}_2,\cdots,\boldsymbol{\alpha}_m$，如果存在一组不全为零的数 $k_1,k_2,\cdots,k_m$，使得

$$k_1\boldsymbol{\alpha}_1+k_2\boldsymbol{\alpha}_2+\cdots+k_m\boldsymbol{\alpha}_m=\mathbf{0}. \tag{4.2}$$

则称向量组 $\boldsymbol{\alpha}_1,\boldsymbol{\alpha}_2,\cdots,\boldsymbol{\alpha}_m$ 是线性相关的，否则称它是线性无关的.

注　一个向量组如果不是线性相关就称为线性无关. 也就是当且仅当 $k_1=k_2=\cdots=k_m=0$ 时，才有 $k_1\boldsymbol{\alpha}_1+k_2\boldsymbol{\alpha}_2+\cdots+k_m\boldsymbol{\alpha}_m=\mathbf{0}$ 成立，此时 $\boldsymbol{\alpha}_1,\boldsymbol{\alpha}_2,\cdots,\boldsymbol{\alpha}_m$ 线性无关. 向量组 $\boldsymbol{\alpha}_1,\boldsymbol{\alpha}_2,\cdots,\boldsymbol{\alpha}_m$ 线性无关时，对任意一组不全为零的数 $k_1,k_2,\cdots,k_m$ 都有 $k_1\boldsymbol{\alpha}_1+k_2\boldsymbol{\alpha}_2+\cdots+k_m\boldsymbol{\alpha}_m\neq\mathbf{0}$.

例 7　(1)一个零向量必线性相关，而一个非零向量必线性无关；

(2)含有零向量的任意一个向量组必线性相关;

(3)n 维基本单位向量组 $\boldsymbol{\varepsilon}_1,\boldsymbol{\varepsilon}_2,\cdots,\boldsymbol{\varepsilon}_n$ 线性无关.

例 8　讨论向量组 $\boldsymbol{\alpha}_1=(1,1,1)^{\mathrm{T}},\boldsymbol{\alpha}_2=(0,2,5)^{\mathrm{T}},\boldsymbol{\alpha}_3=(1,3,6)^{\mathrm{T}}$ 的线性相关性.

解　易知 $\boldsymbol{\alpha}_1+\boldsymbol{\alpha}_2=\boldsymbol{\alpha}_3$,故 $\boldsymbol{\alpha}_1+\boldsymbol{\alpha}_2-\boldsymbol{\alpha}_3=\mathbf{0}$,即存在一组数 $1,1,-1$,使得 $\boldsymbol{\alpha}_1,\boldsymbol{\alpha}_2,\boldsymbol{\alpha}_3$ 的线性组合为零,所以 $\boldsymbol{\alpha}_1,\boldsymbol{\alpha}_2,\boldsymbol{\alpha}_3$ 线性相关.

由定义和上面的例子可以看出:要判断一个向量组的线性关系,都可以从式(4.2)出发,若能找到一组不全为零的数,使式(4.2)成立,则该向量组线性相关;若当式(4.2)成立时,能证明系数只能全取零,那么,该向量组是线性无关的.

4.2.4　向量组的线性相关性的判断及其性质

定理 2　m 个 n 维向量

$$\boldsymbol{\alpha}_1=\begin{pmatrix}a_{11}\\a_{21}\\\vdots\\a_{n1}\end{pmatrix},\boldsymbol{\alpha}_2=\begin{pmatrix}a_{12}\\a_{22}\\\vdots\\a_{n2}\end{pmatrix},\cdots,\boldsymbol{\alpha}_m=\begin{pmatrix}a_{1m}\\a_{2m}\\\vdots\\a_{nm}\end{pmatrix}$$

线性相关的充分必要条件是齐次线性方程组

$$\begin{cases}a_{11}x_1+a_{12}x_2+\cdots+a_{1m}x_m=0,\\a_{21}x_1+a_{22}x_2+\cdots+a_{2m}x_m=0,\\\cdots\cdots\\a_{n1}x_1+a_{n2}x_2+\cdots+a_{nm}x_m=0\end{cases}\tag{4.3}$$

有非零解.

推论 1　向量组 $\boldsymbol{\alpha}_1,\boldsymbol{\alpha}_2,\cdots,\boldsymbol{\alpha}_m$ 线性无关的充分必要条件是齐次线性方程组(4.3)只有零解.

推论 2　当 $m=n$ 时,即 n 个 n 维向量

$$\boldsymbol{\alpha}_1=\begin{pmatrix}a_{11}\\a_{21}\\\vdots\\a_{n1}\end{pmatrix},\boldsymbol{\alpha}_2=\begin{pmatrix}a_{12}\\a_{22}\\\vdots\\a_{n2}\end{pmatrix},\cdots,\boldsymbol{\alpha}_n=\begin{pmatrix}a_{1n}\\a_{2n}\\\vdots\\a_{nn}\end{pmatrix}$$

线性无关的充分条件是行列式

$$D=\begin{vmatrix} a_{11} & a_{12} & \cdots & a_{1n} \\ a_{21} & a_{22} & \cdots & a_{2n} \\ \vdots & \vdots & & \vdots \\ a_{n1} & a_{n2} & \cdots & a_{nn} \end{vmatrix}\neq 0.$$

推论 3　当 $m>n$ 时，任意 m 个 n 维向量都线性相关. 即当向量组中所含向量个数大于向量的维数时，此向量组线性相关.

例 9　证明如果向量组 $\boldsymbol{\alpha}_1,\boldsymbol{\alpha}_2,\boldsymbol{\alpha}_3$ 线性无关，则向量组 $2\boldsymbol{\alpha}_1+\boldsymbol{\alpha}_2,\boldsymbol{\alpha}_2+5\boldsymbol{\alpha}_3,4\boldsymbol{\alpha}_3+3\boldsymbol{\alpha}_1$ 也线性无关.

证　设有数组 k_1,k_2,k_3，使

$$k_1(2\boldsymbol{\alpha}_1+\boldsymbol{\alpha}_2)+k_2(\boldsymbol{\alpha}_2+5\boldsymbol{\alpha}_3)+k_3(4\boldsymbol{\alpha}_3+3\boldsymbol{\alpha}_1)=\mathbf{0}.$$

整理得

$$(2k_1+3k_3)\boldsymbol{\alpha}_1+(k_1+k_2)\boldsymbol{\alpha}_2+(5k_2+4k_3)\boldsymbol{\alpha}_3=\mathbf{0}.$$

因为 $\boldsymbol{\alpha}_1,\boldsymbol{\alpha}_2,\boldsymbol{\alpha}_3$ 线性无关，所以仅有

$$\begin{cases} 2k_1+3k_3=0, \\ k_1+k_2=0, \\ 5k_2+4k_3=0. \end{cases}$$

经计算，方程组的系数行列式

$$D=\begin{vmatrix} 2 & 0 & 3 \\ 1 & 1 & 0 \\ 0 & 5 & 4 \end{vmatrix}=23\neq 0,$$

于是方程组只有零解 $k_1=k_2=k_3=0$，所以向量组 $2\boldsymbol{\alpha}_1+\boldsymbol{\alpha}_2,\boldsymbol{\alpha}_2+5\boldsymbol{\alpha}_3,4\boldsymbol{\alpha}_3+3\boldsymbol{\alpha}_1$ 也线性无关.

定理 3　向量组 $\boldsymbol{\alpha}_1,\boldsymbol{\alpha}_2,\cdots,\boldsymbol{\alpha}_m(m\geqslant 2)$ 线性相关的充分必要条件是其中至少有一个向量可由其余 $m-1$ 个向量线性表出.

定理 4　若向量组 $\boldsymbol{\alpha}_1,\boldsymbol{\alpha}_2,\cdots,\boldsymbol{\alpha}_m$ 线性无关，而向量组 $\boldsymbol{\beta},\boldsymbol{\alpha}_1,\boldsymbol{\alpha}_2,\cdots,\boldsymbol{\alpha}_m$ 线性相关，则 $\boldsymbol{\beta}$ 可由 $\boldsymbol{\alpha}_1,\boldsymbol{\alpha}_2,\cdots,\boldsymbol{\alpha}_m$ 线性表出，且表达式唯一.

证　因为 $\boldsymbol{\beta},\boldsymbol{\alpha}_1,\boldsymbol{\alpha}_2,\cdots,\boldsymbol{\alpha}_m$ 线性相关，所以存在一组不全为零的数 $k,k_1,k_2,\cdots,k_m$ 使得 $k\boldsymbol{\beta}+k_1\boldsymbol{\alpha}_1+k_2\boldsymbol{\alpha}_2+\cdots+k_m\boldsymbol{\alpha}_m=\mathbf{0}$ 成立. 这里必有 $k\neq 0$，否则，若 $k=0$，上式成为 $k_1\boldsymbol{\alpha}_1+k_2\boldsymbol{\alpha}_2+\cdots+k_m\boldsymbol{\alpha}_m=\mathbf{0}$ 且 $k_1,k_2,\cdots,k_m$ 不全为零，从而得出 $\boldsymbol{\alpha}_1,\boldsymbol{\alpha}_2,\cdots,\boldsymbol{\alpha}_m$ 线性相关，这与 $\boldsymbol{\alpha}_1,\boldsymbol{\alpha}_2,\cdots,\boldsymbol{\alpha}_m$ 线性无关矛盾. 因此，$k\neq 0$，故

$$\boldsymbol{\beta}=-\frac{k_1}{k}\boldsymbol{\alpha}_1-\frac{k_2}{k}\boldsymbol{\alpha}_2-\cdots-\frac{k_m}{k}\boldsymbol{\alpha}_m,$$

即 $\boldsymbol{\beta}$ 可由 $\boldsymbol{\alpha}_1,\boldsymbol{\alpha}_2,\cdots,\boldsymbol{\alpha}_m$ 线性表出.

下证表示法唯一.

如果 $\boldsymbol{\beta}=h_1\boldsymbol{\alpha}_1+h_2\boldsymbol{\alpha}_2+\cdots+h_m\boldsymbol{\alpha}_m$，$\boldsymbol{\beta}=l_1\boldsymbol{\alpha}_1+l_2\boldsymbol{\alpha}_2+\cdots+l_m\boldsymbol{\alpha}_m$，则有

$$(h_1-l_1)\boldsymbol{\alpha}_1+(h_2-l_2)\boldsymbol{\alpha}_2+\cdots+(h_m-l_m)\boldsymbol{\alpha}_m=\mathbf{0}$$

成立. 由 $\boldsymbol{\alpha}_1,\boldsymbol{\alpha}_2,\cdots,\boldsymbol{\alpha}_m$ 线性无关可知 $h_1-l_1=0,h_2-l_2=0,\cdots,h_m-l_m=0$，即 $h_1=l_1,h_2=l_2,\cdots,h_m=l_m$，所以表示法是唯一的.

定理 5 若向量组中有一部分向量组(称为部分组)线性相关，则整个向量组线性相关.

推论 若向量组线性无关，则它的任意一个部分组线性无关.

4.3 向量组的极大无关组与向量组的秩

在二维、三维几何空间中，坐标系是不唯一的，但任一坐标系中所含最大线性无关的向量的个数是一个不变的量，向量组的秩正是这一几何事实的一般化.

4.3.1 向量组的极大无关组

我们知道，一个线性相关向量组的部分组不一定是线性相关的，例如向量组 $\boldsymbol{\alpha}_1=(2,-1,3,1)^{\mathrm{T}}$，$\boldsymbol{\alpha}_2=(4,-2,5,4)^{\mathrm{T}}$，$\boldsymbol{\alpha}_3=(2,-1,4,-1)^{\mathrm{T}}$，由于 $3\boldsymbol{\alpha}_1-\boldsymbol{\alpha}_2-\boldsymbol{\alpha}_3=\mathbf{0}$，所以向量组是线性相关的，但是其部分组 $\boldsymbol{\alpha}_1$ 是线性无关的，$\boldsymbol{\alpha}_1,\boldsymbol{\alpha}_2$ 也是线性无关的.

可以看出，上例中 $\boldsymbol{\alpha}_1,\boldsymbol{\alpha}_2,\boldsymbol{\alpha}_3$ 的线性无关的部分组中最多含有两个向量，如果再添加一个向量进去，就变成线性相关了. 为了确切地说明这一问题，我们引入极大线性无关组的概念.

定义 5 设有向量组 $\boldsymbol{\alpha}_1,\boldsymbol{\alpha}_2,\cdots,\boldsymbol{\alpha}_m$，如果它的一个部分组 $\boldsymbol{\alpha}_{i1},\boldsymbol{\alpha}_{i2},\cdots,\boldsymbol{\alpha}_{ir}$，满足：

(1) $\boldsymbol{\alpha}_{i1},\boldsymbol{\alpha}_{i2},\cdots,\boldsymbol{\alpha}_{ir}$ 线性无关；

(2) 向量组 $\boldsymbol{\alpha}_1,\boldsymbol{\alpha}_2,\cdots,\boldsymbol{\alpha}_m$ 中的任意一个向量都可由部分组 $\boldsymbol{\alpha}_{i1},\boldsymbol{\alpha}_{i2},\cdots,\boldsymbol{\alpha}_{ir}$ 线性表出，则称部分组 $\boldsymbol{\alpha}_{i1},\boldsymbol{\alpha}_{i2},\cdots,\boldsymbol{\alpha}_{ir}$ 是向量组 $\boldsymbol{\alpha}_1,\boldsymbol{\alpha}_2,\cdots,\boldsymbol{\alpha}_m$ 的一个极大线性无关组，简称为极大无关组.

在上例中除 $\boldsymbol{\alpha}_1,\boldsymbol{\alpha}_2$ 线性无关外，$\boldsymbol{\alpha}_1,\boldsymbol{\alpha}_3$ 和 $\boldsymbol{\alpha}_2,\boldsymbol{\alpha}_3$ 也都是向量组 $\boldsymbol{\alpha}_1,\boldsymbol{\alpha}_2,\boldsymbol{\alpha}_3$ 线性无关的部分组，所以它们都是向量组 $\boldsymbol{\alpha}_1,\boldsymbol{\alpha}_2,\boldsymbol{\alpha}_3$ 的极大无关组. 因此向量组的极大无关组可能不止一个. 但任意两个极大无关组所含向量的个数相同.

例 10 设有向量组 $\boldsymbol{\alpha}_1=(1,0,0)^{\mathrm{T}}$，$\boldsymbol{\alpha}_2=(0,1,0)^{\mathrm{T}}$，$\boldsymbol{\alpha}_3=(0,0,1)^{\mathrm{T}}$，$\boldsymbol{\alpha}_4=(1,0,1)^{\mathrm{T}}$，$\boldsymbol{\alpha}_5=(1,1,0)^{\mathrm{T}}$，$\boldsymbol{\alpha}_6=(1,0,-1)^{\mathrm{T}}$，$\boldsymbol{\alpha}_7=(-2,3,4)^{\mathrm{T}}$，求向量组的极大无关组.

解 显然 $\boldsymbol{\alpha}_1,\boldsymbol{\alpha}_2,\boldsymbol{\alpha}_3$ 是它的一个极大无关组. 容易看出 $\boldsymbol{\alpha}_1,\boldsymbol{\alpha}_2,\boldsymbol{\alpha}_3$ 线性无关且 $\boldsymbol{\alpha}_4,\boldsymbol{\alpha}_5,\boldsymbol{\alpha}_6,\boldsymbol{\alpha}_7$ 都可由 $\boldsymbol{\alpha}_1,\boldsymbol{\alpha}_2,\boldsymbol{\alpha}_3$ 线性表出. 另外，还容易证 $\boldsymbol{\alpha}_1,\boldsymbol{\alpha}_2,\boldsymbol{\alpha}_4$ 或 $\boldsymbol{\alpha}_2,\boldsymbol{\alpha}_3,\boldsymbol{\alpha}_5$ 或

$\boldsymbol{\alpha}_4,\boldsymbol{\alpha}_5,\boldsymbol{\alpha}_7$都是它的极大无关组.

从定义可看出,一个线性无关的向量组的极大无关组就是这个向量组本身.

显然,仅有零向量组成的向量组没有极大无关组.

4.3.2 向量组的秩

由于一个向量组的所有极大无关组含有相同个数的向量,这说明极大无关组所含向量的个数反映了向量组本身的性质.因此,我们引进如下概念.

定义 6 向量组的极大无关组所含向量的个数,称为该向量组的秩,记作 $R(\boldsymbol{\alpha}_1,\boldsymbol{\alpha}_2,\cdots,\boldsymbol{\alpha}_m)$.

规定零向量组成的向量组的秩为零.

n 维基本单位向量组 $\boldsymbol{\varepsilon}_1,\boldsymbol{\varepsilon}_2,\cdots,\boldsymbol{\varepsilon}_n$是线性无关的,它的极大无关组就是它本身,因此,$R(\boldsymbol{\varepsilon}_1,\boldsymbol{\varepsilon}_2,\cdots,\boldsymbol{\varepsilon}_n)=n$.

定理 6 向量组线性无关的充分必要条件是:它的秩等于它所含向量的个数.

设 $\boldsymbol{A}$ 是一个 $m\times n$ 矩阵,即

$$\boldsymbol{A}=\begin{pmatrix} a_{11} & a_{12} & \cdots & a_{1n} \\ a_{21} & a_{22} & \cdots & a_{2n} \\ \vdots & \vdots & & \vdots \\ a_{m1} & a_{m2} & \cdots & a_{mn} \end{pmatrix},$$

如果把 $\boldsymbol{A}$ 的第 i 行$(a_{i1},a_{i2},\cdots,a_{in})$看作一个行向量,记为 $\boldsymbol{\alpha}_i$,则矩阵 $\boldsymbol{A}$ 就可看作由 m 个 n 维行向量组成.同样地若把 $\boldsymbol{A}$ 的每一列看作一个列向量,则矩阵 $\boldsymbol{A}$ 就可看作由 n 个 m 维列向量组成.

定义 7 矩阵 $\boldsymbol{A}$ 的行向量组的秩称为矩阵 $\boldsymbol{A}$ 的行秩,而矩阵 $\boldsymbol{A}$ 的列向量组的秩称为矩阵 $\boldsymbol{A}$ 的列秩.

例 11 $\boldsymbol{A}=\begin{pmatrix} 1 & 0 & 0 \\ 0 & 1 & 0 \\ 1 & 1 & 0 \end{pmatrix}$. $\boldsymbol{A}$ 的行向量组为 $\boldsymbol{\alpha}_1=(1,0,0)^{\mathrm{T}},\boldsymbol{\alpha}_2=(0,1,0)^{\mathrm{T}},\boldsymbol{\alpha}_3=(1,1,0)^{\mathrm{T}}$,因为 $\boldsymbol{\alpha}_1+\boldsymbol{\alpha}_2-\boldsymbol{\alpha}_3=\boldsymbol{0}$,所以 $\boldsymbol{\alpha}_1,\boldsymbol{\alpha}_2,\boldsymbol{\alpha}_3$线性相关,但容易看出 $\boldsymbol{\alpha}_1,\boldsymbol{\alpha}_2$线性无关,因此,$R(\boldsymbol{\alpha}_1,\boldsymbol{\alpha}_2,\boldsymbol{\alpha}_3)=2$,即矩阵 $\boldsymbol{A}$ 的行秩为 2.

$\boldsymbol{A}$ 的列向量组为

$$\boldsymbol{\beta}_1=\begin{pmatrix} 1 \\ 0 \\ 1 \end{pmatrix},\quad \boldsymbol{\beta}_2=\begin{pmatrix} 0 \\ 1 \\ 1 \end{pmatrix},\quad \boldsymbol{\beta}_3=\begin{pmatrix} 0 \\ 0 \\ 0 \end{pmatrix},$$

容易看出 $\boldsymbol{\beta}_1,\boldsymbol{\beta}_2$是 $\boldsymbol{\beta}_1,\boldsymbol{\beta}_2,\boldsymbol{\beta}_3$的一个极大无关组,所以 $R(\boldsymbol{\beta}_1,\boldsymbol{\beta}_2,\boldsymbol{\beta}_3)=2$,即 $\boldsymbol{A}$ 的列秩为 2. 在此例中,$\boldsymbol{A}$ 的行秩与列秩相等.

实际上此例的结论具有一般性,即任意一个矩阵 $\boldsymbol{A}$ 的行秩与列秩相等.

定理 7　任一矩阵的行秩与列秩相等,都等于该矩阵的秩 r.

4.3.3　向量组的秩和极大无关组的求法

4.3.2 节的定理 7 建立了向量组(无论是行向量组还是列向量组)的秩与矩阵的秩之间的联系,即向量组的秩可通过相应的矩阵的秩求得,其通常用的方法是:

以向量组 $\boldsymbol{\alpha}_1,\boldsymbol{\alpha}_2,\cdots,\boldsymbol{\alpha}_m$ 为矩阵 $\boldsymbol{A}$ 的列向量组构成矩阵

$$\boldsymbol{A}=(\boldsymbol{\alpha}_1,\boldsymbol{\alpha}_2,\cdots,\boldsymbol{\alpha}_m).$$

用初等行变换把 $\boldsymbol{A}$ 化为阶梯形矩阵 $\boldsymbol{A}_1$,则 $R(\boldsymbol{\alpha}_1,\boldsymbol{\alpha}_2,\cdots,\boldsymbol{\alpha}_m)=R(\boldsymbol{A})=\boldsymbol{A}_1$ 的非零行的行数.

例 12　求向量组 $\boldsymbol{\alpha}_1=(-1,5,3,-2,1)^{\mathrm{T}},\boldsymbol{\alpha}_2=(4,1,-2,9,7)^{\mathrm{T}},\boldsymbol{\alpha}_3=(0,3,4,-5,-1)^{\mathrm{T}},\boldsymbol{\alpha}_4=(2,0,-1,4,3)^{\mathrm{T}}$ 的秩.

解　以 $\boldsymbol{\alpha}_1,\boldsymbol{\alpha}_2,\boldsymbol{\alpha}_3,\boldsymbol{\alpha}_4$ 为列向量构造矩阵 $\boldsymbol{A}$,用初等行变换把 $\boldsymbol{A}$ 化为阶梯形.

$$\boldsymbol{A}=\begin{pmatrix}-1&4&0&2\\5&1&3&0\\3&-2&4&-1\\-2&9&-5&4\\1&7&-1&3\end{pmatrix}\rightarrow\begin{pmatrix}-1&4&0&2\\0&1&-5&0\\0&0&54&5\\0&0&0&0\\0&0&0&0\end{pmatrix}.$$

因为 $R(\boldsymbol{A})=3$,所以

$$R(\boldsymbol{\alpha}_1,\boldsymbol{\alpha}_2,\boldsymbol{\alpha}_3,\boldsymbol{\alpha}_4)=3.$$

接下来我们给出一个求向量组的极大无关组的方法.

具体做法是:先将向量组作为列向量构成矩阵 $\boldsymbol{A}$,然后对 $\boldsymbol{A}$ 施行初等行变换,将其列向量尽可能地化为简单形式,则由简化后的矩阵列之间的线性关系,就可以确定原向量组间的线性关系,从而确定其极大无关组.

例 13　求向量组 $\boldsymbol{\alpha}_1=(1,-1,2,1,0)^{\mathrm{T}},\boldsymbol{\alpha}_2=(2,-2,4,-2,0)^{\mathrm{T}},\boldsymbol{\alpha}_3=(3,0,6,-1,1)^{\mathrm{T}},\boldsymbol{\alpha}_4=(0,3,0,0,1)^{\mathrm{T}}$ 的秩及一个极大无关组,并把其余向量用此极大无关组线性表示.

解　以 $\boldsymbol{\alpha}_1,\boldsymbol{\alpha}_2,\boldsymbol{\alpha}_3,\boldsymbol{\alpha}_4$ 为列向量构造矩阵 $\boldsymbol{A}$,用初等行变换把 $\boldsymbol{A}$ 化为阶梯形最简形式矩阵

$$\boldsymbol{A}=\begin{pmatrix}1&2&3&0\\-1&-2&0&3\\2&4&6&0\\1&-2&-1&0\\0&0&1&1\end{pmatrix}\rightarrow\begin{pmatrix}1&2&3&0\\0&1&1&0\\0&0&1&1\\0&0&0&0\\0&0&0&0\end{pmatrix}\rightarrow\begin{pmatrix}1&0&0&-1\\0&1&0&-1\\0&0&1&1\\0&0&0&0\\0&0&0&0\end{pmatrix}=(\boldsymbol{\beta}_1,\boldsymbol{\beta}_2,\boldsymbol{\beta}_3,\boldsymbol{\beta}_4).$$

因为 $R(\boldsymbol{A})=3$,所以 $R(\boldsymbol{\alpha}_1,\boldsymbol{\alpha}_2,\boldsymbol{\alpha}_3,\boldsymbol{\alpha}_4)=3$,又因为 $R(\boldsymbol{\beta}_1,\boldsymbol{\beta}_2,\boldsymbol{\beta}_3)=3$,所以 $\boldsymbol{\beta}_1,\boldsymbol{\beta}_2,\boldsymbol{\beta}_3$ 线性无关且是 $\boldsymbol{\beta}_1,\boldsymbol{\beta}_2,\boldsymbol{\beta}_3,\boldsymbol{\beta}_4$ 的一个极大无关组. 所以相应地,$\boldsymbol{\alpha}_1,\boldsymbol{\alpha}_2,\boldsymbol{\alpha}_3$ 是 $\boldsymbol{\alpha}_1,\boldsymbol{\alpha}_2,\boldsymbol{\alpha}_3,\boldsymbol{\alpha}_4$ 的极大无关组. 由于 $\boldsymbol{\beta}_4=-\boldsymbol{\beta}_1-\boldsymbol{\beta}_2+\boldsymbol{\beta}_3$,相应地有 $\boldsymbol{\alpha}_4=-\boldsymbol{\alpha}_1-\boldsymbol{\alpha}_2+\boldsymbol{\alpha}_3$.

4.4　线性方程组有解的判定

这一节我们利用 n 维向量和矩阵秩的概念来讨论线性方程组解的情况.

设线性方程组

$$\begin{cases} a_{11}x_1+a_{12}x_2+\cdots+a_{1n}x_n=b_1, \\ a_{21}x_1+a_{22}x_2+\cdots+a_{2n}x_n=b_2, \\ \cdots\cdots \\ a_{m1}x_1+a_{m2}x_2+\cdots+a_{mn}x_n=b_m \end{cases} \tag{4.4}$$

的系数矩阵和增广矩阵分别为 $\boldsymbol{A}$ 和 $\overline{\boldsymbol{A}}$,即

$$\boldsymbol{A}=\begin{pmatrix} a_{11} & a_{12} & \cdots & a_{1n} \\ a_{21} & a_{22} & \cdots & a_{2n} \\ \vdots & \vdots & & \vdots \\ a_{m1} & a_{m2} & \cdots & a_{mn} \end{pmatrix},\quad \overline{\boldsymbol{A}}=\begin{pmatrix} a_{11} & a_{12} & \cdots & a_{1n} & b_1 \\ a_{21} & a_{22} & \cdots & a_{2n} & b_2 \\ \vdots & \vdots & & \vdots & \vdots \\ a_{m1} & a_{m2} & \cdots & a_{mn} & b_m \end{pmatrix}.$$

定理 8　线性方程组(4.4)有解的充分必要条件是:系数矩阵的秩与增广矩阵的秩相等,即 $R(\boldsymbol{A})=R(\overline{\boldsymbol{A}})$.

例 14　判断方程组

$$\begin{cases} x_1-3x_2-6x_3+5x_4=0, \\ 2x_1+x_2+4x_3-2x_4=1, \\ 5x_1-x_2+2x_3+x_4=7 \end{cases}$$

有解还是无解.

解　$$\overline{\boldsymbol{A}}=\begin{pmatrix} 1 & -3 & -6 & 5 & 0 \\ 2 & 1 & 4 & -2 & 1 \\ 5 & -1 & 2 & 1 & 7 \end{pmatrix}\to\begin{pmatrix} 1 & -3 & -6 & 5 & 0 \\ 0 & 7 & 16 & -12 & 1 \\ 0 & 14 & 32 & -24 & 7 \end{pmatrix}$$

$$\to\begin{pmatrix} 1 & -3 & -6 & 5 & 0 \\ 0 & 7 & 16 & -12 & 1 \\ 0 & 0 & 0 & 0 & 5 \end{pmatrix},$$

$R(\overline{\boldsymbol{A}})=3$,而 $R(\boldsymbol{A})=2$,所以方程组无解.

下面讨论线性方程组在有解的条件下解的情况.

定理 9　当线性方程组有解时,①若 $R(\boldsymbol{A})=r=n$,则方程组有唯一解,②若

$R(\mathbf{A})=r<n$,则方程组有无穷多解.

例 15 求解方程组

$$\begin{cases}x_1-2x_2+3x_3-x_4=1,\\3x_1-5x_2+5x_3-3x_4=2,\\2x_1-3x_2+2x_3-2x_4=1.\end{cases}$$

解 对增广矩阵 $\overline{\mathbf{A}}$ 作初等行变换化为阶梯形矩阵

$$\overline{\mathbf{A}}=\begin{pmatrix}1&-2&3&-1&1\\3&-5&5&-3&2\\2&-3&2&-2&1\end{pmatrix}\to\begin{pmatrix}1&-2&3&-1&1\\0&1&-4&0&-1\\0&1&-4&0&-1\end{pmatrix}$$

$$\to\begin{pmatrix}1&-2&3&-1&1\\0&1&-4&0&-1\\0&0&0&0&0\end{pmatrix}\to\begin{pmatrix}1&0&-5&-1&-1\\0&1&-4&0&-1\\0&0&0&0&0\end{pmatrix}.$$

由于 $R(\overline{\mathbf{A}})=R(\mathbf{A})=2<4$,所以方程组有无穷多解,方程组的全部解为

$$\begin{cases}x_1=-1+5x_3+x_4,\\x_2=-1+4x_3,\end{cases}\quad x_3,x_4\text{为自由未知量}.$$

对于齐次线性方程组,由于它的系数矩阵 $\mathbf{A}$ 与增广矩阵的秩总是相等的,所以齐次方程组总是有解的,至少有零解.那么,何时有非零解呢?将定理 9 用于齐次线性方程组立即可得到如下推论.

推论 1 齐次线性方程组

$$\begin{cases}a_{11}x_1+a_{12}x_2+\cdots+a_{1n}x_n=0,\\a_{21}x_1+a_{22}x_2+\cdots+a_{2n}x_n=0,\\\quad\cdots\cdots\\a_{m1}x_1+a_{m2}x_2+\cdots+a_{mn}x_n=0\end{cases}$$

有非零解的充分必要条件是:系数矩阵的秩 $R(\mathbf{A})=r<n$.

推论 2 齐次线性方程组

$$\begin{cases}a_{11}x_1+a_{12}x_2+\cdots+a_{1n}x_n=0,\\a_{21}x_1+a_{22}x_2+\cdots+a_{2n}x_n=0,\\\quad\cdots\cdots\\a_{n1}x_1+a_{n2}x_2+\cdots+a_{nn}x_n=0\end{cases}$$

有非零解的充分必要条件是:系数行列式 $D=0$.

例 16 λ 取何值时方程组

$$\begin{cases}(\lambda+3)x_1+x_2+2x_3=0,\\\lambda x_1+(\lambda-1)x_2+x_3=0,\\3(\lambda+1)x_1+\lambda x_2+(\lambda+3)x_3=0\end{cases}$$

有非零解？并求其一般解.

解　计算系数行列式

$$D=\begin{vmatrix}\lambda+3 & 1 & 2\\ \lambda & \lambda-1 & 1\\ 3(\lambda+1) & \lambda & \lambda+3\end{vmatrix}=\begin{vmatrix}\lambda & 1 & 2\\ 0 & \lambda-1 & 1\\ \lambda & \lambda & \lambda+3\end{vmatrix}$$

$$=\begin{vmatrix}\lambda & 1 & 2\\ 0 & \lambda-1 & 1\\ 0 & \lambda-1 & \lambda+1\end{vmatrix}=\begin{vmatrix}\lambda & 1 & 2\\ 0 & \lambda-1 & 1\\ 0 & 0 & \lambda\end{vmatrix}=\lambda^2(\lambda-1).$$

令 $D=0$，知 $\lambda=0$ 或 $\lambda=1$ 时，方程组有非零解.

(1)当 $\lambda=0$ 时，易求得一般解为

$$\begin{cases}x_1=-x_3,\\ x_2=x_3,\end{cases}\quad x_3\text{为自由未知量}.$$

(2)当 $\lambda=1$ 时，易求得一般解为

$$\begin{cases}x_1=-x_3,\\ x_2=2x_3,\end{cases}\quad x_3\text{为自由未知量}.$$

4.5　线性方程组解的结构

4.4 节解决了线性方程组的解的判定问题，接下来我们进一步讨论解的结构. 已经知道，在方程组有解时，解的情况只有两种可能：有唯一解或有无穷多个解. 在唯一解的情况下，当然没有什么结构问题. 在无穷多个解的情况下，需要讨论解与解的关系如何. 是否可将全部的解由有限多个解表示出来，这就是所谓的解的结构问题.

4.5.1　齐次线性方程组解的结构

设齐次线性方程组为

$$\begin{cases}a_{11}x_1+a_{12}x_2+\cdots+a_{1n}x_n=0,\\ a_{21}x_1+a_{22}x_2+\cdots+a_{2n}x_n=0,\\ \qquad\cdots\cdots\\ a_{m1}x_1+a_{m2}x_2+\cdots+a_{mn}x_n=0.\end{cases}\tag{4.5}$$

我们要研究当方程组(4.5)有非零解时，这些非零解之间有什么关系，如何求出全部解？为此，先讨论齐次线性方程组的解的性质. 为了讨论的方便，将方程组(4.5)的解 $x_1=k_1,x_2=k_2,\cdots,x_n=k_n$ 写成列向量的形式 $(k_1,k_2,\cdots,k_n)^{\mathrm{T}}$.

性质 1　如果 $\boldsymbol{\alpha}=(c_1,c_2,\cdots,c_n)^{\mathrm{T}}$，$\boldsymbol{\beta}=(d_1,d_2,\cdots,d_n)^{\mathrm{T}}$ 是方程组(4.5)的两个解，则 $\boldsymbol{\alpha}+\boldsymbol{\beta}=(c_1+d_1,c_2+d_2,\cdots,c_n+d_n)^{\mathrm{T}}$ 也是方程组(4.5)的解.

性质 2　若 $\boldsymbol{\alpha}$ 是方程组(4.5)的解，则 $k\boldsymbol{\alpha}=(kc_1,kc_2,\cdots,kc_n)^{\mathrm{T}}$ 也是方程组(4.5)的解(k 是常数).

性质 3　如果 $\boldsymbol{\alpha}_1,\boldsymbol{\alpha}_2,\cdots,\boldsymbol{\alpha}_n$ 都是方程组(4.5)的解，则其线性组合 $k_1\boldsymbol{\alpha}_1+k_2\boldsymbol{\alpha}_2+\cdots+k_n\boldsymbol{\alpha}_n$ 也是方程组(4.5)的解，其中 $k_1,k_2,\cdots,k_n$ 是任意数.

由此可知，如果一个齐次线性方程组有非零解，则它就有无穷多个解，那么如何把这无穷多个解表示出来呢？也就是方程组的全部解能否通过它的有限个解的线性组合表示出来.如将它的每个解看成一个向量(也称解向量)，这无穷多个解就构成一个 n 维向量组.若能求出这个向量组的一个“极大无关组”，就能用它的线性组合来表示它的全部解.这个极大无关组在线性方程组的解的理论中，称为齐次线性方程组的基础解系.

定义 8　如果齐次线性方程组(4.5)的有限个解 $\boldsymbol{\eta}_1,\boldsymbol{\eta}_2,\cdots,\boldsymbol{\eta}_t$ 满足：

(1) $\boldsymbol{\eta}_1,\boldsymbol{\eta}_2,\cdots,\boldsymbol{\eta}_t$ 线性无关；

(2)方程组(4.5)的任意一个解都可以由 $\boldsymbol{\eta}_1,\boldsymbol{\eta}_2,\cdots,\boldsymbol{\eta}_t$ 线性表出.

则称 $\boldsymbol{\eta}_1,\boldsymbol{\eta}_2,\cdots,\boldsymbol{\eta}_t$ 是齐次线性方程组(4.5)的一个基础解系.

问题是，任何一个齐次线性方程组是否都有基础解系？如果有的话，如何求出它的基础解系？基础解系中含有多少个解向量？

定理 10　如果齐次线性方程组(4.5)有非零解，则它一定有基础解系，并且基础解系含有 $n-r$ 个解向量，其中 n 是未知量的个数，r 是系数矩阵的秩.

证　因为齐次线性方程组(4.5)有非零解，所以 $R(\mathbf{A})=r<n$，对方程组(4.5)的增广矩阵 $\overline{\mathbf{A}}$ 施行初等行变换，可以化为如下形式：

$$
\begin{pmatrix}
1 & 0 & \cdots & 0 & c_{1,r+1} & \cdots & c_{1n} & 0 \\
0 & 1 & \cdots & 0 & c_{2,r+1} & \cdots & c_{2n} & 0 \\
\vdots & \vdots & & \vdots & \vdots & & \vdots & \vdots \\
0 & 0 & \cdots & 1 & c_{r,r+1} & \cdots & c_{rn} & 0 \\
0 & 0 & \cdots & 0 & 0 & \cdots & 0 & 0 \\
\vdots & \vdots & & \vdots & \vdots & & \vdots & \vdots \\
0 & 0 & \cdots & 0 & 0 & \cdots & 0 & 0
\end{pmatrix},
$$

即方程组(4.5)与下面的方程组同解：

$$
\begin{cases}
x_1=-c_{1,r+1}x_{r+1}-c_{1,r+2}x_{r+2}-\cdots-c_{1n}x_n, \\
x_2=-c_{2,r+1}x_{r+1}-c_{2,r+2}x_{r+2}-\cdots-c_{2n}x_n, \\
\cdots\cdots \\
x_r=-c_{r,r+1}x_{r+1}-c_{r,r+2}x_{r+2}-\cdots-c_{rn}x_n,
\end{cases}
$$

其中 $x_{r+1},x_{r+2},\cdots,x_n$ 为自由未知量.

对 $n-r$ 个自由未知量分别取

$$\begin{pmatrix}1\\0\\\vdots\\0\end{pmatrix},\begin{pmatrix}0\\1\\\vdots\\0\end{pmatrix},\cdots,\begin{pmatrix}0\\0\\\vdots\\1\end{pmatrix},$$

可得方程组(3.5)的 $n-r$ 个解.

$$\boldsymbol{\eta}_1=\begin{pmatrix}-c_{1,r+1}\\-c_{2,r+1}\\\vdots\\-c_{r,r+1}\\1\\0\\\vdots\\0\end{pmatrix},\boldsymbol{\eta}_2=\begin{pmatrix}-c_{1,r+2}\\-c_{2,r+2}\\\vdots\\-c_{r,r+2}\\0\\1\\\vdots\\0\end{pmatrix},\cdots,\boldsymbol{\eta}_{n-r}=\begin{pmatrix}-c_{1n}\\-c_{2n}\\\vdots\\-c_{rn}\\0\\0\\\vdots\\1\end{pmatrix},$$

则 $\boldsymbol{\eta}_1,\boldsymbol{\eta}_2,\cdots,\boldsymbol{\eta}_{n-r}$ 就是方程组(4.5)的一个基础解系.

定理的证明过程实际上给我们指出了求齐次线性方程组基础解系的具体方法.

由于自由未知量 $x_{r+1},x_{r+2},\cdots,x_n$ 可以任意取值,故基础解系不是唯一的,但两个基础解系所含向量的个数都是 $n-r$ 个. 可以证齐次线性方程组(4.5)的任意 $n-r$ 个线性无关的解向量均可以构成它的一个基础解系.

例 17　求齐次线性方程组

$$\begin{cases}x_1+2x_2-3x_3-x_4=0,\\2x_1+3x_2+x_3+3x_4=0,\\-x_1-2x_2+4x_3-5x_4=0,\\2x_1+3x_2+2x_3-3x_4=0\end{cases}$$

的基础解系.

解　对系数矩阵 $\boldsymbol{A}$ 施行如下初等行变换

$$\boldsymbol{A}=\begin{pmatrix}1&2&-3&-1\\2&3&1&3\\-1&-2&4&-5\\2&3&2&-3\end{pmatrix}\to\begin{pmatrix}1&2&-3&-1\\0&-1&7&5\\0&0&1&-6\\0&-1&8&-1\end{pmatrix}$$

$$\rightarrow\begin{pmatrix}1&2&-3&-1\\0&-1&7&5\\0&0&1&-6\\0&0&1&-6\end{pmatrix}\rightarrow\begin{pmatrix}1&0&0&75\\0&-1&0&47\\0&0&1&-6\\0&0&0&0\end{pmatrix}.$$

因为$R(A)=3<4$,所以原方程组有无穷多个解,由$n-r=1$知,基础解系中仅含1个解.所以方程组的一般解为

$$\begin{cases}x_1=-75x_4,\\x_2=47x_4,\\x_3=6x_4,\end{cases}\quad \text{其中 } x_4 \text{ 为自由未知量.}$$

令自由未知量$x_4=1$,得到方程组的解

$$\boldsymbol{\eta}_1=\begin{pmatrix}-75\\47\\6\\1\end{pmatrix},$$

$\boldsymbol{\eta}_1$就是原方程组的一个基础解系.因此,方程组的全部解为

$$\boldsymbol{\eta}=k_1\boldsymbol{\eta}_1=k_1\begin{pmatrix}-75\\47\\6\\1\end{pmatrix},\text{其中 } k_1 \text{ 为任意数.}$$

例 18　求方程组

$$\begin{cases}x_1-x_2-x_3+x_4=0,\\x_1-x_2+x_3-3x_4=0,\\x_1-x_2-2x_3+3x_4=0\end{cases}$$

的全部解.

解　对系数矩阵$\boldsymbol{A}$作初等变换化为阶梯形矩阵

$$\boldsymbol{A}=\begin{pmatrix}1&-1&-1&1\\1&-1&1&-3\\1&-1&-2&3\end{pmatrix}\rightarrow\begin{pmatrix}1&-1&-1&1\\0&0&2&-4\\0&0&-1&2\end{pmatrix}\rightarrow\begin{pmatrix}1&-1&-1&1\\0&0&1&-2\\0&0&0&0\end{pmatrix}$$

$$\rightarrow\begin{pmatrix}1&-1&0&-1\\0&0&1&-2\\0&0&0&0\end{pmatrix}.$$

因为$R(\boldsymbol{A})=2<4$,所以方程组有无穷多解,由$n-r=2$知,基础解系中含有2

个解. 所以方程组的一般解为

$$\begin{cases} x_1 = x_2 + x_4, \\ x_3 = 2x_4, \end{cases} \text{取 } x_2, x_4 \text{ 为自由未知量.}$$

令

$$\begin{pmatrix} x_2 \\ x_4 \end{pmatrix} = \begin{pmatrix} 1 \\ 0 \end{pmatrix}, \quad \begin{pmatrix} 0 \\ 1 \end{pmatrix},$$

解出

$$\begin{pmatrix} x_1 \\ x_3 \end{pmatrix} = \begin{pmatrix} 1 \\ 0 \end{pmatrix}, \begin{pmatrix} 1 \\ 2 \end{pmatrix},$$

则

$$\boldsymbol{\eta}_1 = \begin{pmatrix} 1 \\ 1 \\ 0 \\ 0 \end{pmatrix}, \quad \boldsymbol{\eta}_2 = \begin{pmatrix} 1 \\ 0 \\ 2 \\ 1 \end{pmatrix}$$

为原方程组的一个基础解系. 方程组的全部解为 $\boldsymbol{X} = k_1\boldsymbol{\eta}_1 + k_2\boldsymbol{\eta}_2$，其中 k_1, k_2 为任意实数.

例 19　求解方程组

$$\begin{cases} 2x_1 + 2x_2 - x_3 = 0, \\ x_1 - 2x_2 + 4x_3 = 0, \\ 5x_1 + 8x_2 + 2x_3 = 0. \end{cases}$$

解　对方程组的系数矩阵 $\boldsymbol{A}$ 施行如下初等行变换

$$\boldsymbol{A} = \begin{pmatrix} 2 & 2 & -1 \\ 1 & -2 & 4 \\ 5 & 8 & 2 \end{pmatrix} \to \begin{pmatrix} 0 & 6 & -9 \\ 1 & -2 & 4 \\ 0 & 18 & -18 \end{pmatrix}$$

$$\to \begin{pmatrix} 0 & 2 & -3 \\ 1 & -2 & 4 \\ 0 & 1 & -1 \end{pmatrix} \to \begin{pmatrix} 0 & 0 & 1 \\ 1 & 0 & 0 \\ 0 & 1 & 0 \end{pmatrix}.$$

因为 $R(A) = 3$，故原方程组只有零解

$$\boldsymbol{\eta} = \begin{pmatrix} 0 \\ 0 \\ 0 \end{pmatrix}.$$

4.5.2 非齐次线性方程组解的结构

下面讨论当非齐次线性方程组有无穷多解时，解的结构问题.

设非齐次线性方程组为

$$\begin{cases} a_{11}x_1+a_{12}x_2+\cdots+a_{1n}x_n=b_1, \\ a_{21}x_1+a_{22}x_2+\cdots+a_{2n}x_n=b_2, \\ \cdots\cdots \\ a_{m1}x_1+a_{m2}x_2+\cdots+a_{mn}x_n=b_m, \end{cases} \tag{4.6}$$

当它的常数项都等于零时，就得到前面介绍过的齐次线性方程组(4.5)，即

$$\begin{cases} a_{11}x_1+a_{12}x_2+\cdots+a_{1n}x_n=0, \\ a_{21}x_1+a_{22}x_2+\cdots+a_{2n}x_n=0, \\ \cdots\cdots \\ a_{m1}x_1+a_{m2}x_2+\cdots+a_{mn}x_n=0. \end{cases}$$

方程组(4.5)称为方程组(4.6)的导出组.

非齐次线性方程组(4.6)的解与其导出组(4.5)的解之间有如下关系.

性质1　非齐次线性方程组(4.6)的任意两个解的差是它的导出组(4.5)的一个解.

性质2　非齐次线性方程组(4.6)的一个解与它的导出组(4.5)的一个解的和是非齐次线性方程组(4.6)的一个解.

定理11　设 $\boldsymbol{\gamma}_0$ 是非齐次线性方程组(4.6)的一个解，$\boldsymbol{\eta}$ 是导出组(4.5)的全部解，则 $\boldsymbol{\gamma}=\boldsymbol{\gamma}_0+\boldsymbol{\eta}$ 是非齐次线性方程组的全部解.

由此定理可知，如果非齐次线性方程组有解，则只需求出它的一个解(特解) $\boldsymbol{\gamma}_0$，并求出其导出组的基础解系 $\boldsymbol{\eta}_1,\boldsymbol{\eta}_2,\cdots,\boldsymbol{\eta}_{n-r}$，则非齐次线性方程组的全部解可表示为 $\boldsymbol{\eta}_0=\boldsymbol{\gamma}_0+k_1\boldsymbol{\eta}_1+k_2\boldsymbol{\eta}_2+\cdots+k_{n-r}\boldsymbol{\eta}_{n-r}$，其中 $k_1,k_2,\cdots,k_{n-r}$ 为任意数.

如果非齐次线性方程组的导出组仅有零解，则该非齐次线性方程组只有唯一解，如果其导出组有无穷多解，则它也有无穷多解.

例20　求方程组

$$\begin{cases} x_1+5x_2-x_3-x_4=-1, \\ x_1-2x_2+x_3+3x_4=3, \\ 3x_1+8x_2-x_3+x_4=1, \\ x_1-9x_2+3x_3+7x_4=7 \end{cases}$$

的全部解.

解　对方程组的增广矩阵 $\overline{\boldsymbol{A}}$ 施行初等行变换

$$\overline{\boldsymbol{A}}=\begin{pmatrix}1&5&-1&-1&-1\\1&-2&1&3&3\\3&8&-1&1&1\\1&-9&3&7&7\end{pmatrix}\to\begin{pmatrix}1&5&-1&-1&-1\\0&-7&2&4&4\\0&-7&2&4&4\\0&-14&4&8&8\end{pmatrix}$$

$$\to\begin{pmatrix}1&5&-1&-1&-1\\0&-7&2&4&4\\0&0&0&0&0\\0&0&0&0&0\end{pmatrix}\to\begin{pmatrix}1&0&\frac{3}{7}&\frac{13}{7}&\frac{13}{7}\\0&-7&2&4&4\\0&0&0&0&0\\0&0&0&0&0\end{pmatrix}$$

$$\to\begin{pmatrix}1&0&\frac{3}{7}&\frac{13}{7}&\frac{13}{7}\\0&1&-\frac{2}{7}&-\frac{4}{7}&-\frac{4}{7}\\0&0&0&0&0\\0&0&0&0&0\end{pmatrix}.$$

所以原方程组的一般解为

$$\begin{cases}x_1=\frac{13}{7}-\frac{3}{7}x_3-\frac{13}{7}x_4,\\x_2=-\frac{4}{7}+\frac{2}{7}x_3+\frac{4}{7}x_4,\end{cases}\text{其中 } x_3,x_4 \text{ 为自由未知量.}$$

让自由未知量 $\begin{pmatrix}x_3\\x_4\end{pmatrix}$ 取值 $\begin{pmatrix}0\\0\end{pmatrix}$，得方程组的一个解

$$\boldsymbol{\gamma}_0=\begin{pmatrix}\frac{13}{7}\\-\frac{4}{7}\\0\\0\end{pmatrix}.$$

原方程组的导出组的一般解为

$$\begin{cases}x_1=-\frac{3}{7}x_3-\frac{13}{7}x_4,\\x_2=\frac{2}{7}x_3+\frac{4}{7}x_4,\end{cases}\text{其中 } x_3,x_4 \text{ 为自由未知量.}$$

令自由未知量 $\begin{pmatrix}x_3\\x_4\end{pmatrix}$ 取值 $\begin{pmatrix}1\\0\end{pmatrix}$，$\begin{pmatrix}0\\1\end{pmatrix}$，即得导出组的基础解系

$$\boldsymbol{\eta}_1=\begin{pmatrix}-\frac{3}{7}\\ \frac{2}{7}\\ 1\\ 0\end{pmatrix},\quad \boldsymbol{\eta}_2=\begin{pmatrix}-\frac{13}{7}\\ \frac{4}{7}\\ 0\\ 1\end{pmatrix}.$$

因此,所给方程组的全部解为

$$\boldsymbol{\gamma}=\boldsymbol{\gamma}_0+k_1\boldsymbol{\eta}_1+k_2\boldsymbol{\eta}_2=\begin{pmatrix}\frac{13}{7}\\ -\frac{4}{7}\\ 0\\ 0\end{pmatrix}+k_1\begin{pmatrix}-\frac{3}{7}\\ \frac{2}{7}\\ 1\\ 0\end{pmatrix}+k_2\begin{pmatrix}-\frac{13}{7}\\ \frac{4}{7}\\ 0\\ 1\end{pmatrix},\text{其中 } k_1,k_2 \text{ 为任意常数.}$$

例 21 求方程组

$$\begin{cases}2x_1-x_2+x_3-x_4-2x_5=2,\\ x_1-x_2+2x_3+x_4-x_5=4,\\ x_1-3x_2+4x_3+3x_4-x_5=8\end{cases}$$

的全部解.

解 对方程组的增广矩阵 $\overline{\mathbf{A}}$ 施行初等行变换

$$\overline{\mathbf{A}}=\begin{pmatrix}2&-1&1&-1&-2&2\\1&-1&2&1&-1&4\\1&-3&4&3&-1&8\end{pmatrix}\to\begin{pmatrix}0&1&-3&-3&0&-6\\1&-1&2&1&-1&4\\0&-2&2&2&0&4\end{pmatrix}$$

$$\to\begin{pmatrix}0&1&-3&-3&0&-6\\1&0&-1&-2&-1&-2\\0&0&-4&-4&0&-8\end{pmatrix}\to\begin{pmatrix}0&1&-3&-3&0&-6\\1&0&-1&-2&-1&-2\\0&0&1&1&0&2\end{pmatrix}$$

$$\to\begin{pmatrix}0&1&0&0&0&0\\1&0&0&-1&-1&0\\0&0&1&1&0&2\end{pmatrix}.$$

所以,原方程组的一般解为

$$\begin{cases}x_1=x_4+x_5,\\ x_2=0,\\ x_3=2-x_4,\end{cases}\quad \text{其中 } x_4,x_5 \text{ 为自由未知量.}$$

令自由未知量 $\begin{pmatrix}x_4\\x_5\end{pmatrix}$ 取值 $\begin{pmatrix}0\\0\end{pmatrix}$,得方程组的一个解

$$\boldsymbol{\gamma}_0=\begin{pmatrix}0\\0\\2\\0\\0\end{pmatrix}.$$

原方程组的导出组的一般解为

$$\begin{cases}x_1=x_4+x_5,\\x_2=0,\\x_3=-x_4,\end{cases}\quad \text{其中 } x_4,x_5 \text{ 为自由未知量.}$$

令自由未知量$\begin{pmatrix}x_4\\x_5\end{pmatrix}$取值$\begin{pmatrix}1\\0\end{pmatrix}$，$\begin{pmatrix}0\\1\end{pmatrix}$，即得导出组的基础解系

$$\boldsymbol{\eta}_1=\begin{pmatrix}1\\0\\-1\\1\\0\end{pmatrix},\quad \boldsymbol{\eta}_2=\begin{pmatrix}1\\0\\0\\0\\1\end{pmatrix}.$$

因此，所给方程组的全部解为

$$\boldsymbol{\gamma}=\boldsymbol{\gamma}_0+k_1\boldsymbol{\eta}_1+k_2\boldsymbol{\eta}_2=\begin{pmatrix}0\\0\\2\\0\\0\end{pmatrix}+k_1\begin{pmatrix}1\\0\\-1\\1\\0\end{pmatrix}+k_2\begin{pmatrix}1\\0\\0\\0\\1\end{pmatrix},\text{其中 } k_1,k_2 \text{ 为任意常数.}$$

例 22　试问 λ 取何值时方程组

$$\begin{cases}x_1+x_3=\lambda,\\4x_1+x_2+2x_3=\lambda+2,\\6x_1+x_2+4x_3=2\lambda+3\end{cases}$$

有解，并求其全部解.

解　对增广矩阵 $\overline{\boldsymbol{A}}$ 施行初等行变换化为阶梯形矩阵

$$\overline{\boldsymbol{A}}=\begin{pmatrix}1&0&1&\lambda\\4&1&2&\lambda+2\\6&1&4&2\lambda+3\end{pmatrix}\to\begin{pmatrix}1&0&1&\lambda\\0&1&-2&2-3\lambda\\0&1&-2&3-4\lambda\end{pmatrix}\to\begin{pmatrix}1&0&1&\lambda\\0&1&-2&2-3\lambda\\0&0&0&1-\lambda\end{pmatrix}.$$

当 $\lambda=1$ 时，$R(\boldsymbol{A})=R(\overline{\boldsymbol{A}})=2$，方程组有解.

当 $\lambda=1$ 时,原方程组为

$$\begin{cases}x_1+x_3=1,\\4x_1+x_2+2x_3=3,\\6x_1+x_2+4x_3=5,\end{cases}\tag{4.7}$$

方程组(4.7)的一般解为

$$\begin{cases}x_1=1-x_3,\\x_2=-1+2x_3,\end{cases}\quad x_3\text{为自由未知量}.$$

令 $x_3=0$,解出

$$\begin{pmatrix}x_1\\x_2\end{pmatrix}=\begin{pmatrix}1\\-1\end{pmatrix}.$$

向量

$$\boldsymbol{\gamma}_0=\begin{pmatrix}1\\-1\\0\end{pmatrix}$$

为方程组(4.7)的一个解.对应的齐次线性方程组的一般解为

$$\begin{cases}x_1=-x_3,\\x_2=2x_3.\end{cases}$$

令 $x_3=1$,解出

$$\begin{pmatrix}x_1\\x_2\end{pmatrix}=\begin{pmatrix}-1\\2\end{pmatrix}.$$

则向量

$$\boldsymbol{\eta}=\begin{pmatrix}-1\\2\\1\end{pmatrix}$$

为方程组(4.7)对应的齐次线性方程组的一个基础解系.

原方程组的全部解为 $\boldsymbol{\gamma}=\boldsymbol{\gamma}_0+k\boldsymbol{\eta}$,其中 k 为任意常数.

4.6 向量空间

定义 9 设 V 是具有某些共同性质的 n 维向量的集合, 若

(1)对任意的 $\boldsymbol{\alpha},\boldsymbol{\beta}\in V$, 有 $\boldsymbol{\alpha}+\boldsymbol{\beta}\in V$(加法封闭);

(2)对任意的 $\boldsymbol{\alpha}\in V$, $k\in\mathbf{R}$, 有 $k\boldsymbol{\alpha}\in V$(数乘封闭).
称集合 V 为向量空间.

例如, $\mathbf{R}^n=\{x\mid x=(\xi_1,\xi_2,\cdots,\xi_n),\xi_i\in\mathbf{R}\}$ 是向量空间,

$V_0=\{\boldsymbol{x}\mid\boldsymbol{x}=(0,\xi_2,\cdots,\xi_n),\xi_i\in\mathbf{R}\}$ 是向量空间,

$V_1=\{\boldsymbol{x}\mid\boldsymbol{x}=(1,\xi_2,\cdots,\xi_n),\xi_i\in\mathbf{R}\}$ 不是向量空间.

因为 $0\cdot(1,\xi_2,\cdots,\xi_n)=(0,0,\cdots,0)\notin V_1$, 即数乘运算不封闭.

例 23　给定 n 维向量组 $\boldsymbol{\alpha}_1,\boldsymbol{\alpha}_2,\cdots,\boldsymbol{\alpha}_m(m\geqslant 1)$, 验证

$$V=\{\boldsymbol{\alpha}\mid\boldsymbol{\alpha}=k_1\boldsymbol{\alpha}_1+k_2\boldsymbol{\alpha}_2+\cdots+k_m\boldsymbol{\alpha}_m,k_i\in\mathbf{R}\}$$

是向量空间. 称之为由向量组 $\boldsymbol{\alpha}_1,\boldsymbol{\alpha}_2,\cdots,\boldsymbol{\alpha}_m$ 生成的向量空间, 记作

$$L(\boldsymbol{\alpha}_1,\boldsymbol{\alpha}_2,\cdots,\boldsymbol{\alpha}_m)\text{ 或者 }\operatorname{span}\{\boldsymbol{\alpha}_1,\boldsymbol{\alpha}_2,\cdots,\boldsymbol{\alpha}_m\}.$$

证　设 $\boldsymbol{\alpha},\boldsymbol{\beta}\in V$, 则 $\boldsymbol{\alpha}=k_1\boldsymbol{\alpha}_1+k_2\boldsymbol{\alpha}_2+\cdots+k_m\boldsymbol{\alpha}_m$, $\boldsymbol{\beta}=t_1\boldsymbol{\alpha}_1+t_2\boldsymbol{\alpha}_2+\cdots+t_m\boldsymbol{\alpha}_m$, 于是有

$$\boldsymbol{\alpha}+\boldsymbol{\beta}=(k_1+t_1)\boldsymbol{\alpha}_1+(k_2+t_2)\boldsymbol{\alpha}_2+\cdots+(k_m+t_m)\boldsymbol{\alpha}_m\in V,$$

$$k\boldsymbol{\alpha}=(kk_1)\boldsymbol{\alpha}_1+(kk_2)\boldsymbol{\alpha}_2+\cdots+(kk_m)\boldsymbol{\alpha}_m\in V\quad(\forall k\in\mathbf{R}).$$

由定义知, V 是向量空间.

定义 10　设 V_1 和 V_2 都是向量空间, 且 $V_1\subset V_2$, 称 V_1 为 V_2 的子空间.

例如,本页第四行中的 V_0 是 $\mathbf{R}^n$ 的子空间.

例 23 中的 $L(\boldsymbol{\alpha}_1,\boldsymbol{\alpha}_2,\cdots,\boldsymbol{\alpha}_m)$ 也是 $\mathbf{R}^n$ 的子空间.

定义 11　设向量空间 V, 若

(1) V 中有 r 个向量 $\boldsymbol{\alpha}_1,\boldsymbol{\alpha}_2,\cdots,\boldsymbol{\alpha}_r$ 线性无关;

(2) $\forall\boldsymbol{\alpha}\in V$ 可由 $\boldsymbol{\alpha}_1,\boldsymbol{\alpha}_2,\cdots,\boldsymbol{\alpha}_r$ 线性表示.

称 $\boldsymbol{\alpha}_1,\boldsymbol{\alpha}_2,\cdots,\boldsymbol{\alpha}_r$ 为 V 的一组基, 称 r 为 V 的维数, 记作 $\dim V=r$.

注　零空间 $\{\mathbf{0}\}$ 没有基, 规定 $\dim\{\mathbf{0}\}=0$.

由条件(2)可得: V 中任意 $r+1$ 个向量线性相关(自证).

若 $\dim V=r$, 则 V 中任意 r 个线性无关的向量都可作为 V 的基.

4.7　应用举例

例 24　图 4.1 是某城市的局部交通图. 所示的街道为单向车道(箭头方向). 街道尽头处所示数据是其交通高峰期的平均车流量(辆/h). 设计一个数学模型描述此交通网. 并考虑某一天在街道 B—C 因故需要车流量控制在 150 辆/h 以内的可行性.

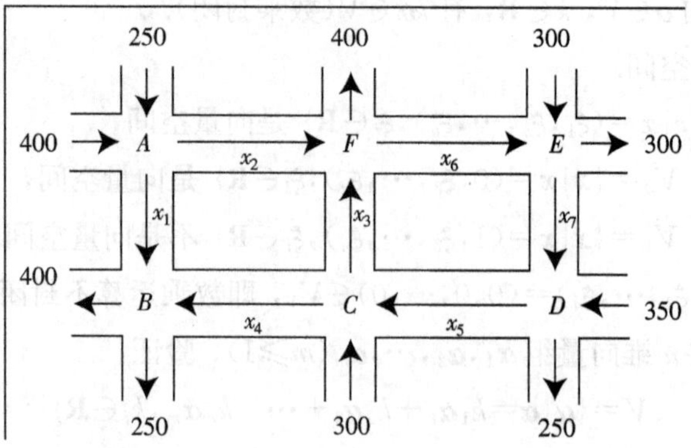

图 4.1

分析　每一交叉口进入的车辆应等于驶出的车辆数. 因而可得关于 $x_1, x_2, x_3, x_4, x_5, x_6$ 和 x_7 的线性方程组

$$\begin{cases} x_1 + x_2 = 650, & A \\ x_1 + x_4 = 650, & B \\ x_3 + x_4 - x_5 = 300, & C \\ x_5 - x_7 = 100, & D \\ x_6 - x_7 = 0, & E \\ x_2 + x_3 - x_6 = 400, & F \end{cases}$$

对此方程的增广矩阵依次施行下列初等行变换:

$$\begin{pmatrix} 1 & 1 & 0 & 0 & 0 & 0 & 0 & 650 \\ 1 & 0 & 0 & 1 & 0 & 0 & 0 & 650 \\ 0 & 0 & 1 & 1 & -1 & 0 & 0 & 300 \\ 0 & 0 & 0 & 0 & 1 & 0 & -1 & 100 \\ 0 & 0 & 0 & 0 & 0 & 1 & -1 & 0 \\ 0 & 1 & 1 & 0 & 0 & -1 & 0 & 400 \end{pmatrix}$$

$$\xrightarrow{r_1\times(-1)+r_2} \begin{pmatrix} 1 & 1 & 0 & 0 & 0 & 0 & 0 & 650 \\ 0 & -1 & 0 & 1 & 0 & 0 & 0 & 0 \\ 0 & 0 & 1 & 1 & -1 & 0 & 0 & 300 \\ 0 & 0 & 0 & 0 & 1 & 0 & -1 & 100 \\ 0 & 0 & 0 & 0 & 0 & 1 & -1 & 0 \\ 0 & 1 & 1 & 0 & 0 & -1 & 0 & 400 \end{pmatrix}$$

$$\xrightarrow[\substack{r_2\times 1+r_1\\ r_2\times 1+r_6}]{\substack{r_3\times(-1)+r_6\\ r_4\times(-1)+r_6\\ r_5\times 1+r_6}}\begin{pmatrix}1&0&0&1&0&0&0&650\\0&-1&0&1&0&0&0&0\\0&0&1&1&-1&0&0&300\\0&0&0&0&1&0&-1&100\\0&0&0&0&0&1&-1&0\\0&0&0&0&0&0&0&0\end{pmatrix}$$

$$\xrightarrow[r_4\times 1+r_3]{r_2\times(-1)}\begin{pmatrix}1&0&0&1&0&0&0&650\\0&1&0&-1&0&0&0&0\\0&0&1&1&0&0&-1&400\\0&0&0&0&1&0&-1&100\\0&0&0&0&0&1&-1&0\\0&0&0&0&0&0&0&0\end{pmatrix}.$$

此阶梯形矩阵对应的线性方程组为

$$\begin{cases}x_1+x_4=650,\\ x_2-x_4=0,\\ x_3+x_4-x_7=400,\\ x_5-x_7=100,\\ x_6-x_7=0,\\ 0=0.\end{cases}$$

从而 x_4 和 x_7 是自由变元. 注意到车流量为非负整数,故令 $x_4=s,x_7=t$ 为任意非负整数,得所需的数学模型为

$$x_1=650-s,\quad x_2=s,\quad x_3=400+t-s,\quad x_4=s,$$
$$x_5=100+t,\quad x_6=t,\quad x_7=t.$$

要控制街道 B—C 的车流量不大于 150 辆/h,即令 $x_4=150$,得

$$x_1=500,\quad x_2=150,\quad x_3=250+t,\quad x_4=150,$$
$$x_5=100+t,\quad x_6=t,\quad x_7=t.$$

其中 t 为任意非负整数(实际上,每条街道的车流量有个最大值,从而可得到 t 的一个上限).

习 题 4

1. 设 $\boldsymbol{\alpha}+\boldsymbol{\beta}=(2,3,-1,0,4)^{\mathrm{T}}$，$\boldsymbol{\alpha}-\boldsymbol{\beta}=(-6,8,1,1,1)^{\mathrm{T}}$. 求 $\boldsymbol{\alpha}$，$\boldsymbol{\beta}$.

2. 把向量 $\boldsymbol{\beta}$ 表示为向量组 $\boldsymbol{\alpha}_1,\boldsymbol{\alpha}_2,\boldsymbol{\alpha}_3,\boldsymbol{\alpha}_4$ 的线性组合.

(1) $\boldsymbol{\alpha}_1=(1,1,1,1)^{\mathrm{T}}$，$\boldsymbol{\alpha}_2=(1,1,1,0)^{\mathrm{T}}$，$\boldsymbol{\alpha}_3=(1,1,0,0)^{\mathrm{T}}$，$\boldsymbol{\alpha}_4=(1,0,0,0)^{\mathrm{T}}$，$\boldsymbol{\beta}=(0,2,0,-1)^{\mathrm{T}}$；

(2) $\boldsymbol{\alpha}_1=(1,1,1,1,1)^{\mathrm{T}}$，$\boldsymbol{\alpha}_2=(1,2,1,3,1)^{\mathrm{T}}$，$\boldsymbol{\alpha}_3=(1,1,0,1,0)^{\mathrm{T}}$，$\boldsymbol{\alpha}_4=(2,2,0,0,0)^{\mathrm{T}}$，$\boldsymbol{\beta}=(0,1,0,1,0)^{\mathrm{T}}$.

3. 判断下列向量组是否线性相关；如果线性相关，求出向量组的一个极大线性无关组，并将其余向量用这个极大线性无关组表示出来.

(1) $\boldsymbol{\alpha}_1=(1,1,1)^{\mathrm{T}}$，$\boldsymbol{\alpha}_2=(1,2,3)^{\mathrm{T}}$，$\boldsymbol{\alpha}_3=(1,3,6)^{\mathrm{T}}$；

(2) $\boldsymbol{\alpha}_1=(1,-1,2,4)^{\mathrm{T}}$，$\boldsymbol{\alpha}_2=(0,3,1,2)^{\mathrm{T}}$，$\boldsymbol{\alpha}_3=(3,0,7,14)^{\mathrm{T}}$.

4. 求下列向量组的秩，并判断其线性相关性.

(1) $\boldsymbol{\alpha}_1=(1,1,1)^{\mathrm{T}}$，$\boldsymbol{\alpha}_2=(0,2,5)^{\mathrm{T}}$，$\boldsymbol{\alpha}_3=(1,3,6)^{\mathrm{T}}$；

(2) $\boldsymbol{\beta}_1=(1,-1,2,4)^{\mathrm{T}}$，$\boldsymbol{\beta}_2=(0,3,1,2)^{\mathrm{T}}$，$\boldsymbol{\beta}_3=(3,0,7,14)^{\mathrm{T}}$；

(3) $\boldsymbol{\gamma}_1=(1,1,3,1)^{\mathrm{T}}$，$\boldsymbol{\gamma}_2=(4,1,-3,2)^{\mathrm{T}}$，$\boldsymbol{\gamma}_3=(1,0,-1,2)^{\mathrm{T}}$.

5. 设向量组 $\boldsymbol{\alpha}_1,\boldsymbol{\alpha}_2,\boldsymbol{\alpha}_3$ 线性相关，向量组 $\boldsymbol{\alpha}_2,\boldsymbol{\alpha}_3,\boldsymbol{\alpha}_4$ 线性无关.

(1) $\boldsymbol{\alpha}_1$ 能否由 $\boldsymbol{\alpha}_2,\boldsymbol{\alpha}_3$ 线性表示？证明你的结论或举出反例.

(2) $\boldsymbol{\alpha}_4$ 能否由 $\boldsymbol{\alpha}_1,\boldsymbol{\alpha}_2,\boldsymbol{\alpha}_3$ 线性表示？证明你的结论或举出反例.

6. 设向量组 $\boldsymbol{\alpha}_1,\boldsymbol{\alpha}_2,\boldsymbol{\alpha}_3$ 线性无关. 证：向量组 $\boldsymbol{\alpha}_1+\boldsymbol{\alpha}_2,\boldsymbol{\alpha}_2+\boldsymbol{\alpha}_3,\boldsymbol{\alpha}_3+\boldsymbol{\alpha}_1$ 也线性无关.

7. 证：任意 $n+1$ 个 n 维向量必线性相关.

8. 证：对于任意实数 a，向量组 $\boldsymbol{\alpha}_1=(a,a,a,a)^{\mathrm{T}}$，$\boldsymbol{\alpha}_2=(a,a+1,a+2,a+3)^{\mathrm{T}}$，$\boldsymbol{\alpha}_3=(a,2a,3a,4a)^{\mathrm{T}}$ 线性相关.

9. 设 $\boldsymbol{\alpha}_1$ 是任意的 4 维向量，$\boldsymbol{\alpha}_2=(2,1,0,0)^{\mathrm{T}}$，$\boldsymbol{\alpha}_3=(4,1,4,0)^{\mathrm{T}}$，$\boldsymbol{\alpha}_4=(1,0,2,0)^{\mathrm{T}}$，若 $\boldsymbol{\beta}_1,\boldsymbol{\beta}_2,\boldsymbol{\beta}_3,\boldsymbol{\beta}_4$ 可由向量 $\boldsymbol{\alpha}_1,\boldsymbol{\alpha}_2,\boldsymbol{\alpha}_3,\boldsymbol{\alpha}_4$ 线性表示，则 $\boldsymbol{\beta}_1,\boldsymbol{\beta}_2,\boldsymbol{\beta}_3,\boldsymbol{\beta}_4$ 线性相关.

10. 求下列齐次线性方程组的通解.

(1) $\begin{cases} x_1-x_2+x_3=0, \\ 3x_1-5x_2-x_3=0, \\ 3x_1-7x_2-8x_3=0; \end{cases}$

(2) $\begin{cases} x_1+x_2+2x_3+2x_4+7x_5=0, \\ 2x_1+3x_2+4x_3+5x_4=0, \\ 3x_1+5x_2+6x_3+8x_4=0; \end{cases}$

(3) $\begin{cases} x_1+x_2-3x_4-x_5=0, \\ x_1-x_2+2x_3-x_4=0, \\ 4x_1-2x_2+6x_3+3x_4-4x_5=0, \\ 2x_1+4x_2-2x_3+4x_4-7x_5=0. \end{cases}$

11. 求解下列非齐次线性方程组.

(1) $\begin{cases} x_1-2x_2+x_3+x_4=1, \\ x_1-2x_2+x_3-x_4=-1, \\ x_1-2x_2+x_3+5x_4=5; \end{cases}$

(2) $\begin{cases} 2x_1-x_2+3x_3-x_4=1, \\ 3x_1-2x_2-2x_3+3x_4=3, \\ x_1-x_2-5x_3+4x_4=2, \\ 7x_1-5x_2-9x_3+10x_4=8; \end{cases}$

(3) $\begin{cases} x_1+x_2-3x_3=-1, \\ 2x_1+x_2-2x_3=1, \\ x_1+2x_2-3x_3=1, \\ x_1+x_2+x_3=100. \end{cases}$

12. 讨论下述线性方程组中，λ 取何值时有解、无解、有唯一解，并在有解时求出其解.

$$\begin{cases} (\lambda+3)x_1+x_2+2x_3=\lambda, \\ \lambda x_1+(\lambda-1)x_2+x_3=\lambda, \\ 3(\lambda+1)x_1+\lambda x_2+(\lambda+3)x_3=3. \end{cases}$$

13. 写出一个以 $\boldsymbol{x}=c_1\begin{pmatrix} 2 \\ -3 \\ 1 \\ 0 \end{pmatrix}+c_2\begin{pmatrix} -2 \\ 4 \\ 0 \\ 1 \end{pmatrix}$ 为通解的齐次线性方程组.

14. λ 取何值时，非齐次线性方程组 $\begin{cases} \lambda x_1+x_2+x_3=1, \\ x_1+\lambda x_2+x_3=\lambda, \\ x_1+x_2+\lambda x_3=\lambda^2 \end{cases}$ (1) 无解；(2) 有唯一解；(3) 有无穷多个解，并求其解.

15. 求 λ，使线性方程组 $\begin{cases} 2x_1-x_2+x_3+x_4=1, \\ x_1+2x_2-x_3+4x_4=2, \\ x_1+7x_2-4x_3+11x_4=\lambda \end{cases}$ (1)无解；(2)有解并求其解.

16. 求 a,b，使齐次线性方程组 $\begin{cases} ax_1+x_2+x_3=0, \\ x_1+bx_2+x_3=0, \\ x_1+2bx_2+x_3=0 \end{cases}$ 有非零解，并求解.

17. 证明线性方程组 $\begin{cases} x_1-x_2=a_1, \\ x_2-x_3=a_2, \\ x_3-x_4=a_3, \\ x_4-x_5=a_4, \\ x_5-x_1=a_5 \end{cases}$ 有解的充分必要条件是：$a_1+a_2+a_3+a_4+a_5=0$；在有解的情形下，求出它的一般解.

第 5 章　特征值与特征向量

5.1　向量的内积

定义 1　设有 n 维向量 $\boldsymbol{x}=\begin{pmatrix}x_1\\x_2\\\vdots\\x_n\end{pmatrix}$，$\boldsymbol{y}=\begin{pmatrix}y_1\\y_2\\\vdots\\y_n\end{pmatrix}$，称

$$\langle \boldsymbol{x},\boldsymbol{y}\rangle=x_1y_1+x_2y_2+\cdots+x_ny_n$$

为向量 $\boldsymbol{x}$ 与 $\boldsymbol{y}$ 的内积.

内积是向量的一种运算，当 $\boldsymbol{x}$ 与 $\boldsymbol{y}$ 都是列向量时，我们用矩阵记号可将内积表示为

$$\langle \boldsymbol{x},\boldsymbol{y}\rangle=\boldsymbol{x}^{\mathrm{T}}\boldsymbol{y}.$$

由内积的定义我们易证内积具有以下性质：$\boldsymbol{x},\boldsymbol{y},\boldsymbol{z}$ 为 n 维向量，λ 为实数，则

(i) $\langle \boldsymbol{x},\boldsymbol{y}\rangle=\langle \boldsymbol{y},\boldsymbol{x}\rangle$；

(ii) $\langle \lambda\boldsymbol{x},\boldsymbol{y}\rangle=\lambda\langle \boldsymbol{x},\boldsymbol{y}\rangle$；

(iii) $\langle \boldsymbol{x}+\boldsymbol{y},\boldsymbol{z}\rangle=\langle \boldsymbol{x},\boldsymbol{z}\rangle+\langle \boldsymbol{y},\boldsymbol{z}\rangle$；

(iv)（施瓦茨不等式）$\langle \boldsymbol{x},\boldsymbol{y}\rangle^2\leqslant\langle \boldsymbol{x},\boldsymbol{x}\rangle\langle \boldsymbol{y},\boldsymbol{y}\rangle$.

在空间解析几何中，我们曾引进向量的数量积

$$\boldsymbol{x}\cdot\boldsymbol{y}=|\boldsymbol{x}||\boldsymbol{y}|\cos\theta,$$

且在直角坐标系中有

$$(x_1,x_2,x_3)\cdot(y_1,y_2,y_3)=x_1y_1+x_2y_2+x_3y_3.$$

n 维向量的内积是向量数量积的一种推广，但 n 维向量没有三维向量那样直观的长度与夹角的概念，因此只能按数量积的直角坐标计算公式进行推广，并且反过来，利用内积来定义 n 维向量的长度和夹角.

定义 2　称

$$\|\boldsymbol{x}\|=\sqrt{\langle \boldsymbol{x},\boldsymbol{x}\rangle}=\sqrt{x_1^2+x_2^2+\cdots+x_n^2}$$

为 n 维向量 $\boldsymbol{x}$ 的长度（或范数）.

显然，向量的长度具有下述性质：

(1) **非负性**　当 $\boldsymbol{x}\neq\boldsymbol{0}$ 时，$\|\boldsymbol{x}\|>0$，当 $\boldsymbol{x}=\boldsymbol{0}$ 时，$\|\boldsymbol{x}\|=0$；

(2)**齐次性**　$\|\lambda x\| = |\lambda|\,\|x\|, \lambda \in \mathbf{R}$；

(3)**三角不等式**　$\|x+y\| \leqslant \|x\| + \|y\|$.

当$\|x\|=1$时，称x为单位向量.

由$\langle x,y\rangle = \|x\| \cdot \|y\| \cos\theta$可得

$$\left|\frac{\langle x,y\rangle}{\|x\|\|y\|}\right| \leqslant 1 \qquad (当\|x\|\|y\| \neq 0 时),$$

于是有下面定义.

定义 3　当$x \neq 0, y \neq 0$时，称

$$\theta = \arccos \frac{\langle x,y\rangle}{\|x\|\|y\|}$$

为n维向量x与y的夹角.

特别地，当$\langle x,y\rangle = 0$时，称向量x与y正交，显然，若$x=\mathbf{0}$，则x与任何向量都正交.

我们称一组两两正交的非零向量为正交向量组. 它具有下面的性质.

定理 1　若n维向量$a_1, a_2, \cdots, a_r$是一组两两正交的非零向量，则$a_1, a_2, \cdots, a_r$线性无关.

证　设存在常数$k_1, k_2, \cdots, k_r$使得

$$k_1 a_1 + k_2 a_2 + \cdots + k_r a_r = \mathbf{0}.$$

以a_1^{T}左乘上式两端，由于$a_1^{\mathrm{T}} a_i = 0, i \neq 1$，得

$$k_1 a_1^{\mathrm{T}} a_1 = 0.$$

又$a_1 \neq \mathbf{0}$，故$a_1^{\mathrm{T}} a_1 = \|a_1\|^2 \neq 0$，从而$k_1 = 0$.

类似可得$k_2 = \cdots = k_r = 0$. 于是向量组$a_1, a_2, \cdots, a_r$线性无关.

在向量空间中，我们常选取正交向量组作为向量空间的基，称为向量空间的正交基. 例如，n个两两正交的n维非零向量，可构成向量空间$\mathbf{R}^n$的一个正交基.

定义 4　设n维向量$e_1, e_2, \cdots, e_r$是向量空间$V \subset \mathbf{R}^n$的一个正交基，且都是单位向量，则称$e_1, e_2, \cdots, e_r$是V的一个规范正交基.

例如，$e_1 = \begin{pmatrix} \frac{1}{\sqrt{2}} \\ \frac{1}{\sqrt{2}} \\ 0 \\ 0 \end{pmatrix}, e_2 = \begin{pmatrix} \frac{1}{\sqrt{2}} \\ -\frac{1}{\sqrt{2}} \\ 0 \\ 0 \end{pmatrix}, e_3 = \begin{pmatrix} 0 \\ 0 \\ \frac{1}{\sqrt{2}} \\ \frac{1}{\sqrt{2}} \end{pmatrix}, e_4 = \begin{pmatrix} 0 \\ 0 \\ \frac{1}{\sqrt{2}} \\ -\frac{1}{\sqrt{2}} \end{pmatrix}$是$\mathbf{R}^4$的一个规范正交基.

若$e_1, e_2, \cdots, e_r$是V的一个规范正交基，那么V中任一向量a可由$e_1, e_2, \cdots,$

e_r 线性表示,设表示式为

$$a=\lambda_1 e_1+\lambda_2 e_2+\cdots+\lambda_r e_r,$$

为求其中的系数 $\lambda_i(i=1,\cdots,r)$,可用 e_i^{T} 左乘上式,有

$$e_i^{\mathrm{T}} a=\lambda_i e_i^{\mathrm{T}} e_i=\lambda_i,$$

即

$$\lambda_i=e_i^{\mathrm{T}} a=\langle a, e_i\rangle.$$

这就是向量在规范正交基中的坐标计算公式. 利用这个公式能方便地计算出向量的坐标,因此,我们在给向量空间取基时常常取规范正交基.

设 $a_1, a_2, \cdots, a_r$ 是向量空间 V 的一个基,要求 V 的一个规范正交基. 也就是要找一组两两正交的单位向量 $e_1, e_2, \cdots, e_r$,使 $e_1, e_2, \cdots, e_r$ 与 $a_1, a_2, \cdots, a_r$ 等价. 这个问题称为把 $a_1, a_2, \cdots, a_r$ 这个基规范正交化.

我们利用下面的方法将 $a_1, a_2, \cdots, a_r$ 这个基规范正交化:首先取

$$b_1=a_1,$$

$$b_2=a_2-\frac{\langle b_1, a_2\rangle}{\langle b_1, b_1\rangle} b_1,$$

……

$$b_r=a_r-\frac{\langle b_1, a_r\rangle}{\langle b_1, b_1\rangle} b_1-\frac{\langle b_2, a_r\rangle}{\langle b_2, b_2\rangle} b_2-\cdots-\frac{\langle b_{r-1}, a_r\rangle}{\langle b_{r-1}, b_{r-1}\rangle} b_{r-1},$$

容易验证 $b_1, b_2, \cdots, b_r$ 两两正交,且 $b_1, b_2, \cdots, b_r$ 与 $a_1, a_2, \cdots, a_r$ 等价.

其次,将 $b_1, b_2, \cdots, b_r$ 单位化,取

$$e_1=\frac{1}{\|b_1\|} b_1, e_2=\frac{1}{\|b_2\|} b_2, \cdots, e_r=\frac{1}{\|b_2\|} b_r,$$

$e_1, e_2, \cdots, e_r$ 就是 V 的一个规范正交基.

上述从线性无关向量组 $a_1, a_2, \cdots, a_r$ 导出正交向量组 $b_1, b_2, \cdots, b_r$ 的过程称为施密特(Schmidt)正交化过程.

例 1　已知三维向量空间中两个向量

$$\boldsymbol{\alpha}_1=\begin{pmatrix}1\\1\\1\end{pmatrix}, \quad \boldsymbol{\alpha}_2=\begin{pmatrix}1\\-2\\1\end{pmatrix}$$

正交,试求 $\boldsymbol{\alpha}_3$,使 $\boldsymbol{\alpha}_1, \boldsymbol{\alpha}_2, \boldsymbol{\alpha}_3$ 构成三维空间的一个正交基.

解　设 $\boldsymbol{\alpha}_3=(x_1, x_2, x_3)^{\mathrm{T}} \neq \mathbf{0}$,且分别与 $\boldsymbol{\alpha}_1, \boldsymbol{\alpha}_2$ 正交,则有

$$\langle\boldsymbol{\alpha}_1, \boldsymbol{\alpha}_3\rangle=\langle\boldsymbol{\alpha}_2, \boldsymbol{\alpha}_3\rangle=0,$$

即

$$\begin{cases}\langle\boldsymbol{\alpha}_1, \boldsymbol{\alpha}_3\rangle=x_1+x_2+x_3=0, \\ \langle\boldsymbol{\alpha}_2, \boldsymbol{\alpha}_3\rangle=x_1-2 x_2+x_3=0.\end{cases}$$

解得

$$x_1=-x_3,\quad x_2=0.$$

令 $x_3=1$,得

$$\boldsymbol{\alpha}_3=\begin{pmatrix}x_1\\x_2\\x_3\end{pmatrix}=\begin{pmatrix}-1\\0\\1\end{pmatrix}.$$

由上可知,$\boldsymbol{\alpha}_1,\boldsymbol{\alpha}_2,\boldsymbol{\alpha}_3$ 构成三维空间的一个正交基.

例 2 设 $\boldsymbol{a}_1=\begin{pmatrix}1\\1\\0\end{pmatrix},\boldsymbol{a}_2=\begin{pmatrix}1\\1\\1\end{pmatrix},\boldsymbol{a}_3=\begin{pmatrix}-1\\1\\-1\end{pmatrix}$,试利用施密特正交化过程将 $\boldsymbol{a}_1,\boldsymbol{a}_2,\boldsymbol{a}_3$ 正交化.

解 取 $\boldsymbol{b}_1=\boldsymbol{a}_1$;

$$\boldsymbol{b}_2=\boldsymbol{a}_2-\frac{\langle\boldsymbol{b}_1,\boldsymbol{a}_2\rangle}{\langle\boldsymbol{b}_1,\boldsymbol{b}_1\rangle}\boldsymbol{b}_1=\begin{pmatrix}1\\1\\1\end{pmatrix}-\frac{2}{2}\begin{pmatrix}1\\1\\0\end{pmatrix}=\begin{pmatrix}0\\0\\1\end{pmatrix};$$

$$\boldsymbol{b}_3=\boldsymbol{a}_3-\frac{\langle\boldsymbol{b}_1,\boldsymbol{a}_3\rangle}{\langle\boldsymbol{b}_1,\boldsymbol{b}_1\rangle}\boldsymbol{b}_1-\frac{\langle\boldsymbol{b}_2,\boldsymbol{a}_3\rangle}{\langle\boldsymbol{b}_2,\boldsymbol{b}_2\rangle}\boldsymbol{b}_2=\begin{pmatrix}-1\\1\\-1\end{pmatrix}-\frac{0}{2}\begin{pmatrix}1\\1\\0\end{pmatrix}-\frac{-1}{1}\begin{pmatrix}0\\0\\1\end{pmatrix}=\begin{pmatrix}-1\\1\\0\end{pmatrix}.$$

定义 5 如果 n 阶矩阵 $\boldsymbol{A}$ 满足

$$\boldsymbol{A}^{\mathrm{T}}\boldsymbol{A}=\boldsymbol{E}\quad(\text{即 }\boldsymbol{A}^{-1}=\boldsymbol{A}^{\mathrm{T}}),$$

那么称 $\boldsymbol{A}$ 为正交矩阵,简称正交阵.

上式用 $\boldsymbol{A}=(\boldsymbol{a}_1,\boldsymbol{a}_2,\cdots,\boldsymbol{a}_n)$ 的列向量表示,即为

$$\begin{pmatrix}\boldsymbol{a}_1^{\mathrm{T}}\\\boldsymbol{a}_2^{\mathrm{T}}\\\vdots\\\boldsymbol{a}_n^{\mathrm{T}}\end{pmatrix}(\boldsymbol{a}_1,\boldsymbol{a}_2,\cdots,\boldsymbol{a}_n)=\boldsymbol{E},$$

亦即

$$\boldsymbol{a}_i^{\mathrm{T}}\boldsymbol{a}_j=\delta_{ij}=\begin{cases}1, & i=j,\\0, & i\neq j\end{cases}\quad(i,j=1,2,\cdots,n).$$

这说明方阵 $\boldsymbol{A}$ 为正交阵的充分必要条件是 $\boldsymbol{A}$ 的列向量都是单位向量且两两正交.

因为 $\boldsymbol{A}^{\mathrm{T}}\boldsymbol{A}=\boldsymbol{E}$ 与 $\boldsymbol{A}\boldsymbol{A}^{\mathrm{T}}=\boldsymbol{E}$ 等价,所以上述结论对 $\boldsymbol{A}$ 的行向量亦成立.

综上可见,n 阶正交矩阵 $\boldsymbol{A}$ 的 n 个列(行)向量构成向量空间 $\mathbf{R}^n$ 的一个规范正

交基.

例 3 判别下面矩阵是否为正交阵

$$A=\begin{pmatrix}\frac{1}{9} & -\frac{8}{9} & -\frac{4}{9}\\ -\frac{8}{9} & \frac{1}{9} & -\frac{4}{9}\\ -\frac{4}{9} & -\frac{4}{9} & \frac{7}{9}\end{pmatrix}.$$

解 由于

$$AA^{\mathrm{T}}=\begin{pmatrix}\frac{1}{9} & -\frac{8}{9} & -\frac{4}{9}\\ -\frac{8}{9} & \frac{1}{9} & -\frac{4}{9}\\ -\frac{4}{9} & -\frac{4}{9} & \frac{7}{9}\end{pmatrix}\begin{pmatrix}\frac{1}{9} & -\frac{8}{9} & -\frac{4}{9}\\ -\frac{8}{9} & \frac{1}{9} & -\frac{4}{9}\\ -\frac{4}{9} & -\frac{4}{9} & \frac{7}{9}\end{pmatrix}^{\mathrm{T}}=\begin{pmatrix}1&0&0\\0&1&0\\0&0&1\end{pmatrix}.$$

所以它是正交阵.

由正交阵的定义容易验证正交阵有下述性质：

(i)若 A 为正交阵,则 $A^{-1}=A^{\mathrm{T}}$ 也是正交阵,且 $|A|=1$(或-1)；

(ii)若 A 和 B 都是正交阵,则 AB 也是正交阵.

定义 6 若 P 为正交阵,则线性变换 $y=Px$ 为正交变换.

设 $y=Px$ 为正交变换,则有

$$\|y\|=\sqrt{y^{\mathrm{T}}y}=\sqrt{x^{\mathrm{T}}P^{\mathrm{T}}Px}=\sqrt{x^{\mathrm{T}}x}=\|x\|.$$

由于 $\|x\|$ 表示向量的长度,相当于线段的长度,因此上式说明经正交变换保持向量的长度不变(从而三角形的形状保持不变),这是正交变换的优良特性.

5.2 方阵的特征值与特征向量

定义 7 对于 n 阶方阵 A,若有数 λ 和 n 维非零列向量 x 使关系式

$$Ax=\lambda x \tag{5.1}$$

成立,那么称数 λ 为矩阵 A 的特征值,非零向量 x 称为 A 的对应于特征值 λ 的特征向量.

式(5.1)也可写成

$$(A-\lambda E)x=0,$$

这是 n 个方程 n 个未知数的齐次线性方程组,它有非零解的充分必要条件是系数行列式

$$|\boldsymbol{A}-\lambda\boldsymbol{E}|=0,$$

即

$$\begin{vmatrix} a_{11}-\lambda & a_{12} & \cdots & a_{1n} \\ a_{21} & a_{22}-\lambda & \cdots & a_{2n} \\ \vdots & \vdots & & \vdots \\ a_{n1} & a_{n2} & \cdots & a_{nn}-\lambda \end{vmatrix}=0.$$

上式是以 λ 为未知数的一元 n 次方程，称为方阵 $\boldsymbol{A}$ 的特征方程. 其左端 $|\boldsymbol{A}-\lambda\boldsymbol{E}|$ 是 λ 的 n 次多项式，记作 $f(\lambda)$，称为方阵 $\boldsymbol{A}$ 的特征多项式. 显然方阵 $\boldsymbol{A}$ 的特征值就是特征方程的解，而特征方程在复数范围内恒有解，其个数为方程的次数(重根按重数计算)，因此，n 阶方阵 $\boldsymbol{A}$ 在复数范围内有 n 个特征值.

设 n 阶方阵 $\boldsymbol{A}=(a_{ij})$ 的 n 个特征值为 $\lambda_1,\lambda_2,\cdots,\lambda_n$，易证：

(1) $\lambda_1+\lambda_2+\cdots+\lambda_n=a_{11}+a_{22}+\cdots+a_{nn}$，将 $a_{11}+a_{22}+\cdots+a_{nn}$ 称为方阵 $\boldsymbol{A}$ 的迹，记为 $\mathrm{tr}(\boldsymbol{A})$；

(2) $|\boldsymbol{A}|=\lambda_1\lambda_2\cdots\lambda_n$；

(3) $|\boldsymbol{A}|=0 \Leftrightarrow 0$ 是 $\boldsymbol{A}$ 的特征值.

设 $\lambda=\lambda_i$ 为矩阵 $\boldsymbol{A}$ 的一个特征值，则由方程

$$(\boldsymbol{A}-\lambda_i\boldsymbol{E})\boldsymbol{x}=\boldsymbol{0}$$

可求得非零解 $\boldsymbol{x}=\boldsymbol{p}_i$，那么 $\boldsymbol{p}_i$ 便是 $\boldsymbol{A}$ 的对应于特征值 λ_i 的特征向量.(若 λ_i 为实数，则 $\boldsymbol{p}_i$ 可取实向量；若 λ_i 为复数，则 $\boldsymbol{p}_i$ 为复向量.)

例 4 求 $\boldsymbol{A}=\begin{pmatrix} 1 & 2 & 2 \\ 2 & 1 & 2 \\ 2 & 2 & 1 \end{pmatrix}$ 的特征值与特征向量.

解 $|\boldsymbol{A}-\lambda\boldsymbol{E}|=\begin{vmatrix} 1-\lambda & 2 & 2 \\ 2 & 1-\lambda & 2 \\ 2 & 2 & 1-\lambda \end{vmatrix}=(5-\lambda)(\lambda+1)^2=0$. 得 $\lambda_1=5,\lambda_2=\lambda_3=-1$.

当 $\lambda_1=5$ 时，解方程组 $(\boldsymbol{A}-5\boldsymbol{E})\boldsymbol{x}=\boldsymbol{0}$. 由

$$\boldsymbol{A}-5\boldsymbol{E}=\begin{pmatrix} -4 & 2 & 2 \\ 2 & -4 & 2 \\ 2 & 2 & -4 \end{pmatrix} \xrightarrow{r} \begin{pmatrix} 1 & 0 & -1 \\ 0 & 1 & -1 \\ 0 & 0 & 0 \end{pmatrix},$$

得基础解系

$$\boldsymbol{p}_1=\begin{pmatrix} 1 \\ 1 \\ 1 \end{pmatrix},$$

所以 $\boldsymbol{x}=k_1\boldsymbol{p}_1(k_1\neq 0)$是对应于特征值 $\lambda_1=5$ 的全部特征向量.

当 $\lambda_2=\lambda_3=-1$ 时,解方程组$(\boldsymbol{A}+\boldsymbol{E})\boldsymbol{x}=\boldsymbol{0}$. 由

$$\boldsymbol{A}-(-1)\boldsymbol{E}=\begin{pmatrix}2&2&2\\2&2&2\\2&2&2\end{pmatrix}\xrightarrow{r}\begin{pmatrix}1&1&1\\0&0&0\\0&0&0\end{pmatrix},$$

得基础解系

$$\boldsymbol{p}_2=\begin{pmatrix}-1\\1\\0\end{pmatrix},\quad \boldsymbol{p}_3=\begin{pmatrix}-1\\0\\1\end{pmatrix},$$

则 $\boldsymbol{x}=k_2\boldsymbol{p}_2+k_3\boldsymbol{p}_3(k_2,k_3$ 不同时为 0)是对应于特征值 $\lambda_2=\lambda_3=-1$ 的全部特征向量.

例 5　求 $\boldsymbol{A}=\begin{pmatrix}-1&1&0\\-4&3&0\\1&0&2\end{pmatrix}$的特征值与特征向量.

解　$f(\lambda)=\begin{vmatrix}-1-\lambda&1&0\\-4&3-\lambda&0\\1&0&2-\lambda\end{vmatrix}=(2-\lambda)(\lambda-1)^2=0$,则 $\boldsymbol{A}$ 的特征值为 $\lambda_1=2,\lambda_2=\lambda_3=1$.

当 $\lambda_1=2$ 时,解方程组$(\boldsymbol{A}-2\boldsymbol{E})\boldsymbol{x}=\boldsymbol{0}$. 由

$$\boldsymbol{A}-2\boldsymbol{E}=\begin{pmatrix}-3&1&0\\-4&1&0\\1&0&0\end{pmatrix}\xrightarrow{r}\begin{pmatrix}1&0&0\\0&1&0\\0&0&0\end{pmatrix},$$

得基础解系为

$$\boldsymbol{p}_1=\begin{pmatrix}0\\0\\1\end{pmatrix}.$$

则 $\boldsymbol{x}=k_1\boldsymbol{p}_1(k_1\neq 0)$是对应于特征值 $\lambda_1=2$ 的全部特征向量.

当 $\lambda_2=\lambda_3=1$ 时,解方程组$(\boldsymbol{A}-\boldsymbol{E})\boldsymbol{x}=\boldsymbol{0}$. 由

$$\boldsymbol{A}-\boldsymbol{E}=\begin{pmatrix}-2&1&0\\-4&2&0\\1&0&1\end{pmatrix}\xrightarrow{r}\begin{pmatrix}1&0&1\\0&1&2\\0&0&0\end{pmatrix},$$

得基础解系

$$\boldsymbol{p}_2=\begin{pmatrix}-1\\-2\\1\end{pmatrix}.$$

则 $\boldsymbol{x}=k_2\boldsymbol{p}_2(k_2\neq 0)$是对应于特征值 $\lambda_2=\lambda_3=1$ 的全部特征向量.

注　在例 4 中，对应 2 重特征值 $\lambda=-1$ 有两个线性无关的特征向量；

在例 5 中，对应 2 重特征值 $\lambda=1$ 只有一个线性无关的特征向量.

例 6　设 λ 是方阵 $\boldsymbol{A}$ 的特征值，证明：

(1)λ^2+3 是方阵 $\boldsymbol{A}^2+3\boldsymbol{E}$ 的特征值；

(2)当 $\boldsymbol{A}$ 可逆时，$\frac{1}{\lambda}$是 $\boldsymbol{A}^{-1}$ 的特征值.

证　因 λ 是方阵 $\boldsymbol{A}$ 的特征值，故有非零向量 $\boldsymbol{x}$ 使 $\boldsymbol{Ax}=\lambda\boldsymbol{x}$. 于是

(1)$(\boldsymbol{A}^2+3\boldsymbol{E})\boldsymbol{x}=\boldsymbol{A}^2\boldsymbol{x}+3\boldsymbol{Ex}=\boldsymbol{A}(\boldsymbol{Ax})+3\boldsymbol{x}=\lambda(\boldsymbol{Ax})+3\boldsymbol{x}=\lambda^2\boldsymbol{x}+3\boldsymbol{x}=(\lambda^2+3)\boldsymbol{x}$，所以 λ^2+3 是方阵 $\boldsymbol{A}^2+3\boldsymbol{E}$ 的特征值.

(2)当 $\boldsymbol{A}$ 可逆时，由 $\boldsymbol{Ax}=\lambda\boldsymbol{x}$ 得，$\boldsymbol{x}=\boldsymbol{A}^{-1}\lambda\boldsymbol{x}=\lambda\boldsymbol{A}^{-1}\boldsymbol{x}$，即 $\frac{1}{\lambda}\boldsymbol{x}=\boldsymbol{A}^{-1}\boldsymbol{x}$，所以 $\frac{1}{\lambda}$ 是 $\boldsymbol{A}^{-1}$ 的特征值.

按此例类推可得，若 λ 是方阵 $\boldsymbol{A}$ 的特征值，则 λ^k 是 $\boldsymbol{A}^k$ 的特征值；$\phi(\lambda)$是 $\phi(\boldsymbol{A})$ 的特征值(其中 $\phi(\lambda)=a_0+a_1\lambda+\cdots+a_m\lambda^m$ 是 λ 的多项式，$\phi(\boldsymbol{A})=a_0\boldsymbol{E}+a_1\boldsymbol{A}+\cdots+a_m\boldsymbol{A}^m$ 是矩阵 $\boldsymbol{A}$ 的多项式).

例 7　设 $\boldsymbol{A}_{3\times 3}$ 的特征值为 $\lambda_1=1,\lambda_2=2,\lambda_3=-3$，求 $|\boldsymbol{A}^*-3\boldsymbol{A}+\boldsymbol{E}|$.

解　由 $\boldsymbol{A}$ 的特征值均不为 0 知 $\boldsymbol{A}$ 可逆，故 $\boldsymbol{A}^*=|\boldsymbol{A}|\boldsymbol{A}^{-1}$. 又 $|\boldsymbol{A}|=1\cdot 2\cdot(-3)=-6$，所以

$$\boldsymbol{A}^*-3\boldsymbol{A}+\boldsymbol{E}=-6\boldsymbol{A}^{-1}-3\boldsymbol{A}+\boldsymbol{E}.$$

记 $\phi(\boldsymbol{A})=-6\boldsymbol{A}^{-1}-3\boldsymbol{A}+\boldsymbol{E}$，则 $\phi(\boldsymbol{A})$的特征值为 $\phi(\lambda)=-6\lambda^{-1}-3\lambda+1$，即

$$\phi(\lambda_1)=-8,\quad \phi(\lambda_2)=-8,\quad \phi(\lambda_3)=12,$$

故

$$|\boldsymbol{A}^*-3\boldsymbol{A}+\boldsymbol{E}|=(-8)(-8)\cdot 12=768.$$

定理 2　设 $\lambda_1,\lambda_2,\cdots,\lambda_m$ 是方阵 $\boldsymbol{A}$ 的 m 个特征值，对应的特征向量依次为 $\boldsymbol{p}_1,\boldsymbol{p}_2,\cdots,\boldsymbol{p}_m$，若 $\lambda_1,\lambda_2,\cdots,\lambda_m$ 互不相同，则向量组 $\boldsymbol{p}_1,\boldsymbol{p}_2,\cdots,\boldsymbol{p}_m$ 线性无关.

证　采用数学归纳法.

$m=1$ 时，$\boldsymbol{p}_1\neq\boldsymbol{0}$，则 $\boldsymbol{p}_1$ 线性无关.

假设 $m=l$ 时，$\boldsymbol{p}_1,\boldsymbol{p}_2,\cdots,\boldsymbol{p}_l$ 线性无关，下面证明 $\boldsymbol{p}_1,\boldsymbol{p}_2,\cdots,\boldsymbol{p}_l,\boldsymbol{p}_{l+1}$线性无关.

设有数 $k_1,k_2,\cdots,k_l,k_{l+1}$使得

$$k_1\boldsymbol{p}_1+k_2\boldsymbol{p}_2+\cdots+k_l\boldsymbol{p}_l+k_{l+1}\boldsymbol{p}_{l+1}=\boldsymbol{0},\tag{5.2}$$

左乘 $\boldsymbol{A}$，利用 $\boldsymbol{Ap}_i=\lambda_i\boldsymbol{p}_i$ 可得

$$k_1\lambda_1\boldsymbol{p}_1+k_2\lambda_2\boldsymbol{p}_2+\cdots+k_l\lambda_l\boldsymbol{p}_l+k_{l+1}\lambda_{l+1}\boldsymbol{p}_{l+1}=\boldsymbol{0}.\tag{5.3}$$

(5.3)$-\lambda_{l+1}$(5.2)：

$$k_1(\lambda_1-\lambda_{l+1})\boldsymbol{p}_1+k_2(\lambda_2-\lambda_{l+1})\boldsymbol{p}_2+\cdots+k_l(\lambda_l-\lambda_{l+1})\boldsymbol{p}_l=\boldsymbol{0},$$

因为 $\boldsymbol{p}_1,\boldsymbol{p}_2,\cdots,\boldsymbol{p}_l$ 线性无关(归纳法假设)，所以

$$k_1(\lambda_1-\lambda_{l+1})=0,k_2(\lambda_2-\lambda_{l+1})=0,\cdots,k_l(\lambda_l-\lambda_{l+1})=0,$$

由于 λ_i 互不相同，从而

$$k_1=0,k_2=0,\cdots,k_l=0.$$

代入式(5.2)可得 $k_{l+1}\boldsymbol{p}_{l+1}=\boldsymbol{0}$，故 $k_{l+1}=0$. 因此 $\boldsymbol{p}_1,\boldsymbol{p}_2,\cdots,\boldsymbol{p}_l,\boldsymbol{p}_{l+1}$ 线性无关.

根据归纳法原理，对于任意正整数 m，结论成立.

例 8　证明：

(1)若 $\boldsymbol{\xi}_1,\boldsymbol{\xi}_2$ 都是 $\boldsymbol{A}$ 属于特征值 λ 的特征向量，当 $k_1\boldsymbol{\xi}_1+k_2\boldsymbol{\xi}_2\neq\boldsymbol{0}$ 时，$k_1\boldsymbol{\xi}_1+k_2\boldsymbol{\xi}_2$ 也是 $\boldsymbol{A}$ 属于 λ 的特征向量.

(2)若 $\boldsymbol{\xi}_1,\boldsymbol{\xi}_2$ 分别是 $\boldsymbol{A}$ 属于 λ_1,λ_2 的特征向量，当 $\lambda_1\neq\lambda_2$ 时，则 $\boldsymbol{\xi}_1+\boldsymbol{\xi}_2$ 不是 $\boldsymbol{A}$ 的特征向量.

证明　(1)由题意有 $\boldsymbol{A}\boldsymbol{\xi}_1=\lambda\boldsymbol{\xi}_1,\boldsymbol{A}\boldsymbol{\xi}_2=\lambda\boldsymbol{\xi}_2$. 则

$$\boldsymbol{A}(k_1\boldsymbol{\xi}_1+k_2\boldsymbol{\xi}_2)=k_1\boldsymbol{A}\boldsymbol{\xi}_1+k_2\boldsymbol{A}\boldsymbol{\xi}_2=k_1\lambda\boldsymbol{\xi}_1+k_2\lambda\boldsymbol{\xi}_2=\lambda(k_1\boldsymbol{\xi}_1+k_2\boldsymbol{\xi}_2).$$

从而 $k_1\boldsymbol{\xi}_1+k_2\boldsymbol{\xi}_2$ 也是 $\boldsymbol{A}$ 属于 λ 的特征向量.

(2)由题意有 $\boldsymbol{A}\boldsymbol{\xi}_1=\lambda_1\boldsymbol{\xi}_1,\boldsymbol{A}\boldsymbol{\xi}_2=\lambda_2\boldsymbol{\xi}_2$. 则

$$\boldsymbol{A}(\boldsymbol{\xi}_1+\boldsymbol{\xi}_2)=\boldsymbol{A}\boldsymbol{\xi}_1+\boldsymbol{A}\boldsymbol{\xi}_2=\lambda_1\boldsymbol{\xi}_1+\lambda_2\boldsymbol{\xi}_2.$$

当 $\lambda_1\neq\lambda_2$ 时，$\boldsymbol{\xi}_1+\boldsymbol{\xi}_2$ 不是 $\boldsymbol{A}$ 的特征向量.

5.3　相似矩阵

定义 8　对于 n 阶方阵 $\boldsymbol{A}$ 和 $\boldsymbol{B}$，若有可逆矩阵 $\boldsymbol{P}$ 使得

$$\boldsymbol{P}^{-1}\boldsymbol{A}\boldsymbol{P}=\boldsymbol{B},$$

则称 $\boldsymbol{B}$ 是 $\boldsymbol{A}$ 的相似矩阵，或说 $\boldsymbol{A}$ 相似于 $\boldsymbol{B}$，记作 $\boldsymbol{A}\sim\boldsymbol{B}$. 对 $\boldsymbol{A}$ 进行运算 $\boldsymbol{P}^{-1}\boldsymbol{A}\boldsymbol{P}$ 称为对 $\boldsymbol{A}$ 进行相似变换，可逆矩阵 $\boldsymbol{P}$ 称为把 $\boldsymbol{A}$ 变成 $\boldsymbol{B}$ 的相似变换矩阵.

由上述定义易证相似矩阵具有下面性质：

(1)$\boldsymbol{A}\sim\boldsymbol{A}$;

(2)$\boldsymbol{A}\sim\boldsymbol{B}\Rightarrow\boldsymbol{B}\sim\boldsymbol{A}$;

(3)$\boldsymbol{A}\sim\boldsymbol{B},\boldsymbol{B}\sim\boldsymbol{C}\Rightarrow\boldsymbol{A}\sim\boldsymbol{C}$.

定理 3　若 n 阶方阵 $\boldsymbol{A}$ 与 $\boldsymbol{B}$ 相似，则 $\boldsymbol{A}$ 与 $\boldsymbol{B}$ 的特征多项式相同，从而 $\boldsymbol{A}$ 与 $\boldsymbol{B}$ 的特征值相同.

证　因 $\boldsymbol{A}$ 与 $\boldsymbol{B}$ 相似，即有可逆矩阵 $\boldsymbol{P}$ 使得 $\boldsymbol{P}^{-1}\boldsymbol{A}\boldsymbol{P}=\boldsymbol{B}$，故

$$|\boldsymbol{B}-\lambda\boldsymbol{E}|=|\boldsymbol{P}^{-1}\boldsymbol{A}\boldsymbol{P}-\boldsymbol{P}^{-1}(\lambda\boldsymbol{E})\boldsymbol{P}|=|\boldsymbol{P}^{-1}(\boldsymbol{A}-\lambda\boldsymbol{E})\boldsymbol{P}|=|\boldsymbol{A}-\lambda\boldsymbol{E}|.$$

推论　若 n 阶方阵 $\boldsymbol{A}$ 与对角阵

$$\boldsymbol{\Lambda}=\begin{pmatrix}\lambda_1 & & & \\ & \lambda_2 & & \\ & & \ddots & \\ & & & \lambda_n\end{pmatrix}$$

相似，则 $\lambda_1,\lambda_2,\cdots,\lambda_n$ 是方阵 $\boldsymbol{A}$ 的 n 个特征值.

可见，若方阵 $\boldsymbol{A}$ 与对角阵相似，则其特征值很容易得出. 我们下面的问题就是：对 n 阶方阵 $\boldsymbol{A}$，寻求相似变换矩阵 $\boldsymbol{P}$ 使得 $\boldsymbol{P}^{-1}\boldsymbol{AP}=\boldsymbol{\Lambda}$ 为对角阵，这个问题称为将矩阵 $\boldsymbol{A}$ 相似对角化.

这里有两个问题：一是矩阵 $\boldsymbol{A}$ 满足什么条件可以对角化，二是若 $\boldsymbol{A}$ 能对角化，那么相似变换矩阵 $\boldsymbol{P}$ 满足什么关系.

我们先解决第二个问题，假设已经找到可逆矩阵 $\boldsymbol{P}$ 使得 $\boldsymbol{P}^{-1}\boldsymbol{AP}=\boldsymbol{\Lambda}$ 为对角阵. 将 $\boldsymbol{P}$ 用其列向量表示为 $\boldsymbol{P}=(\boldsymbol{p}_1,\boldsymbol{p}_2,\cdots,\boldsymbol{p}_n)$，由 $\boldsymbol{P}^{-1}\boldsymbol{AP}=\boldsymbol{\Lambda}$ 得 $\boldsymbol{AP}=\boldsymbol{P\Lambda}$，即

$$\boldsymbol{AP}=\boldsymbol{A}(\boldsymbol{p}_1,\boldsymbol{p}_2,\cdots,\boldsymbol{p}_n)=(\boldsymbol{p}_1,\boldsymbol{p}_2,\cdots,\boldsymbol{p}_n)\begin{pmatrix}\lambda_1 & & & \\ & \lambda_2 & & \\ & & \ddots & \\ & & & \lambda_n\end{pmatrix}=(\lambda_1\boldsymbol{p}_1,\lambda_2\boldsymbol{p}_2,\cdots,\lambda_n\boldsymbol{p}_n),$$

于是有

$$\boldsymbol{A}\boldsymbol{p}_i=\lambda_i\boldsymbol{p}_i \quad (i=1,2,\cdots,n).$$

可见 λ_i 是 $\boldsymbol{A}$ 的特征值，而 $\boldsymbol{p}$ 的列向量 $\boldsymbol{p}_i$ 就是 $\boldsymbol{A}$ 的对应于特征值 λ_i 的特征向量.

对于第一个问题，由 5.2 节知 $\boldsymbol{A}$ 恰好有 n 个特征值，并对应有 n 个特征向量，这 n 个特征向量即可构成矩阵 $\boldsymbol{P}$，使 $\boldsymbol{AP}=\boldsymbol{P\Lambda}$.（由于特征向量不唯一，所以矩阵 $\boldsymbol{P}$ 也不唯一，并且 $\boldsymbol{P}$ 可以是复矩阵.）那么 $\boldsymbol{A}$ 能否对角化就取决于矩阵 $\boldsymbol{P}$ 是否可逆？即 $\boldsymbol{p}_1,\boldsymbol{p}_2,\cdots,\boldsymbol{p}_n$ 是否线性无关？若 $\boldsymbol{P}$ 可逆，那么便有 $\boldsymbol{P}^{-1}\boldsymbol{AP}=\boldsymbol{\Lambda}$，即 $\boldsymbol{A}$ 与对角阵相似.

由上面的讨论即有

定理 4　n 阶方阵 $\boldsymbol{A}$ 可对角化的充要条件是 $\boldsymbol{A}$ 有 n 个线性无关的特征向量.

推论 1　若 n 阶方阵 $\boldsymbol{A}$ 有 n 个互异特征值，则 $\boldsymbol{A}$ 可对角化.

当 $\boldsymbol{A}$ 的特征方程有重根时，就不一定有 n 个线性无关的特征向量，从而不一定能对角化. 例如在例 4 中，三阶方阵 $\boldsymbol{A}$ 对应三个线性无关的特征向量，可以对角化；在例 5 中，三阶方阵 $\boldsymbol{A}$ 对应两个线性无关的特征向量，不能对角化. 由此我们有

推论 2　设 $\boldsymbol{A}_{n\times n}$ 的全体互异特征值为 $\lambda_1,\lambda_2,\cdots,\lambda_m$，重数依次为 $r_1,r_2,\cdots,r_m$ $(r_1+r_2+\cdots+r_m=n)$，则 $\boldsymbol{A}$ 可对角化的充要条件是对应于每个特征值 λ_i，$\boldsymbol{A}$ 有 r_i 个线性无关的特征向量.

例 9　设

$$A=\begin{pmatrix}0&0&1\\1&1&x\\1&0&0\end{pmatrix},$$

问 x 为何值时，矩阵 A 能对角化.

解　$$|A-\lambda E|=\begin{vmatrix}-\lambda&0&1\\1&1-\lambda&x\\1&0&-\lambda\end{vmatrix}=(1-\lambda)\begin{vmatrix}-\lambda&1\\1&-\lambda\end{vmatrix}=-(1+\lambda)(\lambda-1)^2,$$

得 $\lambda_1=-1,\lambda_2=\lambda_3=1$.

对应单根 $\lambda_1=-1$，可求得线性无关的特征向量恰有 1 个，故矩阵 A 能对角化的充分必要条件是对应重根 $\lambda_2=\lambda_3=1$ 有两个线性无关的特征向量，即方程组 $(A-E)x=0$ 有两个线性无关的解，亦即系数矩阵的秩 $R(A-E)=3-2=1$. 由

$$A-E=\begin{pmatrix}-1&0&1\\1&0&x\\1&0&-1\end{pmatrix}\xrightarrow{r}\begin{pmatrix}1&0&-1\\0&0&x+1\\0&0&0\end{pmatrix},$$

要使 $R(A-E)=1$，得 $x+1=0$，即 $x=-1$.

因此，当 $x=-1$ 时，矩阵 A 能对角化.

5.4　对称矩阵的对角化

一个 n 阶矩阵具备什么条件才能对角化？这是一个较复杂的问题. 我们对此不进行一般性的讨论，而仅讨论当 A 为对称阵的情形.

定理 5　实对称阵的特征值为实数.

证　设复数 λ 为 n 阶对称矩阵 A 的特征值，复向量 $x=(\xi_1,\xi_2,\cdots,\xi_n)^T\neq 0$ 为对应的特征向量，即

$$Ax=\lambda x \quad (x\neq 0),$$

从而有

$$\bar{x}^T x=|\xi_1|^2+|\xi_2|^2+\cdots+|\xi_n|^2>0,$$

且

$$A\bar{x}=\bar{A}\bar{x}=\overline{Ax}=\overline{\lambda x}=\bar{\lambda}\bar{x}.$$

故

$$\bar{x}^T Ax=\bar{x}^T(Ax)=\bar{x}^T(\lambda x)=\lambda(\bar{x}^T x),$$
$$\bar{x}^T Ax=(\bar{x}^T A)x=(A\bar{x})^T x=\bar{\lambda}(\bar{x}^T x),$$

两式相减有

$$\lambda(\overline{x}^{\mathrm{T}}x)=\overline{\lambda}(\overline{x}^{\mathrm{T}}x),$$

即

$$(\lambda-\overline{\lambda})(\overline{x}^{\mathrm{T}}x)=0.$$

又 $x\neq 0$，故 $\lambda-\overline{\lambda}=0$. 从而 $\overline{\lambda}=\lambda$，也就是 $\lambda\in\mathbf{R}$.

显然，当 $\lambda\in\mathbf{R}$ 时，齐次方程组 $(A-\lambda E)x=0$ 的解向量可取为实向量. 因此实对称矩阵的特征向量为实向量.

定理 6 设 λ_1,λ_2 是对称矩阵 A 的两个特征值，对应的特征向量依次为 p_1,p_2，若 $\lambda_1\neq\lambda_2$，则 p_1,p_2 正交.

证 $Ap_1=\lambda_1p_1,Ap_2=\lambda_2p_2,\lambda_1\neq\lambda_2$，因 A 对称，有

$$p_1^{\mathrm{T}}Ap_2=p_1^{\mathrm{T}}(Ap_2)=p_1^{\mathrm{T}}(\lambda_2p_2)=\lambda_2(p_1^{\mathrm{T}}p_2),$$

$$p_1^{\mathrm{T}}Ap_2=p_1^{\mathrm{T}}A^{\mathrm{T}}p_2=(Ap_1)^{\mathrm{T}}p_2=(\lambda_1p_1)^{\mathrm{T}}p_2=\lambda_1(p_1^{\mathrm{T}}p_2).$$

故

$$\lambda_1(p_1^{\mathrm{T}}p_2)=\lambda_2(p_1^{\mathrm{T}}p_2).$$

因为 $\lambda_1\neq\lambda_2$，从而 $p_1^{\mathrm{T}}p_2=0$，故 p_1,p_2 正交.

定理 7 设 A 为 n 阶对称阵，λ 是 A 的 r 重特征值，则对应于特征值 λ 恰有 r 个线性无关的特征向量.

定理 8 设 A 为 n 阶对称阵，则必有正交矩阵 P，使得 $P^{\mathrm{T}}AP=P^{-1}AP=\Lambda$，其中 Λ 是以 A 的 n 个特征值为对角元的对角阵.

此定理不予证明.

依据定理 7 及定理 8，我们可得将 n 阶对称矩阵 A 对角化的步骤为：

(1)求出 A 的全部互不相等的特征值 $\lambda_1,\lambda_2,\cdots,\lambda_m$，它们的重数依次为 $k_1,k_2,\cdots,k_m(k_1+k_2+\cdots+k_m=n)$；

(2)对每个 k_i 重特征值 λ_i，求方程 $(A-\lambda_iE)x=0$ 的基础解系，得 k_i 个线性无关的特征向量，再把它们正交化、单位化，得 k_i 个两两正交的单位特征向量，因 $k_1+k_2+\cdots+k_m=n$，故总共可得 n 个两两正交的单位特征向量；

(3)把这 n 个两两正交的单位特征向量构成正交矩阵 P，便有 $P^{\mathrm{T}}AP=P^{-1}AP=\Lambda$. 注意 Λ 中对角元的排列次序应与 P 中列向量的排列次序相对应.

例 10 对称矩阵 $A=\begin{pmatrix}1&2&2\\2&1&2\\2&2&1\end{pmatrix}$，求正交矩阵 P，使 $P^{\mathrm{T}}AP=\Lambda$.

解 $f(\lambda)=|A-\lambda E|=\begin{vmatrix}1-\lambda&2&2\\2&1-\lambda&2\\2&2&1-\lambda\end{vmatrix}=-(\lambda-5)(\lambda+1)^2$. 得 $\lambda_1=5$，$\lambda_2=\lambda_3=-1$.

属于 $\lambda_1=5$ 的特征向量为

$$\boldsymbol{\xi}_1=\begin{pmatrix}1\\1\\1\end{pmatrix},\text{单位化有 } \boldsymbol{p}_1=\frac{1}{\sqrt{3}}\begin{pmatrix}1\\1\\1\end{pmatrix};$$

属于 $\lambda_2=\lambda_3=-1$ 的两个特征向量(凑正交)

$$\boldsymbol{A}-(-1)\boldsymbol{E}=\begin{pmatrix}2&2&2\\2&2&2\\2&2&2\end{pmatrix}\xrightarrow{r}\begin{pmatrix}1&1&1\\0&0&0\\0&0&0\end{pmatrix},$$

$$\boldsymbol{\xi}_2=\begin{pmatrix}-1\\1\\0\end{pmatrix},\quad \boldsymbol{\xi}_3=\begin{pmatrix}1\\1\\-2\end{pmatrix}.$$

(定理 8 保证它们两两正交)

单位化得

$$\boldsymbol{p}_2=\frac{1}{\sqrt{2}}\begin{pmatrix}-1\\1\\0\end{pmatrix},$$

$$\boldsymbol{p}_3=\frac{1}{\sqrt{6}}\begin{pmatrix}1\\1\\-2\end{pmatrix}.$$

从而构造正交矩阵 $\boldsymbol{P}$ 和对角矩阵 $\boldsymbol{\Lambda}$

$$\boldsymbol{P}=\begin{pmatrix}\frac{1}{\sqrt{3}}&-\frac{1}{\sqrt{2}}&\frac{1}{\sqrt{6}}\\\frac{1}{\sqrt{3}}&\frac{1}{\sqrt{2}}&\frac{1}{\sqrt{6}}\\\frac{1}{\sqrt{3}}&0&-\frac{2}{\sqrt{6}}\end{pmatrix},\quad \boldsymbol{\Lambda}=\begin{pmatrix}5&&\\&-1&\\&&-1\end{pmatrix}.$$

则有 $\boldsymbol{P}^{\mathrm{T}}\boldsymbol{A}\boldsymbol{P}=\boldsymbol{\Lambda}$.

例 11　设

$$\boldsymbol{A}=\begin{pmatrix}2&-1\\-1&2\end{pmatrix},$$

求 $\boldsymbol{A}^n$.

解　因 $\boldsymbol{A}$ 对称,故 $\boldsymbol{A}$ 可对角化. 即有可逆阵 $\boldsymbol{P}$ 及对角阵 $\boldsymbol{\Lambda}$,使得 $\boldsymbol{P}^{\mathrm{T}}\boldsymbol{A}\boldsymbol{P}=\boldsymbol{P}^{-1}\boldsymbol{A}\boldsymbol{P}=\boldsymbol{\Lambda}$,于是有 $\boldsymbol{A}=\boldsymbol{P}\boldsymbol{\Lambda}\boldsymbol{P}^{-1}$,从而 $\boldsymbol{A}^n=\boldsymbol{P}\boldsymbol{\Lambda}^n\boldsymbol{P}^{-1}$.

由

$$|\boldsymbol{A}-\lambda\boldsymbol{E}|=\begin{vmatrix}2-\lambda & -1\\ -1 & 2-\lambda\end{vmatrix}=(\lambda-1)(\lambda-3),$$

得 $\boldsymbol{A}$ 的特征值为 $\lambda_1=1,\lambda_2=3$，于是

$$\boldsymbol{\Lambda}=\begin{pmatrix}1 & 0\\ 0 & 3\end{pmatrix},\quad \boldsymbol{\Lambda}^n=\begin{pmatrix}1 & 0\\ 0 & 3^n\end{pmatrix}.$$

下求矩阵 $\boldsymbol{P}$. 对应于 $\lambda_1=1$，由

$$\boldsymbol{A}-\boldsymbol{E}=\begin{pmatrix}1 & -1\\ -1 & 1\end{pmatrix}\xrightarrow{r}\begin{pmatrix}1 & -1\\ 0 & 0\end{pmatrix},$$

得特征向量为

$$\boldsymbol{\xi}_1=\begin{pmatrix}1\\ 1\end{pmatrix},$$

单位化得

$$\boldsymbol{p}_1=\frac{1}{\sqrt{2}}\begin{pmatrix}1\\ 1\end{pmatrix};$$

对应于 $\lambda_2=3$，由

$$\boldsymbol{A}-3\boldsymbol{E}=\begin{pmatrix}-1 & -1\\ -1 & -1\end{pmatrix}\xrightarrow{r}\begin{pmatrix}1 & 1\\ 0 & 0\end{pmatrix},$$

得特征向量为

$$\boldsymbol{\xi}_2=\begin{pmatrix}1\\ -1\end{pmatrix},$$

单位化得

$$\boldsymbol{p}_2=\frac{1}{\sqrt{2}}\begin{pmatrix}1\\ -1\end{pmatrix}.$$

令

$$\boldsymbol{P}=(\boldsymbol{p}_1,\boldsymbol{p}_2)=\frac{1}{\sqrt{2}}\begin{pmatrix}1 & 1\\ 1 & -1\end{pmatrix},$$

从而

$$\boldsymbol{P}^{-1}=\frac{1}{\sqrt{2}}\begin{pmatrix}1 & 1\\ 1 & -1\end{pmatrix}.$$

于是

$$\boldsymbol{A}^n=\boldsymbol{P}\boldsymbol{\Lambda}^n\boldsymbol{P}^{-1}=\frac{1}{2}\begin{pmatrix}1 & 1\\ 1 & -1\end{pmatrix}\begin{pmatrix}1 & 0\\ 0 & 3^n\end{pmatrix}\begin{pmatrix}1 & 1\\ 1 & -1\end{pmatrix}=\frac{1}{2}\begin{pmatrix}1+3^n & 1-3^n\\ 1-3^n & 1+3^n\end{pmatrix}.$$

5.5 应用举例

下面我们通过一个实际问题的例子说明矩阵的特征值与特征向量的含义，希望读者仔细体会，提高运用数学知识解决实际问题的能力.

例 12　有甲、乙、丙三个物种，其生存具有相互依赖、相互制约的关系. 我们知道三个物种在某年的存活向量 $\boldsymbol{x}=(x_1,x_2,x_3)^{\mathrm{T}}$，假如第二年的存活向量 $\boldsymbol{y}=(y_1,y_2,y_3)^{\mathrm{T}}$ 由 $\boldsymbol{x}$ 完全确定，具体有如下关系：

$$\begin{cases} y_1=4.5x_1-3.0x_2+1.0x_3, \\ y_2=6.0x_1-4.0x_2+1.5x_3, \\ y_3=6.0x_1-5.0x_2+2.5x_3. \end{cases}$$

记

$$\boldsymbol{A}=\begin{pmatrix} 4.5 & -3.0 & 1.0 \\ 6.0 & -4.0 & 1.5 \\ 6.0 & -5.0 & 2.5 \end{pmatrix},$$

则某年存活向量 $\boldsymbol{x}$ 与第二年存活向量 $\boldsymbol{y}$ 之间的关系可以简写为 $\boldsymbol{y}=\boldsymbol{A}\boldsymbol{x}$，矩阵 $\boldsymbol{A}$ 的特征值与特征向量如下：

$$\lambda_1=1.5,\boldsymbol{\xi}_1=\begin{pmatrix}2\\3\\3\end{pmatrix}；\quad \lambda_2=1.0,\boldsymbol{\xi}_2=\begin{pmatrix}2\\3\\2\end{pmatrix}；\quad \lambda_3=0.5,\boldsymbol{\xi}_3=\begin{pmatrix}1\\2\\2\end{pmatrix}.$$

如果从某年开始考虑，设初始的存活向量为 $\boldsymbol{b}=(b_1,b_2,b_3)^{\mathrm{T}}$，则 n 年之后，存活向量变为

$$\boldsymbol{x}_n=\boldsymbol{A}^n\boldsymbol{b}.$$

在这个例子中，$\boldsymbol{\xi}_1,\boldsymbol{\xi}_2,\boldsymbol{\xi}_3$ 是线性无关的，因而 $\boldsymbol{b}$ 可由 $\boldsymbol{\xi}_1,\boldsymbol{\xi}_2,\boldsymbol{\xi}_3$ 线性表示，假设

$$\boldsymbol{b}=k_1\boldsymbol{\xi}_1+k_2\boldsymbol{\xi}_2+k_3\boldsymbol{\xi}_3,$$

并且我们只讨论 k_1,k_2,k_3 非负的情形，包括以下几种情况.

(1) $\boldsymbol{b}=k_1\boldsymbol{\xi}_1$，即三个物种的存活量保持 2∶3∶3 的比例，则 n 年之后

$$\boldsymbol{x}_n=\boldsymbol{A}^n\boldsymbol{b}=\boldsymbol{A}^n(k_1\boldsymbol{\xi}_1)=k_1\lambda_1^n\boldsymbol{\xi}_1=\lambda_1^n(k_1\boldsymbol{\xi}_1).$$

可见当初始存活向量恰巧为特征向量时，则存活向量保持比例不变，而比例关系由特征向量确定. 这里 $\lambda_1>1$，三个物种的数量等比例同步增加，而增加的速度由特征值确定.

(2) $\boldsymbol{b}=k_2\boldsymbol{\xi}_2$，即三个物种的存活量保持 2∶3∶2 的比例，则 n 年之后

$$\boldsymbol{x}_n=\boldsymbol{A}^n\boldsymbol{b}=\boldsymbol{A}^n(k_2\boldsymbol{\xi}_2)=k_2\lambda_2^n\boldsymbol{\xi}_2=\lambda_2^n(k_2\boldsymbol{\xi}_2).$$

保持 2∶3∶2 的比例不变. 这里 $\lambda_2=1$,三个物种的数量保持不变,处于一种平衡稳定的比例状态.

(3)$\boldsymbol{b}=k_3\boldsymbol{\xi}_3$,即三个物种的存活量保持 1∶2∶2 的比例,则 n 年之后:

$$\boldsymbol{x}_n=\boldsymbol{A}^n b=\boldsymbol{A}^n(k_3\boldsymbol{\xi}_3)=k_3\lambda_3^n\boldsymbol{\xi}_3=\lambda_3^n(k_3\boldsymbol{\xi}_3).$$

保持 1∶2∶2 的比例不变. 但是由于 $\lambda_3=0.5<1$,所以存活向量将按比例萎缩,直至全部消亡.

在上面三种情况中,物种增长、平衡、萎缩这三种状态不是由初始时刻的总量决定的,而是由比例关系确定的.

(4)$\boldsymbol{b}=k_1\boldsymbol{\xi}_1+k_2\boldsymbol{\xi}_2+k_3\boldsymbol{\xi}_3$,则 n 年之后:

$$\boldsymbol{x}_n=\boldsymbol{A}^n\boldsymbol{bx}=\boldsymbol{A}^n(k_1\boldsymbol{\xi}_1+k_2\boldsymbol{\xi}_2+k_3\boldsymbol{\xi}_3)=\lambda_1^n(k_1\boldsymbol{\xi}_1)+\lambda_2^n(k_2\boldsymbol{\xi}_2)+\lambda_3^n(k_3\boldsymbol{\xi}_3).$$

如果 $k_1\neq 0$,则上式的比例将主要由最大的正特征值 λ_1 所对应的特征向量决定,即比例关系趋近于 2∶3∶3. 如果 $k_1=0$,则比例关系趋向由剩余的最大正特征根所对应的特征向量确定.

顺便指出,上述讨论也同时说明了一种求最大正特征值的方法:如果矩阵 $\boldsymbol{A}$ 有一个最大的正特征值,其值大于所有其他特征值的模,那么,随机取一个向量 $\boldsymbol{b}$,一般情况下,$\boldsymbol{A}^k\boldsymbol{b}$ 收敛于最大正特征值所对应的特征向量,而 $\boldsymbol{A}^{k+1}\boldsymbol{b}$ 与 $\boldsymbol{A}^k\boldsymbol{b}$ 之间的比例系数,近似等于最大正特征值. 只有当极为特殊的情况,相当于 $\boldsymbol{b}=k_1\boldsymbol{\xi}_1+k_2\boldsymbol{\xi}_2+k_3\boldsymbol{\xi}_3$ 中的 $k_1=0$ 的情形,$\boldsymbol{A}^k\boldsymbol{b}$ 才收敛于其他特征值所对应的特征向量,由于 $\boldsymbol{b}$ 是随机选取的,我们认为这种特殊情况几乎不可能发生.

按照这个方法使用计算机实际计算时,为了防止溢出、保证精度,可以使用如下的迭代方法:令 $\boldsymbol{x}_1=\boldsymbol{A}\left(\dfrac{\boldsymbol{b}}{\|\boldsymbol{b}\|}\right)$,$\boldsymbol{x}_{k+1}=\boldsymbol{A}\left(\dfrac{\boldsymbol{x}_k}{\|\boldsymbol{x}_k\|}\right)$,则当迭代次数 k 充分多时,$\dfrac{\boldsymbol{x}_k}{\|\boldsymbol{x}_k\|}$ 近似等于单位化的特征向量,而 $\boldsymbol{x}_{k+1}$ 与 $\dfrac{\boldsymbol{x}_k}{\|\boldsymbol{x}_k\|}$ 的比例系数近似等于最大正特征值.

矩阵的特征值和特征向量理论在经济分析、信息科学、生命科学和环境保护等领域都有着广泛而重要的应用. 下面我们结合数学模型来研究经济发展与环境污染的增长模型.

例 13　经济发展与环境污染是当今世界亟待解决的两个突出问题,为研究某地区的经济发展与环境污染之间的关系,可以建立如下数学模型.

设 x_0,y_0 分别为某地区目前的经济发展水平与环境污染水平,x_1,y_1 分别为该地区若干年后的经济发展水平与环境污染水平,且它们有如下的关系:

$$\begin{cases}x_1=3x_0+y_0,\\ y_1=2x_0+2y_0.\end{cases}$$

令

$$\boldsymbol{\alpha}_0=\begin{pmatrix}x_0\\y_0\end{pmatrix},\quad \boldsymbol{\alpha}_1=\begin{pmatrix}x_1\\y_1\end{pmatrix},\quad \boldsymbol{A}=\begin{pmatrix}3&1\\2&2\end{pmatrix},$$

则有 $\boldsymbol{\alpha}_1=\boldsymbol{A}\boldsymbol{\alpha}_0$.

该等式反映了该地区目前和若干年后的经济发展水平和环境污染水平之间的关系.

一般地，若令 x_t，y_t 分别为该地区 t 年后的经济发展水平和环境污染水平，则经济发展与环境污染的增长模型为

$$\begin{cases}x_t=3x_{t-1}+y_{t-1},\\y_t=2x_{t-1}+2y_{t-1},\end{cases}\quad t=1,2,\cdots,k.$$

令 $\boldsymbol{\alpha}_t=\begin{pmatrix}x_t\\y_t\end{pmatrix}$，则上述关系的矩阵形式为 $\boldsymbol{\alpha}_t=\boldsymbol{A}\boldsymbol{\alpha}_{t-1}$，$t=1,2,\cdots,k$. 由此有

$$\begin{cases}\boldsymbol{\alpha}_1=\boldsymbol{A}\boldsymbol{\alpha}_0,\\\boldsymbol{\alpha}_2=\boldsymbol{A}^2\boldsymbol{\alpha}_0,\\\cdots\cdots\\\boldsymbol{\alpha}_t=\boldsymbol{A}^t\boldsymbol{\alpha}_0.\end{cases}$$

由此可预测该地区 t 年后的经济发展水平和环境污染水平. 下面可以作出进一步地相关讨论：通过解矩阵方程 $|\lambda\boldsymbol{E}-\boldsymbol{A}|=0$ 得矩阵 $\boldsymbol{A}$ 的特征值为 $\lambda_1=1$，$\lambda_2=4$.

对于特征值 $\lambda_1=1$，我们可得其对应的特征向量为

$$\boldsymbol{\xi}_1=\begin{pmatrix}1\\-2\end{pmatrix}.$$

对于特征值 $\lambda_2=4$，我们可得其对应的特征向量为

$$\boldsymbol{\xi}_2=\begin{pmatrix}1\\1\end{pmatrix}.$$

情况一：对于 $\boldsymbol{\alpha}_0=\boldsymbol{\xi}_2=\begin{pmatrix}1\\1\end{pmatrix}$，$\boldsymbol{\alpha}_t=\boldsymbol{A}^t\boldsymbol{\alpha}_0=\boldsymbol{A}^t\cdot\boldsymbol{\xi}_2=\lambda_2^t\boldsymbol{\xi}_2=\lambda_2^t\boldsymbol{\alpha}_0=4^t\begin{pmatrix}1\\1\end{pmatrix}$.

此式表明：在当前的经济发展水平和环境污染水平等于特征向量 $\boldsymbol{\xi}_2=\begin{pmatrix}1\\1\end{pmatrix}$ 时，t 年后，当经济发展水平达到较高程度时，环境污染也保持着同步恶化趋势.

情况二：对于 $\boldsymbol{\alpha}_0\boldsymbol{\xi}_1=\begin{pmatrix}1\\-2\end{pmatrix}$，由于 $-2<0$，则不需考虑.

情况三：对于 $\boldsymbol{\alpha}_0$ 不是特征向量时，例如，$\boldsymbol{\alpha}_0=\begin{pmatrix}2\\-1\end{pmatrix}$. $\boldsymbol{\alpha}_0$ 可由 $\boldsymbol{\xi}_1,\boldsymbol{\xi}_2$ 线性表示，$\boldsymbol{\alpha}_0=\boldsymbol{\xi}_1+\boldsymbol{\xi}_2$. 则有

$$\boldsymbol{\alpha}_t=\boldsymbol{A}^t\boldsymbol{\alpha}_0=\boldsymbol{A}^t(\boldsymbol{\xi}_1+\boldsymbol{\xi}_2)=\lambda_1^t\boldsymbol{\xi}_1+\lambda_2^t\boldsymbol{\xi}_2=\boldsymbol{\xi}_1+4^t\boldsymbol{\xi}_2=\begin{pmatrix}1+4^t\\-2+4^t\end{pmatrix}.$$

由此我们可以预测若干年后该地区的经济发展水平和环境污染水平.

例 14(隐性连锁基因问题)　隐性连锁基因是位于 X 染色体的基因，例如，蓝、绿色盲是一种隐性连锁基因. 为了描述某地居民中色盲情况给出的数学模型，需将这些居民分成男性与女性两类. 以 $x_1^{(0)}$ 和 $x_2^{(0)}$ 分别表示该地男性与女性居民人口中具有色盲基因的比例(因色盲基因是隐性的，色盲基因的实际比例将小于 $x_2^{(0)}$). 因男性从母亲接受一个 X 染色体，故第二代色盲男性的比例 $x_1^{(1)}$ 与第一代女性居民的隐性基因比例相等；因女性从父母双方各接受一个 X 染色体，第二代具有色盲基因的女性的比例 $x_2^{(1)}$ 应为 $x_1^{(0)}$ 与 $x_2^{(0)}$ 的平均值. 故

$$\begin{cases}x_2^{(0)}=x_1^{(1)},\\ \dfrac{1}{2}x_1^{(0)}+\dfrac{1}{2}x_2^{(0)}=x_2^{(1)},\end{cases}$$

也就是

$$\begin{pmatrix}0&1\\ \dfrac{1}{2}&\dfrac{1}{2}\end{pmatrix}\begin{pmatrix}x_1^{(0)}\\x_2^{(0)}\end{pmatrix}=\begin{pmatrix}x_1^{(1)}\\x_2^{(1)}\end{pmatrix}.$$

我们假定 $x_1^{(0)}\neq x_2^{(0)}$，且以下每一代比例不变，并引进符号

$$\boldsymbol{A}=\begin{pmatrix}0&1\\ \dfrac{1}{2}&\dfrac{1}{2}\end{pmatrix},\quad \boldsymbol{x}^{(n)}=\begin{pmatrix}x_1^{(n)}\\x_2^{(n)}\end{pmatrix},$$

$x_1^{(n)}$ 与 $x_2^{(n)}$ 分别表示在第 $n+1$ 代男性与女性居民中色盲基因的比例，则显然有

$$\boldsymbol{x}^{(n)}=\boldsymbol{A}^n\boldsymbol{x}^{(0)}.$$

可以求得 $\boldsymbol{A}$ 的两个特征值

$$\lambda_1=1,\quad \lambda_2=-\frac{1}{2}.$$

相应的特征向量为

$$\boldsymbol{p}_1=\begin{pmatrix}1\\1\end{pmatrix},\quad \boldsymbol{p}_2=\begin{pmatrix}-2\\1\end{pmatrix},$$

则有

$$A=(p_1,p_2)\begin{pmatrix}\lambda_1 & \\ & \lambda_2\end{pmatrix}(p_1,p_2)^{-1}=\begin{pmatrix}1 & -2\\ 1 & 1\end{pmatrix}\begin{pmatrix}1 & 0\\ 0 & -\frac{1}{2}\end{pmatrix}\begin{pmatrix}\frac{1}{3} & \frac{2}{3}\\ -\frac{1}{3} & \frac{1}{3}\end{pmatrix},$$

$$x^{(n)}=\begin{pmatrix}1 & -2\\ 1 & 1\end{pmatrix}\begin{pmatrix}1 & 0\\ 0 & -\frac{1}{2}\end{pmatrix}^n\begin{pmatrix}\frac{1}{3} & \frac{2}{3}\\ -\frac{1}{3} & \frac{1}{3}\end{pmatrix}\begin{pmatrix}x_1^{(0)}\\ x_2^{(0)}\end{pmatrix}$$

$$=\frac{1}{3}\begin{pmatrix}1-\left(-\frac{1}{2}\right)^{n-1} & 2+\left(-\frac{1}{2}\right)^{n-1}\\ 1-\left(-\frac{1}{2}\right)^{n} & 2+\left(-\frac{1}{2}\right)^{n}\end{pmatrix}\begin{pmatrix}x_1^{(0)}\\ x_2^{(0)}\end{pmatrix}.$$

$$\lim_{n\to\infty}x^{(n)}=\frac{1}{3}\begin{pmatrix}1 & 2\\ 1 & 2\end{pmatrix}\begin{pmatrix}x_1^{(0)}\\ x_2^{(0)}\end{pmatrix}=\frac{1}{3}\begin{pmatrix}x_1^{(0)}+2x_2^{(0)}\\ x_1^{(0)}+2x_2^{(0)}\end{pmatrix}.$$

当世代增加时，在男性和女性中具有色盲基因的比例将趋于相同的值(上述讨论在很长一段时间内没有外来居民的假定下是合理的). 假定男性色盲基因比例是 p，则女性中的比例也是 p，因为色盲是隐性的，可以预计色盲妇女的比例将是 p^2.

习　题　5

1. 填空题.

(1)若向量 $\boldsymbol{a}=(1,2,3)^{\mathrm{T}}$，$\boldsymbol{b}=(1,t,2)^{\mathrm{T}}$ 正交，则 $t=$________；

(2)设三阶方阵 $\boldsymbol{A}$ 的特征值分别为 1，2，3，则 $|2\boldsymbol{A}^*-3\boldsymbol{E}|=$__________；

(3)若 n 阶方阵 $\boldsymbol{A}$ 的各行元素之和均为 2，则方阵 $\boldsymbol{A}$ 必有特征值为________.

2. 试用施密特正交化法化下列向量组为正交向量组.

$$(\boldsymbol{a}_1,\boldsymbol{a}_2,\boldsymbol{a}_3)=\begin{pmatrix}1 & 1 & 1\\ 1 & 2 & 4\\ 1 & 3 & 9\end{pmatrix}.$$

3. 求下列矩阵的特征值及对应的特征向量.

(1)$\boldsymbol{A}=\begin{pmatrix}1 & -1\\ 2 & 4\end{pmatrix}$；(2)$\boldsymbol{A}=\begin{pmatrix}1 & 2 & 3\\ 2 & 1 & 3\\ 3 & 3 & 6\end{pmatrix}$；(3)$\boldsymbol{A}=\begin{pmatrix}a_1\\ a_2\\ \vdots\\ a_n\end{pmatrix}(a_1,a_2,\cdots,a_n)(a_i\neq 0)$.

4. 假设 n 阶方阵 $\boldsymbol{A}$ 满足 $\boldsymbol{A}^2-3\boldsymbol{A}+2\boldsymbol{E}=\boldsymbol{O}$，证明其特征值只能取值 1 或 2.

5. 设矩阵 $\boldsymbol{A}=\begin{pmatrix}1 & -2 & -4\\-2 & x & -2\\-4 & -2 & 1\end{pmatrix}$ 与 $\boldsymbol{\Lambda}=\begin{pmatrix}5 & & \\ & y & \\ & & -4\end{pmatrix}$ 相似,求 x,y.

6. 试求正交矩阵 $\boldsymbol{P}$,通过 $\boldsymbol{P}^{-1}\boldsymbol{A}\boldsymbol{P}=\boldsymbol{\Lambda}$,将矩阵 $\boldsymbol{A}=\begin{pmatrix}3 & 1 & 1\\1 & 2 & 0\\1 & 0 & 2\end{pmatrix}$ 化为对角矩阵.

7. 设 $\boldsymbol{A}=\begin{pmatrix}1 & 2 & 0\\0 & 2 & 0\\-2 & -1 & -1\end{pmatrix}$,求 $\boldsymbol{A}^{100}$.

8. 设矩阵 $\boldsymbol{A}=\begin{pmatrix}1 & -1 & 1\\x & 4 & y\\-3 & -3 & 5\end{pmatrix}$,已知矩阵 $\boldsymbol{A}$ 有三个线性无关的特征向量,$\lambda=2$ 是 $\boldsymbol{A}$ 的二重特征值,求 x,y 的值.

第6章 二 次 型

6.1 二次型及其矩阵

引例 函数 $f=x^2-y^2+3z^2-2xy+xz$ 用矩阵记号写出来，就是

$$f(x,y,z)=(x,y,z)\begin{pmatrix}1 & -1 & \frac{1}{2}\\ -1 & -1 & 0\\ \frac{1}{2} & 0 & 3\end{pmatrix}\begin{pmatrix}x\\ y\\ z\end{pmatrix}.$$

对于含有 n 个变量 $x_1,x_2,\cdots,x_n$ 的二次齐次函数有如下定义.

定义1 含有 n 个变量 $x_1,x_2,\cdots,x_n$ 的二次齐次函数

$$f(x_1,x_2,\cdots,x_n)=a_{11}x_1^2+a_{22}x_2^2+\cdots+a_{nn}x_n^2 +2a_{12}x_1x_2+2a_{13}x_1x_3+\cdots+2a_{n-1,n}x_{n-1}x_n \tag{6.1}$$

称为 **n 元二次型**，简称为**二次型**.

a_{ij} 为实数：称 $f(x_1,x_2,\cdots,x_n)$ 为实二次型(本章只讨论实二次型)；

a_{ij} 为复数：称 $f(x_1,x_2,\cdots,x_n)$ 为复二次型.

令 $a_{ji}=a_{ij}$，则有

$$\begin{aligned} f &= a_{11}x_1x_1+a_{12}x_1x_2+a_{13}x_1x_3+\cdots+a_{1n}x_1x_n\\ &\quad +a_{21}x_2x_1+a_{22}x_2x_2+a_{23}x_2x_3+\cdots+a_{2n}x_2x_n\\ &\quad +\cdots\\ &\quad +a_{n1}x_nx_1+a_{n2}x_nx_2+a_{n3}x_nx_3+\cdots+a_{nn}x_nx_n\\ &= \sum_{i=1}^{n}\sum_{j=1}^{n}a_{ij}x_ix_j. \end{aligned} \tag{6.2}$$

利用矩阵我们可将二次型表示为

$$
\begin{aligned}
f &= x_1(a_{11}x_1+a_{12}x_2+a_{13}x_3+\cdots+a_{1n}x_n) \\
&\quad +x_2(a_{21}x_1+a_{22}x_2+a_{23}x_3+\cdots+a_{2n}x_n) \\
&\quad +\cdots \\
&\quad +x_n(a_{n1}x_1+a_{n2}x_2+a_{n3}x_3+\cdots+a_{nn}x_n) \\
&=(x_1,x_2,\cdots,x_n)\begin{pmatrix} a_{11}x_1+a_{12}x_2+\cdots+a_{1n}x_n \\ a_{21}x_1+a_{22}x_2+\cdots+a_{2n}x_n \\ \vdots \\ a_{n1}x_1+a_{n2}x_2+\cdots+a_{nn}x_n \end{pmatrix} \\
&=(x_1,x_2,\cdots,x_n)\begin{pmatrix} a_{11} & a_{12} & \cdots & a_{1n} \\ a_{21} & a_{22} & \cdots & a_{2n} \\ \vdots & \vdots & & \vdots \\ a_{n1} & a_{n2} & \cdots & a_{nn} \end{pmatrix}\begin{pmatrix} x_1 \\ x_2 \\ \vdots \\ x_n \end{pmatrix}.
\end{aligned}
$$

记

$$
\boldsymbol{A}=\begin{pmatrix} a_{11} & a_{12} & \cdots & a_{1n} \\ a_{21} & a_{22} & \cdots & a_{2n} \\ \vdots & \vdots & & \vdots \\ a_{n1} & a_{n2} & \cdots & a_{nn} \end{pmatrix},\quad \boldsymbol{x}=\begin{pmatrix} x_1 \\ x_2 \\ \vdots \\ x_n \end{pmatrix},
$$

则二次型表示为

$$
f=\boldsymbol{x}^{\mathrm{T}}\boldsymbol{A}\boldsymbol{x}. \tag{6.3}
$$

其中 $\boldsymbol{A}$ 为对称阵.

任给一个二次型,就唯一地确定一个对称阵;反之,任给一个对称阵,也唯一地确定一个二次型.这样,二次型与对称阵之间存在一一对应关系.因此,我们称 $\boldsymbol{A}$ 为 f 的矩阵,称 f 为 $\boldsymbol{A}$ 对应的二次型.对称阵 $\boldsymbol{A}$ 的秩就称为**二次型的秩**.

对于二次型,我们主要的问题是寻找可逆线性变换 $\boldsymbol{x}=\boldsymbol{C}\boldsymbol{y}$,即

$$
\begin{pmatrix} x_1 \\ x_2 \\ \vdots \\ x_n \end{pmatrix}=\begin{pmatrix} c_{11} & c_{12} & \cdots & c_{1n} \\ c_{21} & c_{22} & \cdots & c_{2n} \\ \vdots & \vdots & & \vdots \\ c_{n1} & c_{n2} & \cdots & c_{nn} \end{pmatrix}\begin{pmatrix} y_1 \\ y_2 \\ \vdots \\ y_n \end{pmatrix}\quad (|\boldsymbol{C}|\neq 0). \tag{6.4}
$$

使二次型只含平方项,也就是通过上述变换使二次型化为

$$
f(x_1,x_2,\cdots,x_n)=k_1y_1^2+k_2y_2^2+\cdots+k_ny_n^2.
$$

这种只含平方项的二次型,称为二次型的**标准形(或法式)**.

如果标准形的系数 $k_1,k_2,\cdots,k_n$ 只在 0,1,−1 三个数中取值,即将式(6.4)代入式(6.3)有

$$f(x_1,x_2,\cdots,x_n)=y_1^2+\cdots+y_p^2-y_{p+1}^2-\cdots-y_r^2,$$

则称上式为二次型的**规范形**.

记 $\boldsymbol{C}=(c_{ij})$，把可逆变换

$$\boldsymbol{x}=\boldsymbol{C}\boldsymbol{y}$$

代入式(6.3)，有

$$f=\boldsymbol{x}^{\mathrm{T}}\boldsymbol{A}\boldsymbol{x}=(\boldsymbol{C}\boldsymbol{y})^{\mathrm{T}}\boldsymbol{A}(\boldsymbol{C}\boldsymbol{y})=\boldsymbol{y}^{\mathrm{T}}(\boldsymbol{C}^{\mathrm{T}}\boldsymbol{A}\boldsymbol{C})\boldsymbol{y}.$$

定义 2 设 $\boldsymbol{A}$ 和 $\boldsymbol{B}$ 是 n 阶矩阵，若有可逆矩阵 $\boldsymbol{C}$，使 $\boldsymbol{B}=\boldsymbol{C}^{\mathrm{T}}\boldsymbol{A}\boldsymbol{C}$，则称矩阵 $\boldsymbol{A}$ 与 $\boldsymbol{B}$ 合同.

显然，若 $\boldsymbol{A}$ 为对称阵，则 $\boldsymbol{B}=\boldsymbol{C}^{\mathrm{T}}\boldsymbol{A}\boldsymbol{C}$ 也为对称阵，且 $R(\boldsymbol{B})=R(\boldsymbol{A})$. 事实上，

$$\boldsymbol{B}^{\mathrm{T}}=(\boldsymbol{C}^{\mathrm{T}}\boldsymbol{A}\boldsymbol{C})^{\mathrm{T}}=\boldsymbol{C}^{\mathrm{T}}\boldsymbol{A}^{\mathrm{T}}\boldsymbol{C}=\boldsymbol{C}^{\mathrm{T}}\boldsymbol{A}\boldsymbol{C}=\boldsymbol{B}.$$

则 $\boldsymbol{B}$ 为对称阵. 又因 $\boldsymbol{B}=\boldsymbol{C}^{\mathrm{T}}\boldsymbol{A}\boldsymbol{C}$，而 $\boldsymbol{C}$ 可逆，从而 $\boldsymbol{C}^{\mathrm{T}}$ 也可逆，由矩阵秩的性质知 $R(\boldsymbol{B})=R(\boldsymbol{A})$.

由此可知，经可逆的线性变换 $\boldsymbol{x}=\boldsymbol{C}\boldsymbol{y}$ 后，二次型 f 的矩阵由 $\boldsymbol{A}$ 变为与 $\boldsymbol{A}$ 合同的矩阵 $\boldsymbol{C}^{\mathrm{T}}\boldsymbol{A}\boldsymbol{C}$，且二次型的秩不变.

6.2 化二次型为标准形的方法

6.1 节介绍了二次型和标准形定义，那么如何把一个二次型化为标准形呢？下面我们引入三种方法. 首先介绍正交变换法，该方法具有保持几何形状不变的优点，之后介绍初等变换法和配方法化二次型为标准形，并举例给予说明.

6.2.1 正交变换法化二次型为标准形

要使二次型 f 经可逆变换 $\boldsymbol{x}=\boldsymbol{C}\boldsymbol{y}$ 变成标准形，就是要使

$$\begin{aligned}f&=\boldsymbol{x}^{\mathrm{T}}\boldsymbol{A}\boldsymbol{x}=\boldsymbol{y}^{\mathrm{T}}(\boldsymbol{C}^{\mathrm{T}}\boldsymbol{A}\boldsymbol{C})\boldsymbol{y}\\&=k_1y_1^2+k_2y_2^2+\cdots+k_ny_n^2\\&=(y_1,y_2,\cdots,y_n)\begin{pmatrix}k_1&&&\\&k_2&&\\&&\ddots&\\&&&k_n\end{pmatrix}\begin{pmatrix}y_1\\y_2\\\vdots\\y_n\end{pmatrix}.\end{aligned}$$

也就是要使 $\boldsymbol{C}^{\mathrm{T}}\boldsymbol{A}\boldsymbol{C}$ 成为对角阵. 因此，我们的主要问题就是：对于对称阵 $\boldsymbol{A}$，寻求可逆矩阵 $\boldsymbol{C}$，使 $\boldsymbol{C}^{\mathrm{T}}\boldsymbol{A}\boldsymbol{C}$ 成为对角阵. 这个问题称为把对称阵 $\boldsymbol{A}$ 合同对角化.

由第 5 章知识有，任给对称阵 $\boldsymbol{A}$，总有正交阵 $\boldsymbol{P}$，使 $\boldsymbol{P}^{-1}\boldsymbol{A}\boldsymbol{P}=\boldsymbol{P}^{\mathrm{T}}\boldsymbol{A}\boldsymbol{P}=\boldsymbol{\Lambda}$. 也就是对称阵总能合同对角化. 将此结论应用于二次型，即有

定理 1　任给二次型 $f=\sum_{i=1}^{n}\sum_{j=1}^{n}a_{ij}x_ix_j(a_{ij}=a_{ji})$，总有正交变换 $\boldsymbol{x}=\boldsymbol{P}\boldsymbol{y}$，使 f 化为标准形

$$f(x_1,x_2,\cdots,x_n)=\lambda_1y_1^2+\lambda_2y_2^2+\cdots+\lambda_ny_n^2,$$

其中 $\lambda_1,\lambda_2,\cdots,\lambda_n$ 是 f 的矩阵 $\boldsymbol{A}=(a_{ij})$ 的特征值.

推论　任给二次型 $f(x)=\boldsymbol{x}^{\mathrm{T}}\boldsymbol{A}\boldsymbol{x}(\boldsymbol{A}^{\mathrm{T}}=\boldsymbol{A})$，总有可逆变换 $\boldsymbol{x}=\boldsymbol{C}\boldsymbol{z}$，使 $f(\boldsymbol{C}\boldsymbol{z})$ 为规范形.

证　按定理 1，有正交变换 $\boldsymbol{x}=\boldsymbol{P}\boldsymbol{y}$，使 f 化为标准形

$$f(\boldsymbol{P}\boldsymbol{y})=\boldsymbol{y}^{\mathrm{T}}\boldsymbol{\Lambda}\boldsymbol{y}=\lambda_1y_1^2+\lambda_2y_2^2+\cdots+\lambda_ny_n^2, \tag{6.5}$$

其中 $\lambda_1,\lambda_2,\cdots,\lambda_n$ 是 f 的矩阵 $\boldsymbol{A}=(a_{ij})$ 的特征值. 设二次型 f 的秩为 r，则特征值 λ_i $(i=1,2,\cdots,n)$ 中恰有 r 个不为 0，不妨设 $\lambda_1,\cdots,\lambda_r\neq0,\lambda_{r+1}=\cdots=\lambda_n=0$. 令

$$\boldsymbol{K}=\begin{pmatrix}k_1&&&\\&k_2&&\\&&\ddots&\\&&&k_n\end{pmatrix},\text{其中 } k_i=\begin{cases}\dfrac{1}{\sqrt{|\lambda_i|}}, & i\leqslant r,\\ 1, & i>r,\end{cases}$$

则 $\boldsymbol{K}$ 可逆，将线性变换 $\boldsymbol{y}=\boldsymbol{K}\boldsymbol{z}$ 代入式(6.5)可得

$$f(\boldsymbol{P}\boldsymbol{K}\boldsymbol{z})=(\boldsymbol{K}\boldsymbol{z})^{\mathrm{T}}\boldsymbol{\Lambda}(\boldsymbol{K}\boldsymbol{z})=\boldsymbol{z}^{\mathrm{T}}\boldsymbol{K}^{\mathrm{T}}\boldsymbol{\Lambda}\boldsymbol{K}\boldsymbol{z},$$

而

$$\boldsymbol{K}^{\mathrm{T}}\boldsymbol{\Lambda}\boldsymbol{K}=\mathrm{diag}\left(\frac{\lambda_1}{|\lambda_1|},\cdots,\frac{\lambda_r}{|\lambda_r|},0,\cdots,0\right),$$

记 $\boldsymbol{C}=\boldsymbol{P}\boldsymbol{K}$，即有可逆变换 $\boldsymbol{x}=\boldsymbol{C}\boldsymbol{z}$，使 f 为规范形

$$f(\boldsymbol{C}\boldsymbol{z})=\frac{\lambda_1}{|\lambda_1|}z_1^2+\cdots+\frac{\lambda_r}{|\lambda_r|}z_r^2.$$

例 1　求一个正交变换 $\boldsymbol{x}=\boldsymbol{P}\boldsymbol{y}$，把二次型

$$f=x_1^2+x_2^2+x_3^2+4x_1x_2+4x_1x_3+4x_2x_3$$

化为规范形.

解　二次型的矩阵为

$$\boldsymbol{A}=\begin{pmatrix}1&2&2\\2&1&2\\2&2&1\end{pmatrix}.$$

由第 5 章例 10 的结果知，有正交矩阵

$$P=\begin{pmatrix} \frac{1}{\sqrt{3}} & -\frac{1}{\sqrt{2}} & \frac{1}{\sqrt{6}} \\ \frac{1}{\sqrt{3}} & \frac{1}{\sqrt{2}} & \frac{1}{\sqrt{6}} \\ \frac{1}{\sqrt{3}} & 0 & -\frac{2}{\sqrt{6}} \end{pmatrix}, \text{使 } P^{T}AP=\Lambda=\begin{pmatrix} 5 & & \\ & -1 & \\ & & -1 \end{pmatrix}.$$

于是有正交变换

$$\begin{pmatrix} x_1 \\ x_2 \\ x_3 \end{pmatrix}=\begin{pmatrix} \frac{1}{\sqrt{3}} & -\frac{1}{\sqrt{2}} & \frac{1}{\sqrt{6}} \\ \frac{1}{\sqrt{3}} & \frac{1}{\sqrt{2}} & \frac{1}{\sqrt{6}} \\ \frac{1}{\sqrt{3}} & 0 & -\frac{2}{\sqrt{6}} \end{pmatrix}\begin{pmatrix} y_1 \\ y_2 \\ y_3 \end{pmatrix},$$

把二次型化为标准形

$$f=5y_1^2-y_2^2-y_3^2.$$

令

$$\begin{cases} y_1=\frac{1}{\sqrt{5}}z_1, \\ y_2=z_2, \\ y_3=z_3, \end{cases}$$

则得二次型的规范形为

$$f=z_1^2-z_2^2-z_3^2.$$

6.2.2 初等变换法化二次型为标准形

要化二次型为标准形，即寻求可逆矩阵 C，使 $C^{T}AC=\Lambda$ 成为对角阵. 由于 C 可逆，则存在初等方阵 $P_1,\cdots,P_k$ 使

$$C=P_1\cdots P_k=EP_1\cdots P_k.$$

代入 $C^{T}AC=\Lambda$，即有

$$C^{T}AC=P_k^{T}\cdots P_1^{T}AP_1\cdots P_k=\Lambda.$$

由初等方阵的性质知，对 A 实施初等行变换的同时，对 $\begin{pmatrix} A \\ E \end{pmatrix}$ 实施同类型的初等列变换，当把矩阵 A 化为对角阵时，单位阵就化为了可逆矩阵 C，即有

$$\begin{pmatrix} A \\ E \end{pmatrix}\xrightarrow[\text{整体施行“同类列变换”}]{\text{对 } A \text{ 施行“行变换”}}\begin{pmatrix} \Lambda \\ C \end{pmatrix}.$$

例 2　用初等变换法化 $f(x_1,x_2,x_3)=2x_1x_2+2x_1x_3-6x_2x_3$ 为标准形.

解　二次型的矩阵为

$$A=\begin{pmatrix}0&1&1\\1&0&-3\\1&-3&0\end{pmatrix}$$

$$\begin{pmatrix}A\\E\end{pmatrix}=\begin{pmatrix}0&1&1\\1&0&-3\\1&-3&0\\\hdashline 1&0&0\\0&1&0\\0&0&1\end{pmatrix}\xrightarrow[c_1+c_2]{r_1+r_2}\begin{pmatrix}2&1&-2\\1&0&-3\\-2&-3&0\\\hdashline 1&0&0\\1&1&0\\0&0&1\end{pmatrix}\xrightarrow[c_2-\frac{1}{2}c_1]{r_2-\frac{1}{2}r_1}$$

$$\begin{pmatrix}2&0&-2\\0&-\frac{1}{2}&-2\\-2&-2&0\\\hdashline 1&-\frac{1}{2}&0\\1&\frac{1}{2}&0\\0&0&1\end{pmatrix}\xrightarrow[c_3+c_1]{r_3+r_1}\begin{pmatrix}2&0&0\\0&-\frac{1}{2}&-2\\0&-2&-2\\\hdashline 1&-\frac{1}{2}&1\\1&\frac{1}{2}&1\\0&0&1\end{pmatrix}\xrightarrow[c_3-4c_2]{r_3-4r_2}\begin{pmatrix}2&0&0\\0&-\frac{1}{2}&0\\0&0&6\\\hdashline 1&-\frac{1}{2}&3\\1&\frac{1}{2}&-1\\0&0&1\end{pmatrix}.$$

则有可逆变换

$$x=Cy,\quad C=\begin{pmatrix}1&-\frac{1}{2}&3\\1&\frac{1}{2}&-1\\0&0&1\end{pmatrix},$$

化二次型为标准形

$$f=2y_1^2-\frac{1}{2}y_2^2+6y_3^2.$$

6.2.3　配方法化二次型为标准形

例 3　$f(x_1,x_2,x_3)=2x_1^2+5x_2^2+5x_3^2+4x_1x_2-4x_1x_3-8x_2x_3$，用配方法化 $f(x_1,x_2,x_3)$ 为标准形.

解　二次型中含有 x_1^2，首先将所有带 x_1 的项整理配方.

$$
\begin{aligned}
f &= 2[x_1^2+2x_1(x_2-x_3)]+5x_2^2+5x_3^2-8x_2x_3 \\
&= 2[(x_1+x_2-x_3)^2-(x_2-x_3)^2]+5x_2^2+5x_3^2-8x_2x_3 \\
&= 2(x_1+x_2-x_3)^2+3x_2^2-4x_2x_3+3x_3^2.
\end{aligned}
$$

将 x_1 的项整理配方后,其余的项中不再含有 x_1. 接下来整理配方带有 x_2 的项.

$$
\begin{aligned}
f &= 2(x_1+x_2-x_3)^2+3\left[\left(x_2-\frac{2}{3}x_3\right)^2-\frac{4}{9}x_3^2\right]+3x_3^2 \\
&= 2(x_1+x_2-x_3)^2+3\left(x_2-\frac{2}{3}x_3\right)^2+\frac{5}{3}x_3^2.
\end{aligned}
$$

令

$$
\begin{cases}
y_1=x_1+x_2-x_3, \\
y_2=x_2-\left(\dfrac{2}{3}\right)x_3, \\
y_3=x_3,
\end{cases}
$$

则

$$
\begin{cases}
x_1=y_1-y_2+\left(\dfrac{1}{3}\right)y_3, \\
x_2=y_2+\left(\dfrac{2}{3}\right)y_3, \\
x_3=y_3.
\end{cases}
$$

故有可逆变换

$$
\boldsymbol{x}=\boldsymbol{C}\boldsymbol{y},\quad \boldsymbol{C}=\begin{pmatrix} 1 & -1 & \dfrac{1}{3} \\ 0 & 1 & \dfrac{2}{3} \\ 0 & 0 & 1 \end{pmatrix}
$$

化二次型为标准形

$$
f=2y_1^2+3y_2^2+\frac{5}{3}y_3^2.
$$

例 4　$f(x_1,x_2,x_3)=2x_1x_2+2x_1x_3-6x_2x_3$,用配方法化 $f(x_1,x_2,x_3)$为标准形.

解　由于本题中没有平方项,故先凑平方项. 令

$$
\begin{cases}
x_1=y_1+y_2, \\
x_2=y_1-y_2, \\
x_3=y_3,
\end{cases}
$$

即 $\boldsymbol{x}=\boldsymbol{C}_1\boldsymbol{y}$,这里

$$\boldsymbol{C}_1=\begin{pmatrix}1 & 1 & 0\\ 1 & -1 & 0\\ 0 & 0 & 1\end{pmatrix}.$$

则

$$\begin{aligned}f&=2y_1^2-2y_2^2+2y_1y_3+2y_2y_3-6y_1y_3+6y_2y_3\\&=2[y_1^2-2y_1y_3]-2y_2^2+8y_2y_3\\&=2[(y_1-y_3)^2-y_3^2]-2y_2^2+8y_2y_3\\&=2(y_1-y_3)^2-2[y_2^2-4y_2y_3]-2y_3^2\\&=2(y_1-y_3)^2-2[(y_2^2-2y_3)^2-4y_3^2]-2y_3^2\\&=2(y_1-y_3)^2-2(y_2-2y_3)^2+6y_3^2.\end{aligned}$$

令

$$\begin{cases}z_1=y_1-y_3,\\ z_2=y_2-2y_3,\\ z_3=y_3,\end{cases}$$

则

$$\begin{cases}y_1=z_1+z_3,\\ y_2=z_2+2z_3,\\ y_3=z_3,\end{cases}$$

即

$$\boldsymbol{y}=\boldsymbol{C}_2\boldsymbol{z},\quad \boldsymbol{C}_2=\begin{pmatrix}1 & 0 & 1\\ 0 & 1 & 2\\ 0 & 0 & 1\end{pmatrix}.$$

则有可逆变换

$$\boldsymbol{x}=\boldsymbol{C}_1\boldsymbol{y}=\boldsymbol{C}_1\boldsymbol{C}_2\boldsymbol{z},\quad \boldsymbol{C}=\boldsymbol{C}_1\boldsymbol{C}_2=\begin{pmatrix}1 & 1 & 3\\ 1 & -1 & -1\\ 0 & 0 & 1\end{pmatrix},$$

化二次型为标准形

$$f=2z_1^2-2z_2^2+6z_3^2.$$

6.3 正定二次型

二次型的标准形显然不是唯一的,但是标准形中所含项数是确定的(即二次型的秩是确定的).并且在限定变换为实变换时,标准形中正系数的个数是不变的,也就是有如下定理.

定理 2 设有二次型 $f=\boldsymbol{x}^{\mathrm{T}}\boldsymbol{A}\boldsymbol{x}$,它的秩为 r,有两个可逆变换

$$\boldsymbol{x}=\boldsymbol{C}\boldsymbol{y} \text{ 及 } \boldsymbol{x}=\boldsymbol{P}\boldsymbol{z}$$

使

$$f=\boldsymbol{y}^{\mathrm{T}}(\boldsymbol{C}^{\mathrm{T}}\boldsymbol{A}\boldsymbol{C})\boldsymbol{y}=d_1y_1^2+d_2y_2^2+\cdots+d_ry_r^2 \quad (d_i\neq0),$$

及

$$f=\boldsymbol{z}^{\mathrm{T}}(\boldsymbol{P}^{\mathrm{T}}\boldsymbol{A}\boldsymbol{P})\boldsymbol{z}=k_1z_1^2+k_2z_2^2+\cdots+k_rz_r^2 \quad (k_i\neq0).$$

则 $d_1,d_2,\cdots,d_r$ 中正数的个数与 $k_1,k_2,\cdots,k_r$ 中正数的个数相等.

这个定理称为惯性定理,这里不予证明.

二次型的标准形中正项个数一定,称为二次型的正惯性指数;负项个数一定,称为二次型的负惯性指数.设二次型的秩为 r,正惯性指数为 p,则负惯性指数为 $r-p$,且二次型的规范形可确定为

$$f(x_1,x_2,\cdots,x_n)=y_1^2+\cdots+y_p^2-y_{p+1}^2-\cdots-y_r^2.$$

我们着重讨论正惯性指数为 n 或负惯性指数为 n 的 n 元二次型,我们有下述定义.

定义 3 设有二次型 $f=\boldsymbol{x}^{\mathrm{T}}\boldsymbol{A}\boldsymbol{x}$.如果对任何 $\boldsymbol{x}\neq\boldsymbol{0}$,都有 $f=\boldsymbol{x}^{\mathrm{T}}\boldsymbol{A}\boldsymbol{x}>0$,则称 f 为正定二次型,并称 $\boldsymbol{A}$ 为正定矩阵;如果对任何 $\boldsymbol{x}\neq\boldsymbol{0}$ 都有 $f=\boldsymbol{x}^{\mathrm{T}}\boldsymbol{A}\boldsymbol{x}<0$,则称 f 为负定二次型,并称 $\boldsymbol{A}$ 为负定矩阵.

定理 3 n 元二次型 $f=\boldsymbol{x}^{\mathrm{T}}\boldsymbol{A}\boldsymbol{x}$ 为正定的充分必要条件是 f 的标准形中 n 个系数全为正数,亦即它的正惯性指数为 n.

推论 设 $\boldsymbol{A}_{n\times n}$ 为实对称矩阵,则 $\boldsymbol{A}$ 为正定矩阵的充分必要条件是 $\boldsymbol{A}$ 的特征值全为正数.

定理 4 对称阵 $\boldsymbol{A}$ 为正定矩阵的充分必要条件是 $\boldsymbol{A}$ 的各阶顺序主子式全为正数,即

$$a_{11}>0,\ \begin{vmatrix} a_{11} & a_{12} \\ a_{21} & a_{22} \end{vmatrix}>0,\cdots,\ \begin{vmatrix} a_{11} & \cdots & a_{1n} \\ \vdots & & \vdots \\ a_{n1} & \cdots & a_{nn} \end{vmatrix}>0.$$

对称阵 $\boldsymbol{A}$ 为负定矩阵的充分必要条件是 $\boldsymbol{A}$ 的奇数阶顺序主子式全为负数,而偶数

阶顺序主子式全为正数，即

$$(-1)^r\begin{vmatrix} a_{11} & \cdots & a_{1r} \\ \vdots & & \vdots \\ a_{r1} & \cdots & a_{rr} \end{vmatrix}>0 \quad (r=1,2,\cdots,n).$$

这个定理称为赫尔维茨定理，这里不证.

例 5　判定二次型 $f(x_1,x_2,x_3)=5x_1^2+x_2^2+5x_3^2+4x_1x_2-8x_1x_3-4x_2x_3$ 的正定性.

解　二次型的矩阵为

$$\boldsymbol{A}=\begin{pmatrix} 5 & 2 & -4 \\ 2 & 1 & -2 \\ -4 & -2 & 5 \end{pmatrix}.$$

$$a_{11}=5>0, \quad \begin{vmatrix} 5 & 2 \\ 2 & 1 \end{vmatrix}=1>0, \quad \det\boldsymbol{A}=1>0,$$

故 $\boldsymbol{A}$ 为正定矩阵，f 为正定二次型.

6.4　应用举例

利用二次型我们可以讨论二次曲线的类型.

设二次曲线方程为 $a_{11}x^2+2a_{12}xy+a_{22}y^2+2b_1x+2b_2y+c=0$，记二次型

$$F(x,y,z)=a_{11}x^2+2a_{12}xy+a_{22}y^2+2b_1xz+2b_2yz+cz^2$$

$$=(x,y,z)\begin{pmatrix} a_{11} & a_{12} & b_1 \\ a_{12} & a_{22} & b_2 \\ b_1 & b_2 & c \end{pmatrix}\begin{pmatrix} x \\ y \\ z \end{pmatrix}=(\boldsymbol{X}^{\mathrm{T}} \quad z)\begin{pmatrix} \boldsymbol{A} & \boldsymbol{b} \\ \boldsymbol{b}^{\mathrm{T}} & c \end{pmatrix}\begin{pmatrix} \boldsymbol{X} \\ z \end{pmatrix}.$$

则原二次曲线方程可表示为 $F(x,y,1)=0$.

记 $d_1=a_{11}+a_{22}, d_2=|\boldsymbol{A}|, d_3=\begin{vmatrix} \boldsymbol{A} & \boldsymbol{b} \\ \boldsymbol{b}^{\mathrm{T}} & c \end{vmatrix}$. 若 $d_2\neq 0$，令

$$\boldsymbol{Q}=\begin{pmatrix} \boldsymbol{E} & \boldsymbol{X}_0 \\ \boldsymbol{0} & 1 \end{pmatrix}，其中 \boldsymbol{X}_0=\begin{pmatrix} x_0 \\ y_0 \end{pmatrix} 是 \boldsymbol{Ax}+\boldsymbol{b}=\boldsymbol{0} 的解.$$

作可逆线性变换

$$\begin{pmatrix} \boldsymbol{X} \\ 1 \end{pmatrix}=\boldsymbol{Q}\begin{pmatrix} \boldsymbol{X}' \\ 1 \end{pmatrix},$$

则有

$$\boldsymbol{Q}^{\mathrm{T}}\begin{pmatrix}\boldsymbol{A} & \boldsymbol{b}\\ \boldsymbol{b}^{\mathrm{T}} & c\end{pmatrix}\boldsymbol{Q}=\begin{pmatrix}\boldsymbol{A} & \boldsymbol{0}\\ \boldsymbol{0} & c_1\end{pmatrix}.$$

由

$$|\boldsymbol{Q}|^2 d_3=c_1|\boldsymbol{A}|$$

得

$$c_1=\frac{d_3}{d_2}.$$

所以

$$F(x,y,1)=(\boldsymbol{X}^{\mathrm{T}}\quad 1)\begin{pmatrix}\boldsymbol{A} & \boldsymbol{b}\\ \boldsymbol{b}^{\mathrm{T}} & c\end{pmatrix}\begin{pmatrix}\boldsymbol{X}\\ 1\end{pmatrix}=(\boldsymbol{X}'^{\mathrm{T}}\quad 1)\boldsymbol{Q}^{\mathrm{T}}\begin{pmatrix}\boldsymbol{A} & \boldsymbol{b}\\ \boldsymbol{b}^{\mathrm{T}} & c\end{pmatrix}\boldsymbol{Q}\begin{pmatrix}\boldsymbol{X}'\\ 1\end{pmatrix}$$

$$=(\boldsymbol{X}'^{\mathrm{T}}\quad 1)\begin{pmatrix}\boldsymbol{A} & \boldsymbol{0}\\ \boldsymbol{0} & c_1\end{pmatrix}\begin{pmatrix}\boldsymbol{X}'\\ 1\end{pmatrix}.$$

设 $\boldsymbol{A}$ 的特征值为 λ_1,λ_2，由 $\boldsymbol{A}$ 为对称矩阵知，必存在正交矩阵 $\boldsymbol{P}_1$ 使

$$\boldsymbol{P}^{-1}\boldsymbol{A}\boldsymbol{P}_1=\begin{pmatrix}\lambda_1 & \boldsymbol{O}\\ \boldsymbol{O} & \lambda_2\end{pmatrix}.$$

取 $\boldsymbol{P}=\begin{pmatrix}\boldsymbol{P}_1 & \boldsymbol{0}\\ \boldsymbol{0} & 1\end{pmatrix}$，则有

$$\boldsymbol{P}^{-1}\begin{pmatrix}\boldsymbol{A} & \boldsymbol{0}\\ \boldsymbol{0} & c_1\end{pmatrix}\boldsymbol{P}=\begin{pmatrix}\lambda_1 & & \\ & \lambda & \\ & & c_1\end{pmatrix}.$$

从而有正交变换 $\begin{pmatrix}\boldsymbol{X}'\\ 1\end{pmatrix}=\boldsymbol{P}\begin{pmatrix}\boldsymbol{X}''\\ 1\end{pmatrix}$，使得

$$F(x,y,1)=\lambda_1 x'^2+\lambda_2 y'^2+c_1.$$

若 $d_2=0$，通过正交变换消去法可作相应讨论.

例 6 判断二次曲线 $4xy+3y^2+16x+12y-36=0$ 的类型.

解 系数矩阵为

$$\boldsymbol{A}=\begin{pmatrix}0 & 2 & 8\\ 2 & 3 & 6\\ 8 & 6 & -36\end{pmatrix},$$

则 $d_1=3,d_2=\begin{vmatrix}0 & 2\\ 2 & 3\end{vmatrix}=-4,d_3=\begin{vmatrix}0 & 2 & 8\\ 2 & 3 & 6\\ 8 & 6 & -36\end{vmatrix}=144.$ 从而 $c_1=\dfrac{d_3}{d_2}=-36.$

又矩阵$\begin{pmatrix} 0 & 2 \\ 2 & 3 \end{pmatrix}$的特征值为$\lambda_1=-1,\lambda_2=4$. 所以原方程可化为

$$x'^2-4y'^2=-36.$$

故原二次曲线为双曲线.

习　题　6

1. 填空题.

(1)二次型$f(x_1,x_2,x_3)=-4x_1x_2+2x_1x_3+2x_2x_3$的矩阵是____________，二次型的秩是____________.

(2)已知二次型的系数矩阵为$\begin{pmatrix} 2 & -1 & 3 \\ -1 & 0 & 4 \\ 3 & 4 & -1 \end{pmatrix}$，则与它相对应的二次型$f(x_1,x_2,x_3)=$________.

(3)若二次型$f(x_1,x_2,x_3)=x_1^2+4x_2^2+2x_3^2+2tx_1x_2+2x_1x_3$是正定的，那么$t$应满足________.

2. 用正交变换法化下列二次型为标准形.

(1)$f(x_1,x_2,x_3)=4x_2^2-3x_3^2+4x_1x_2-4x_1x_3+8x_2x_3$；

(2)$f(x_1,x_2,x_3)=2x_1^2+3x_2^2+3x_3^2+4x_2x_3$.

3. 用配方法化下列二次型为规范形.

(1)$f(x_1,x_2,x_3)=x_1^2+2x_3^2+2x_1x_3+2x_2x_3$；

(2)$f(x_1,x_2,x_3)=(x_1+x_2)^2+(x_2-x_3)^2+(x_1+x_3)^2$.

4. 已知二次型$f(x_1,x_2,x_3)=5x_1^2+5x_2^2+cx_3^2-2x_1x_2+6x_1x_3-6x_2x_3$的秩为2，求参数$c$及此二次型对应矩阵的特征值.

5. 判别下列二次型的正定性.

(1) $f(x_1,x_2,x_3)=-2x_1^2-6x_2^2-4x_3^2+2x_1x_2+2x_1x_3$；

(2) $f(x_1,x_2,x_3)=x_1^2+x_2^2+x_3^2+4x_1x_2+4x_1x_3+4x_2x_3$.

第 7 章　线性空间与线性变换

在第 4 章中，我们把有序数组称为向量，并介绍了向量空间的概念. 向量空间又称线性空间，是线性代数中一个最基本的概念. 本章中，我们要把向量空间的概念进行推广，使其更具一般性.

7.1　线性空间的定义与性质

定义 1　设 V 是一个非空集合，$\mathbf{R}$ 为实数域. 如果对于任意两个元素 $\boldsymbol{\alpha},\boldsymbol{\beta}\in V$，总有唯一的一个元素 $\boldsymbol{\gamma}\in V$ 与之对应，称为 $\boldsymbol{\alpha}$ 和 $\boldsymbol{\beta}$ 的和，记作 $\boldsymbol{\gamma}=\boldsymbol{\alpha}+\boldsymbol{\beta}$；又对于任一数 $\lambda\in\mathbf{R}$ 与任一元素 $\boldsymbol{\alpha}\in V$，总有唯一的一个元素 $\boldsymbol{\delta}\in V$ 与之对应，称为 λ 与 $\boldsymbol{\alpha}$ 的积，记作 $\boldsymbol{\delta}=\lambda\boldsymbol{\alpha}$；并且这两种运算满足以下八条运算规律（设 $\boldsymbol{\alpha},\boldsymbol{\beta},\boldsymbol{\gamma}\in V;\lambda,\mu\in\mathbf{R}$）：

(i) $\boldsymbol{\alpha}+\boldsymbol{\beta}=\boldsymbol{\beta}+\boldsymbol{\alpha}$；

(ii) $(\boldsymbol{\alpha}+\boldsymbol{\beta})+\boldsymbol{\gamma}=\boldsymbol{\alpha}+(\boldsymbol{\beta}+\boldsymbol{\gamma})$；

(iii) 在 V 中存在零元素 $\mathbf{0}$，对任何 $\boldsymbol{\alpha}\in V$，都有 $\boldsymbol{\alpha}+\mathbf{0}=\boldsymbol{\alpha}$；

(iv) 对任何 $\boldsymbol{\alpha}\in V$，都有 $\boldsymbol{\alpha}$ 的负元素 $\boldsymbol{\beta}\in V$，使 $\boldsymbol{\alpha}+\boldsymbol{\beta}=\mathbf{0}$；

(v) $1\boldsymbol{\alpha}=\boldsymbol{\alpha}$；

(vi) $\lambda(\mu\boldsymbol{\alpha})=(\lambda\mu)\boldsymbol{\alpha}$；

(vii) $(\lambda+\mu)\boldsymbol{\alpha}=\lambda\boldsymbol{\alpha}+\mu\boldsymbol{\alpha}$；

(viii) $\lambda(\boldsymbol{\alpha}+\boldsymbol{\beta})=\lambda\boldsymbol{\alpha}+\lambda\boldsymbol{\beta}$.

那么，V 就称为（实数域 $\mathbf{R}$ 上的）向量空间（或线性空间），V 中的元素不论其本来的性质如何，统称为（实）向量.

凡满足上述八条规律的加法及数乘运算，就称为线性运算；凡定义了线性运算的集合，就称为向量空间. 该定义相较第 4 章中向量空间的概念有很大推广：首先，向量不一定是有序数组；其次，向量空间中的运算只要求满足上述八条运算规律，当然也就不一定是有序数组的加法及数乘运算.

例 1　次数不超过 n 的多项式全体，记作 $P_n(x)$，即

$$P_n(x)=\{p=a_nx^n+a_{n-1}x^{n-1}+\cdots+a_1x+a_0\,|\,a_n,\cdots,a_1,a_0\in\mathbf{R}\},$$

对于通常的多项式加法、数与多项式的乘法构成向量空间.

显然 $P_n(x)$ 对通常的多项式加法、数与多项式的乘法满足线性运算. 下面讨论封闭性.

任取

$$p_1=a_nx^n+a_{n-1}x^{n-1}+\cdots+a_1x+a_0\in P_n(x)\quad(a_0,a_1,\cdots,a_n\in\mathbf{R}),$$

$$p_2=b_nx^n+b_{n-1}x^{n-1}+\cdots+b_1x+b_0\in P_n(x)\quad(b_0,b_1,\cdots,b_n\in\mathbf{R}),$$

则

$$p_1+p_2=(a_n+b_n)x^n+\cdots+(a_1+b_1)x+(a_0+b_0)\in P_n(x).$$

任取 $\lambda\in\mathbf{R}$, 有

$$\lambda p_1=\lambda a_nx^n+\cdots+\lambda a_1x+\lambda a_0\in P_n(x),$$

故结论成立.

例 2　n 次多项式全体, 记作 $Q_n(x)$, 即

$$Q_n(x)=\{q=a_nx^n+a_{n-1}x^{n-1}+\cdots+a_1x+a_0\,|\,a_n,\cdots,a_1,a_0\in\mathbf{R},\text{且 } a_n\neq 0\}$$

对于通常的多项式加法和数乘运算不构成向量空间. 这是因为取 $\lambda=0$,

$$0q=0a_nx^n+\cdots+0a_1x+0a_0\notin Q_n(x),$$

即 $Q_n(x)$ 对运算不封闭.

例 3　二阶矩阵的全体, 记作 $\boldsymbol{A}_2$, 即

$$\boldsymbol{A}_2=\left\{\boldsymbol{A}=\begin{pmatrix}a_1 & a_2\\ a_3 & a_4\end{pmatrix}\middle|\, a_i\in\mathbf{R}, i=1,2,3,4\right\},$$

对于通常的矩阵加法和数乘运算构成向量空间.

显然通常的矩阵加法和数乘运算满足线性运算. 下面讨论封闭性. 任取

$$\boldsymbol{A}=\begin{pmatrix}a_1 & a_2\\ a_3 & a_4\end{pmatrix}\in\boldsymbol{A}_2,\quad \boldsymbol{B}=\begin{pmatrix}b_1 & b_2\\ b_3 & b_4\end{pmatrix}\in\boldsymbol{A}_2,$$

显然有

$$\boldsymbol{A}+\boldsymbol{B}=\begin{pmatrix}a_1+b_1 & a_2+b_2\\ a_3+b_3 & a_4+b_4\end{pmatrix}\in\boldsymbol{A}_2.$$

任取 $\lambda\in\mathbf{R}$, 有

$$\lambda\boldsymbol{A}=\begin{pmatrix}\lambda a_1 & \lambda a_2\\ \lambda a_3 & \lambda a_4\end{pmatrix}\in\boldsymbol{A}_2,$$

结论成立.

例 4　n 个有序实数组成的数组的全体

$$S^n=\{\boldsymbol{x}=(x_1,x_2,\cdots,x_n)^{\mathrm{T}}\,|\,x_1,x_2,\cdots,x_n\in\mathbf{R}\},$$

对于通常的有序数组的加法及如下定义的乘法

$$\lambda \circ (x_1, x_2, \cdots, x_n)^{\mathrm{T}} = (0, \cdots, 0)^{\mathrm{T}}$$

不构成向量空间.

下面讨论线性空间的性质.

(1)零元素是唯一的.

证　设 $\mathbf{0}_1, \mathbf{0}_2$ 是线性空间 V 中的两个零元素,即对任何 $\boldsymbol{\alpha} \in V$,有

$$\boldsymbol{\alpha} + \mathbf{0}_1 = \boldsymbol{\alpha}, \quad \boldsymbol{\alpha} + \mathbf{0}_2 = \boldsymbol{\alpha}.$$

于是有

$$\mathbf{0}_2 + \mathbf{0}_1 = \mathbf{0}_2, \quad \mathbf{0}_1 + \mathbf{0}_2 = \mathbf{0}_1,$$

所以

$$\mathbf{0}_1 = \mathbf{0}_1 + \mathbf{0}_2 = \mathbf{0}_2 + \mathbf{0}_1 = \mathbf{0}_2.$$

(2)任一元素 $\boldsymbol{\alpha}$ 的负元素是唯一的,记作 $-\boldsymbol{\alpha}$.

证　设 $\boldsymbol{\alpha}$ 有两个负元素 $\boldsymbol{\beta}, \boldsymbol{\gamma}$,即 $\boldsymbol{\alpha} + \boldsymbol{\beta} = \mathbf{0}, \boldsymbol{\alpha} + \boldsymbol{\gamma} = \mathbf{0}$. 于是有

$$\boldsymbol{\beta} = \boldsymbol{\beta} + \mathbf{0} = \boldsymbol{\beta} + (\boldsymbol{\alpha} + \boldsymbol{\gamma}) = (\boldsymbol{\alpha} + \boldsymbol{\beta}) + \boldsymbol{\gamma} = \mathbf{0} + \boldsymbol{\gamma} = \boldsymbol{\gamma}.$$

(3)$0\boldsymbol{\alpha} = \mathbf{0}$;$(-1)\boldsymbol{\alpha} = -\boldsymbol{\alpha}$;$\lambda\mathbf{0} = \mathbf{0}$.

证　由于

$$\boldsymbol{\alpha} + 0\boldsymbol{\alpha} = 1\boldsymbol{\alpha} + 0\boldsymbol{\alpha} = (1+0)\boldsymbol{\alpha} = 1\boldsymbol{\alpha} = \boldsymbol{\alpha},$$

所以

$$0\boldsymbol{\alpha} = \mathbf{0},$$

从而

$$\boldsymbol{\alpha} + (-1)\boldsymbol{\alpha} = 1\boldsymbol{\alpha} + (-1)\boldsymbol{\alpha} = [1 + (-1)]\boldsymbol{\alpha} = 0\boldsymbol{\alpha} = \mathbf{0},$$

$$(-1)\boldsymbol{\alpha} = -\boldsymbol{\alpha};$$

故

$$\lambda\mathbf{0} = \lambda[\boldsymbol{\alpha} + (-1)\boldsymbol{\alpha}] = \lambda\boldsymbol{\alpha} + (-\lambda)\boldsymbol{\alpha} = [\lambda + (-\lambda)]\boldsymbol{\alpha} = 0\boldsymbol{\alpha} = \mathbf{0}.$$

(4)如果 $\lambda\boldsymbol{\alpha} = \mathbf{0}$,则 $\lambda = 0$ 或 $\boldsymbol{\alpha} = \mathbf{0}$.

证　若 $\boldsymbol{\alpha} \neq \mathbf{0}$,由 $\lambda\boldsymbol{\alpha} = \mathbf{0}$ 显然有 $\lambda = 0$.

若 $\lambda \neq 0$,在 $\lambda\boldsymbol{\alpha} = \mathbf{0}$ 两边乘 $\frac{1}{\lambda}$,得

$$\frac{1}{\lambda}(\lambda\boldsymbol{\alpha}) = \frac{1}{\lambda}\mathbf{0} = \mathbf{0},$$

即

$$\frac{1}{\lambda}(\lambda\boldsymbol{\alpha})=\left(\frac{1}{\lambda}\lambda\right)\boldsymbol{\alpha}=1\boldsymbol{\alpha}=\boldsymbol{\alpha},$$

$$\boldsymbol{\alpha}=\mathbf{0}.$$

定义 2 设 V 是一个线性空间,L 是 V 的一个非空子集,如果 L 对于 V 中所定义的加法和数乘两种运算也构成一个线性空间,则称 L 为 V 的子空间.

定理 1 线性空间 V 的非空子集 L 构成子空间的充分必要条件是 L 对于 V 中的线性运算封闭.

7.2 维数、基与坐标

在第 4 章中我们已经提出了基与维数的概念,它也适用于一般的线性空间.这是线性空间的主要特征,特再叙述如下.

定义 3 在线性空间 V 中,如果存在 r 个元素 $\boldsymbol{\alpha}_1,\boldsymbol{\alpha}_2,\cdots,\boldsymbol{\alpha}_r$ 满足:

(i)$\boldsymbol{\alpha}_1,\boldsymbol{\alpha}_2,\cdots,\boldsymbol{\alpha}_r$ 线性无关;

(ii)V 中任一元素 $\boldsymbol{\alpha}$ 总可由 $\boldsymbol{\alpha}_1,\boldsymbol{\alpha}_2,\cdots,\boldsymbol{\alpha}_r$ 线性表示.

那么,$\boldsymbol{\alpha}_1,\boldsymbol{\alpha}_2,\cdots,\boldsymbol{\alpha}_r$ 就称为线性空间 V 的一个基,r 称为线性空间 V 的维数.只含一个零元素的线性空间没有基,规定它的维数为 0.

维数为 n 的线性空间称为 n 维线性空间,记作 V_n.

需要说明的是:线性空间的维数可以是无穷的.对于无穷维的线性空间,本书不作讨论.

对于 n 维线性空间 V_n,若知 $\boldsymbol{\alpha}_1,\boldsymbol{\alpha}_2,\cdots,\boldsymbol{\alpha}_n$ 为 V_n 的一个基,则 V_n 可表示为

$$V_n=\{\boldsymbol{\alpha}=x_1\boldsymbol{\alpha}_1+x_2\boldsymbol{\alpha}_2+\cdots+x_n\boldsymbol{\alpha}_n \mid x_1,x_2,\cdots,x_n\in\mathbf{R}\},$$

即 V_n 是基所生成的线性空间,这就较清楚地显示出线性空间 V_n 的构造.

若 $\boldsymbol{\alpha}_1,\boldsymbol{\alpha}_2,\cdots,\boldsymbol{\alpha}_n$ 为 V_n 的一个基,则对任何 $\boldsymbol{\alpha}\in V_n$,都有唯一一组有序数 x_1,$x_2,\cdots,x_n$,使

$$\boldsymbol{\alpha}=x_1\boldsymbol{\alpha}_1+x_2\boldsymbol{\alpha}_2+\cdots+x_n\boldsymbol{\alpha}_n;$$

反之,任给一组有序数 $x_1,x_2,\cdots,x_n$,总有唯一的元素

$$\boldsymbol{\alpha}=x_1\boldsymbol{\alpha}_1+x_2\boldsymbol{\alpha}_2+\cdots+x_n\boldsymbol{\alpha}_n\in V_n.$$

这样 V_n 的元素 $\boldsymbol{\alpha}$ 与有序数组 $(x_1,x_2,\cdots,x_n)^{\mathrm{T}}$ 之间存在着一种一一对应的关系,因此可以用这组有序数来表示元素 $\boldsymbol{\alpha}$. 于是我们有

定义 4　设 $\boldsymbol{\alpha}_1,\boldsymbol{\alpha}_2,\cdots,\boldsymbol{\alpha}_n$ 是线性空间 V_n 的一个基.对于任一元素 $\boldsymbol{\alpha}\in V_n$,有且仅有一组有序数 $x_1,x_2,\cdots,x_n$ 使

$$\boldsymbol{\alpha}=x_1\boldsymbol{\alpha}_1+x_2\boldsymbol{\alpha}_2+\cdots+x_n\boldsymbol{\alpha}_n,$$

有序数 $x_1,x_2,\cdots,x_n$ 称为元素 $\boldsymbol{\alpha}$ 在基 $\boldsymbol{\alpha}_1,\boldsymbol{\alpha}_2,\cdots,\boldsymbol{\alpha}_n$ 下的坐标,并记作

$$\boldsymbol{\alpha}=(x_1,x_2,\cdots,x_n)^{\mathrm{T}}.$$

例 5　在线性空间 A_2 中,$\boldsymbol{\alpha}_1=\begin{pmatrix}1&0\\0&0\end{pmatrix}$,$\boldsymbol{\alpha}_2=\begin{pmatrix}0&1\\0&0\end{pmatrix}$,$\boldsymbol{\alpha}_3=\begin{pmatrix}0&0\\1&0\end{pmatrix}$,$\boldsymbol{\alpha}_4=\begin{pmatrix}0&0\\0&1\end{pmatrix}$是 A_2 的一个基.任意一个二阶矩阵 $\boldsymbol{A}=\begin{pmatrix}a&b\\c&d\end{pmatrix}$都可以表示为

$$\boldsymbol{A}=\begin{pmatrix}a&b\\c&d\end{pmatrix}=a\boldsymbol{\alpha}_1+b\boldsymbol{\alpha}_2+c\boldsymbol{\alpha}_3+d\boldsymbol{\alpha}_4.$$

因此 $\boldsymbol{A}$ 在这个基下的坐标为 $(a,b,c,d)^{\mathrm{T}}$.

若另取一个基为 $\boldsymbol{\beta}_1=\begin{pmatrix}1&0\\1&0\end{pmatrix}$,$\boldsymbol{\beta}_2=\begin{pmatrix}0&1\\0&0\end{pmatrix}$,$\boldsymbol{\beta}_3=\begin{pmatrix}0&0\\1&0\end{pmatrix}$,$\boldsymbol{\beta}_4=\begin{pmatrix}0&0\\0&1\end{pmatrix}$,则任意一个二阶矩阵 $\boldsymbol{A}=\begin{pmatrix}a&b\\c&d\end{pmatrix}$都可以表示为

$$\boldsymbol{A}=\begin{pmatrix}a&b\\c&d\end{pmatrix}=a\boldsymbol{\beta}_1+b\boldsymbol{\beta}_2+(c-a)\boldsymbol{\beta}_3+d\boldsymbol{\beta}_4.$$

因此 $\boldsymbol{A}$ 在这个基下的坐标为 $(a,b,c-a,d)^{\mathrm{T}}$.

例 6　在线性空间 $P_4(x)$ 中,$p_0=1$,$p_1=x$,$p_2=x^2$,$p_3=x^3$,$p_4=x^4$ 就是它的一个基.

任取一个不超过 4 次的多项式

$$p=a_4x^4+a_3x^3+a_2x^2+a_1x^1+a_0,$$

p 均可表示为

$$p=a_4p_4+a_3p_3+a_2p_2+a_1p_1+a_0p_0,$$

则 p 在这个基下的坐标为 $(a_0,a_1,a_2,a_3,a_4)^{\mathrm{T}}$.

一般地,设 $\boldsymbol{\alpha}_1,\boldsymbol{\alpha}_2,\cdots,\boldsymbol{\alpha}_n$ 是线性空间 V_n 的一个基.$\boldsymbol{\alpha},\boldsymbol{\beta}\in V_n$,有

$$\boldsymbol{\alpha}=x_1\boldsymbol{\alpha}_1+x_2\boldsymbol{\alpha}_2+\cdots+x_n\boldsymbol{\alpha}_n,\quad \boldsymbol{\beta}=y_1\boldsymbol{\alpha}_1+y_2\boldsymbol{\alpha}_2+\cdots+y_n\boldsymbol{\alpha}_n,$$

于是

$$\boldsymbol{\alpha}+\boldsymbol{\beta}=(x_1+y_1)\boldsymbol{\alpha}_1+(x_2+y_2)\boldsymbol{\alpha}_2+\cdots+(x_n+y_n)\boldsymbol{\alpha}_n,$$

$$\lambda\boldsymbol{\alpha}=(\lambda x_1)\boldsymbol{\alpha}_1+(\lambda x_2)\boldsymbol{\alpha}_2+\cdots+(\lambda x_n)\boldsymbol{\alpha}_n,$$

即 $\boldsymbol{\alpha}+\boldsymbol{\beta}$ 的坐标是 $(x_1+y_1,x_2+y_2,\cdots,x_n+y_n)^{\mathrm{T}}=(x_1,x_2,\cdots,x_n)^{\mathrm{T}}+(y_1,y_2,\cdots,y_n)^{\mathrm{T}}$，$\lambda\boldsymbol{\alpha}$ 的坐标是 $(\lambda x_1,\lambda x_2,\cdots,\lambda x_n)^{\mathrm{T}}=\lambda(x_1,x_2,\cdots,x_n)^{\mathrm{T}}$.

可见，建立了坐标以后，我们就把抽象的向量 $\boldsymbol{\alpha}$ 与具体的数组向量 $(x_1,x_2,\cdots,x_n)^{\mathrm{T}}$ 联系起来了. 同时把 V_n 中抽象的线性运算与数组向量的线性运算联系起来.

总之，设在 n 维线性空间 V_n 中取定一个基 $\boldsymbol{\alpha}_1,\boldsymbol{\alpha}_2,\cdots,\boldsymbol{\alpha}_n$，则 V_n 中的向量 $\boldsymbol{\alpha}$ 与 n 维数组向量空间 $\mathbf{R}^n$ 中的向量 $(x_1,x_2,\cdots,x_n)^{\mathrm{T}}$ 之间就有一个一一对应的关系，且这个对应关系具有下述性质：

设 $\boldsymbol{\alpha}\leftrightarrow(x_1,x_2,\cdots,x_n)^{\mathrm{T}}$，$\boldsymbol{\beta}\leftrightarrow(y_1,y_2,\cdots,y_n)^{\mathrm{T}}$，则

(i) $\boldsymbol{\alpha}+\boldsymbol{\beta}\leftrightarrow(x_1,x_2,\cdots,x_n)^{\mathrm{T}}+(y_1,y_2,\cdots,y_n)^{\mathrm{T}}$；

(ii) $\lambda\boldsymbol{\alpha}\leftrightarrow\lambda(x_1,x_2,\cdots,x_n)^{\mathrm{T}}$.

也就是说，这个对应关系保持线性组合的对应. 因此，我们可以说 V_n 与 $\mathbf{R}^n$ 有相同的结构，我们称 V_n 与 $\mathbf{R}^n$ 同构.

一般地，设 V 与 U 是两个线性空间，如果在它们的元素之间有一一对应关系，且这个对应关系保持线性组合的对应，那么就说线性空间 V 与 U 同构.

显然，任何 n 维线性空间都与 $\mathbf{R}^n$ 同构，即维数相等的线性空间都同构. 从而可知，线性空间的结构完全被它的维数所决定. 值得一提的是：$\mathbf{R}^n$ 中凡是只涉及线性运算的性质就都适用于 V_n. 但 $\mathbf{R}^n$ 中超出线性运算的性质，在 V_n 中就不一定具备，例如，$\mathbf{R}^n$ 中的内积概念在 V_n 中就不一定有意义.

7.3 基变换与坐标变换

由 7.2 节例 5 可见，同一元素在不同的基下有不同的坐标，那么，不同的基与不同的坐标之间有怎样的关系呢？

定义 5 设 $\boldsymbol{\alpha}_1,\boldsymbol{\alpha}_2,\cdots,\boldsymbol{\alpha}_n$ 及 $\boldsymbol{\beta}_1,\boldsymbol{\beta}_2,\cdots,\boldsymbol{\beta}_n$ 是线性空间 V_n 中的两个基，

$$\begin{cases}\boldsymbol{\beta}_1=p_{11}\boldsymbol{\alpha}_1+p_{21}\boldsymbol{\alpha}_2+\cdots+p_{n1}\boldsymbol{\alpha}_n,\\ \boldsymbol{\beta}_2=p_{12}\boldsymbol{\alpha}_1+p_{22}\boldsymbol{\alpha}_2+\cdots+p_{n2}\boldsymbol{\alpha}_n,\\ \cdots\cdots\\ \boldsymbol{\beta}_n=p_{1n}\boldsymbol{\alpha}_1+p_{2n}\boldsymbol{\alpha}_2+\cdots+p_{nn}\boldsymbol{\alpha}_n,\end{cases}\tag{7.1}$$

把 $\boldsymbol{\alpha}_1,\boldsymbol{\alpha}_2,\cdots,\boldsymbol{\alpha}_n$ 这 n 个有序元素记作 $(\boldsymbol{\alpha}_1,\boldsymbol{\alpha}_2,\cdots,\boldsymbol{\alpha}_n)$，利用向量和矩阵的形式，式(7.1)可表示为

$$\begin{pmatrix}\boldsymbol{\beta}_1\\\boldsymbol{\beta}_2\\\vdots\\\boldsymbol{\beta}_n\end{pmatrix}=\begin{pmatrix}p_{11}&p_{21}&\cdots&p_{n1}\\p_{12}&p_{22}&\cdots&p_{n2}\\\vdots&\vdots&&\vdots\\p_{1n}&p_{2n}&\cdots&p_{nn}\end{pmatrix}\begin{pmatrix}\boldsymbol{\alpha}_1\\\boldsymbol{\alpha}_2\\\vdots\\\boldsymbol{\alpha}_n\end{pmatrix}=\boldsymbol{P}^{\mathrm{T}}\begin{pmatrix}\boldsymbol{\alpha}_1\\\boldsymbol{\alpha}_2\\\vdots\\\boldsymbol{\alpha}_n\end{pmatrix},$$

即

$$(\boldsymbol{\beta}_1,\boldsymbol{\beta}_2,\cdots,\boldsymbol{\beta}_n)=(\boldsymbol{\alpha}_1,\boldsymbol{\alpha}_2,\cdots,\boldsymbol{\alpha}_n)\boldsymbol{P}. \tag{7.2}$$

式(7.1)或式(7.2)称为基变换公式,矩阵 $\boldsymbol{P}$ 称为由基 $\boldsymbol{\alpha}_1,\boldsymbol{\alpha}_2,\cdots,\boldsymbol{\alpha}_n$ 到基 $\boldsymbol{\beta}_1,\boldsymbol{\beta}_2,\cdots,\boldsymbol{\beta}_n$ 的过渡矩阵. 由于 $\boldsymbol{\beta}_1,\boldsymbol{\beta}_2,\cdots,\boldsymbol{\beta}_n$ 线性无关,所以过渡矩阵 $\boldsymbol{P}$ 可逆.

定理 2　设 V_n 中的元素 $\boldsymbol{\alpha}$,在基 $\boldsymbol{\alpha}_1,\boldsymbol{\alpha}_2,\cdots,\boldsymbol{\alpha}_n$ 下的坐标为 $(x_1,x_2,\cdots,x_n)^{\mathrm{T}}$,在基 $\boldsymbol{\beta}_1,\boldsymbol{\beta}_2,\cdots,\boldsymbol{\beta}_n$ 下的坐标为 $(y_1,y_2,\cdots,y_n)^{\mathrm{T}}$. 若两个基满足关系式(7.2),则有坐标变换公式

$$\begin{pmatrix}x_1\\x_2\\\vdots\\x_n\end{pmatrix}=\boldsymbol{P}\begin{pmatrix}y_1\\y_2\\\vdots\\y_n\end{pmatrix},\text{ 或 }\begin{pmatrix}y_1\\y_2\\\vdots\\y_n\end{pmatrix}=\boldsymbol{P}^{-1}\begin{pmatrix}x_1\\x_2\\\vdots\\x_n\end{pmatrix}. \tag{7.3}$$

证　由坐标定义及式(7.2)有

$$\boldsymbol{\alpha}=(\boldsymbol{\alpha}_1,\boldsymbol{\alpha}_2,\cdots,\boldsymbol{\alpha}_n)\begin{pmatrix}x_1\\x_2\\\vdots\\x_n\end{pmatrix}=(\boldsymbol{\beta}_1,\boldsymbol{\beta}_2,\cdots,\boldsymbol{\beta}_n)\begin{pmatrix}y_1\\y_2\\\vdots\\y_n\end{pmatrix}=(\boldsymbol{\alpha}_1,\boldsymbol{\alpha}_2,\cdots,\boldsymbol{\alpha}_n)\boldsymbol{P}\begin{pmatrix}y_1\\y_2\\\vdots\\y_n\end{pmatrix},$$

由于 $\boldsymbol{\alpha}_1,\boldsymbol{\alpha}_2,\cdots,\boldsymbol{\alpha}_n$ 线性无关,故结论成立.

这个定理的逆命题也成立. 即若任一元素的两种坐标满足坐标变换公式(7.3),则两个基满足基变换公式(7.2).

例 7　在 $\mathbf{R}^3$ 中取两个基

$$\boldsymbol{\alpha}_1=(1,2,1)^{\mathrm{T}},\quad \boldsymbol{\alpha}_2=(2,3,3)^{\mathrm{T}},\quad \boldsymbol{\alpha}_3=(3,7,1)^{\mathrm{T}},$$

$$\boldsymbol{\beta}_1=(3,1,4)^{\mathrm{T}},\quad \boldsymbol{\beta}_2=(5,2,1)^{\mathrm{T}},\quad \boldsymbol{\beta}_3=(1,1,-6)^{\mathrm{T}},$$

试求坐标变换公式.

解　设 $\mathbf{R}^3$ 中的元素 $\boldsymbol{\alpha}$ 在基 $\boldsymbol{\alpha}_1,\boldsymbol{\alpha}_2,\boldsymbol{\alpha}_3$ 下的坐标为 $(x_1,x_2,x_3)^{\mathrm{T}}$,在基 $\boldsymbol{\beta}_1,\boldsymbol{\beta}_2,\boldsymbol{\beta}_3$ 下的坐标为 $(y_1,y_2,y_3)^{\mathrm{T}}$. 设由基 $\boldsymbol{\alpha}_1,\boldsymbol{\alpha}_2,\boldsymbol{\alpha}_3$ 到基 $\boldsymbol{\beta}_1,\boldsymbol{\beta}_2,\boldsymbol{\beta}_3$ 的过渡矩阵为 $\boldsymbol{P}$,即有

$$(\boldsymbol{\beta}_1,\boldsymbol{\beta}_2,\boldsymbol{\beta}_3)=(\boldsymbol{\alpha}_1,\boldsymbol{\alpha}_2,\boldsymbol{\alpha}_3)\boldsymbol{P}.$$

可解得

$$P=(\boldsymbol{\alpha}_1,\boldsymbol{\alpha}_2,\boldsymbol{\alpha}_3)^{-1}(\boldsymbol{\beta}_1,\boldsymbol{\beta}_2,\boldsymbol{\beta}_3)$$
$$=\begin{pmatrix}1&2&3\\2&3&7\\1&3&1\end{pmatrix}^{-1}\begin{pmatrix}3&5&1\\1&2&1\\4&1&-6\end{pmatrix}$$
$$=\begin{pmatrix}-27&-71&-41\\9&20&9\\4&12&8\end{pmatrix}.$$

从而坐标变换公式为

$$\begin{pmatrix}x_1\\x_2\\x_3\end{pmatrix}=\begin{pmatrix}-27&-71&-41\\9&20&9\\4&12&8\end{pmatrix}\begin{pmatrix}y_1\\y_2\\y_3\end{pmatrix}.$$

7.4 线性变换

定义 6 设有两个非空集合 A,B,如果对于 A 中任一元素 $\boldsymbol{\alpha}$,按照一定的规律,总有 B 中一个确定的元素 $\boldsymbol{\beta}$ 和它对应,那么,这个对应规则称为从集合 A 到集合 B 的映射. 我们常用字母表示一个映射,譬如把上述映射记作 T,并记

$$\boldsymbol{\beta}=T(\boldsymbol{\alpha})\quad\text{或}\quad\boldsymbol{\beta}=T\boldsymbol{\alpha}\quad(\boldsymbol{\alpha}\in A).$$

设 $\boldsymbol{\alpha}_1\in A$,$T(\boldsymbol{\alpha}_1)=\boldsymbol{\beta}_1$,就说映射 T 把元素 $\boldsymbol{\alpha}_1$ 变为 $\boldsymbol{\beta}_1$,$\boldsymbol{\beta}_1$ 称为 $\boldsymbol{\alpha}_1$ 在映射 T 下的像,$\boldsymbol{\alpha}_1$ 称为 $\boldsymbol{\beta}_1$ 在映射 T 下的源. A 称为映射 T 的源集. 像的全体所构成的集合称为像集,记作 $T(A)$,即

$$T(A)=\{\boldsymbol{\beta}=T(\boldsymbol{\alpha})\mid\boldsymbol{\alpha}\in A\},$$

显然 $T(A)\subset B$.

映射的概念是函数概念的推广. 例如,设二元函数 $z=f(x,y)$ 的定义域为平面区域 G,函数值域为 Z. 那么函数关系 f 就是一个从定义域 G 到值域 Z 的映射;函数值 $f(x_0,y_0)=z_0$ 就是元素 (x_0,y_0) 的像,(x_0,y_0) 就是 z_0 的源;G 就是源集,Z 就是像集.

定义 7 设 V_n,U_m 分别是 n 维和 m 维线性空间,T 是从 V_n 到 U_m 的映射,如果 T 满足:

(i)任给 $\boldsymbol{\alpha}_1,\boldsymbol{\alpha}_2\in V_n$(从而 $\boldsymbol{\alpha}_1+\boldsymbol{\alpha}_2\in V_n$)，有

$$T(\boldsymbol{\alpha}_1+\boldsymbol{\alpha}_2)=T(\boldsymbol{\alpha}_1)+T(\boldsymbol{\alpha}_2);$$

(ii)任给 $\boldsymbol{\alpha}\in V_n,\lambda\in\mathbf{R}$(从而 $\lambda\boldsymbol{\alpha}\in V_n$)，有

$$T(\lambda\boldsymbol{\alpha})=\lambda T(\boldsymbol{\alpha}).$$

那么 T 就称为 V_n 到 U_m 的线性映射，或称为线性变换.

简言之，线性映射就是保持线性组合的对应的映射.

特别地，在定义 7 中，如果 $U_m=V_n$，那么 T 是一个从线性空间 V_n 到其自身的线性映射，称为线性空间 V_n 中的线性变换.

例 8　在线性空间 $P_3(x)$中，

(1)微分运算 D 是一个线性变换；

(2)如果 $T(p)=2$，那么 T 是个变换，但不是线性变换.

解　(1)任取

$$p=a_0+a_1x+a_2x^2+a_3x^3\in p_3(x),\quad q=b_0+b_1x+b_2x^2+b_3x^3\in p_3(x),$$

则

$$\mathrm{D}p=a_1+2a_2x+3a_3x^2,\quad \mathrm{D}q=b_1+2b_2x+3b_3x^2.$$

从而有

$$\begin{aligned}\mathrm{D}(p+q)&=\mathrm{D}[(a_0+b_0)+(a_1+b_1)x+(a_2+b_2)x^2+(a_3+b_3)x^3]\\&=(a_1+b_1)+2(a_2+b_2)x+3(a_3+b_3)x^2\\&=(a_1+2a_2x+3a_3x^2)+(b_1+2b_2x+3b_3x^2)\\&=\mathrm{D}(p)+\mathrm{D}(q);\end{aligned}$$

任取 $\lambda\in\mathbf{R}$，则

$$\begin{aligned}\mathrm{D}(\lambda p)&=\mathrm{D}(\lambda a_0+\lambda a_1x+\lambda a_2x^2+\lambda a_3x^3)\\&=\lambda a_1+2\lambda a_2x+3\lambda a_3x^2\\&=\lambda(a_1+2a_2x+3a_3x^2)\\&=\lambda\mathrm{D}(p).\end{aligned}$$

故微分运算为一线性变换.

(2)设 $T(p)=2,T(q)=2$，则

$$T(p+q)=2\neq T(p)+T(q).$$

故 T 是个变换，但不是线性变换.

线性变换具有下述基本性质：

(i) $T\mathbf{0}=\mathbf{0}$，$T(-\boldsymbol{\alpha})=-T\boldsymbol{\alpha}$；

(ii) 若 $\boldsymbol{\beta}=k_1\boldsymbol{\alpha}_1+k_2\boldsymbol{\alpha}_2+\cdots+k_m\boldsymbol{\alpha}_m$，则

$$T\boldsymbol{\beta}=k_1T\boldsymbol{\alpha}_1+k_2T\boldsymbol{\alpha}_2+\cdots+k_mT\boldsymbol{\alpha}_m;$$

(iii) 若 $\boldsymbol{\alpha}_1,\boldsymbol{\alpha}_2,\cdots,\boldsymbol{\alpha}_m$ 线性相关，则 $T\boldsymbol{\alpha}_1,T\boldsymbol{\alpha}_2,\cdots,T\boldsymbol{\alpha}_m$ 亦线性相关. 但结论对线性无关的情形不一定成立，即若 $\boldsymbol{\alpha}_1,\boldsymbol{\alpha}_2,\cdots,\boldsymbol{\alpha}_m$ 线性无关，则 $T\boldsymbol{\alpha}_1,T\boldsymbol{\alpha}_2,\cdots,T\boldsymbol{\alpha}_m$ 不一定线性无关；

(iv) 线性变换 T 的像集 $T(V_n)$ 是一个线性空间，称为线性变换 T 的像空间.

证　设 $\boldsymbol{\beta}_1,\boldsymbol{\beta}_2\in T(V_n)$，则有 $\boldsymbol{\alpha}_1,\boldsymbol{\alpha}_2\in V_n$，使 $T\boldsymbol{\alpha}_1=\boldsymbol{\beta}_1$，$T\boldsymbol{\alpha}_2=\boldsymbol{\beta}_2$，从而

$$\boldsymbol{\beta}_1+\boldsymbol{\beta}_2=T\boldsymbol{\alpha}_1+T\boldsymbol{\alpha}_2=T(\boldsymbol{\alpha}_1+\boldsymbol{\alpha}_2)\in T(V_n)\quad(\text{因 }\boldsymbol{\alpha}_1+\boldsymbol{\alpha}_2\in V_n),$$

$$k\boldsymbol{\beta}_1=kT\boldsymbol{\alpha}_1=T(k\boldsymbol{\alpha}_1)\in T(V_n)\quad(\text{因 }k\boldsymbol{\alpha}_1\in V_n),$$

由上述证明知，它对 V_n 中的线性运算封闭，故它是一个线性空间.

(v) 使 $T\boldsymbol{\alpha}=\mathbf{0}$ 的 $\boldsymbol{\alpha}$ 的全体记为 S_T，即

$$S_T=\{\boldsymbol{\alpha}\mid\boldsymbol{\alpha}\in V_n,T\boldsymbol{\alpha}=\mathbf{0}\},$$

显然 S_T 是一个线性空间，称为线性变换 T 的核.

证　显然 $S_T\subset V_n$，且若 $\boldsymbol{\alpha}_1,\boldsymbol{\alpha}_2\in S_T$，即

$$T\boldsymbol{\alpha}_1=\mathbf{0},\quad T\boldsymbol{\alpha}_2=\mathbf{0},$$

则

$$T(\boldsymbol{\alpha}_1+\boldsymbol{\alpha}_2)=T\boldsymbol{\alpha}_1+T\boldsymbol{\alpha}_2=\mathbf{0},$$

所以

$$\boldsymbol{\alpha}_1+\boldsymbol{\alpha}_2\in S_T.$$

再者若 $\boldsymbol{\alpha}_1\in S_T$，$\lambda\in\mathbf{R}$，则

$$T(\lambda\boldsymbol{\alpha}_1)=\lambda T\boldsymbol{\alpha}_1=\lambda\mathbf{0}=\mathbf{0},$$

所以 $\lambda\boldsymbol{\alpha}_1\in S_T$.

综上表明，S_T 是一个线性空间.

例 9　设有 n 阶矩阵

$$\mathbf{A}=\begin{pmatrix}a_{11}&a_{12}&\cdots&a_{1n}\\a_{21}&a_{22}&\cdots&a_{2n}\\\vdots&\vdots&&\vdots\\a_{n1}&a_{n2}&\cdots&a_{nn}\end{pmatrix}=(\boldsymbol{\alpha}_1,\boldsymbol{\alpha}_2,\cdots,\boldsymbol{\alpha}_n),$$

其中

$$\boldsymbol{\alpha}_i=\begin{pmatrix} a_{1i} \\ a_{2i} \\ \vdots \\ a_{ni} \end{pmatrix},$$

定义 $\mathbf{R}^n$ 中的变换 $\boldsymbol{y}=T(\boldsymbol{x})$ 为 $T(\boldsymbol{x})=\boldsymbol{A}\boldsymbol{x}(\boldsymbol{x}\in\mathbf{R}^n)$，则 T 为线性变换.

事实上，设 $a,b\in\mathbf{R}^n$，则有

$$T(\boldsymbol{a}+\boldsymbol{b})=\boldsymbol{A}(\boldsymbol{a}+\boldsymbol{b})=\boldsymbol{A}\boldsymbol{a}+\boldsymbol{A}\boldsymbol{b}=T(\boldsymbol{a})+T(\boldsymbol{b});$$

任取 $\lambda\in\mathbf{R}$，

$$T(\lambda\boldsymbol{a})=\boldsymbol{A}(\lambda\boldsymbol{a})=\lambda\boldsymbol{A}\boldsymbol{a}=\lambda T(\boldsymbol{a}).$$

故 T 为线性变换.

7.5　线性变换的矩阵表示式

例 9 中，关系式

$$T(\boldsymbol{x})=\boldsymbol{A}\boldsymbol{x}\quad(\boldsymbol{x}\in\mathbf{R}^n).$$

简单明了地表示出 $\mathbf{R}^n$ 中的一个线性变换. 我们自然希望 $\mathbf{R}^n$ 中任何一个线性变换都能用这样的关系式来表示. 为此，考虑到 $\boldsymbol{\alpha}_1=\boldsymbol{A}\boldsymbol{e}_1,\boldsymbol{\alpha}_2=\boldsymbol{A}\boldsymbol{e}_2,\cdots,\boldsymbol{\alpha}_n=\boldsymbol{A}\boldsymbol{e}_n(\boldsymbol{e}_1,\boldsymbol{e}_2,\cdots,\boldsymbol{e}_n$ 为单位坐标向量)，即

$$\boldsymbol{\alpha}_i=\boldsymbol{A}\boldsymbol{e}_i=T(\boldsymbol{e}_i)\quad(i=1,2,\cdots,n),$$

可见如果线性变换 T 有关系式 $T(\boldsymbol{x})=\boldsymbol{A}\boldsymbol{x}$，那么矩阵 $\boldsymbol{A}$ 应以 $T(\boldsymbol{e}_i)$ 为列向量. 反之，如果一个线性变换 T 使 $T(\boldsymbol{e}_i)=\boldsymbol{\alpha}_i(i=1,2,\cdots,n)$，那么 T 必有关系式

$$\begin{aligned}T(\boldsymbol{x})&=T[(\boldsymbol{e}_1,\boldsymbol{e}_2,\cdots,\boldsymbol{e}_n)\boldsymbol{x}]=T(x_1\boldsymbol{e}_1+x_2\boldsymbol{e}_2+\cdots+x_n\boldsymbol{e}_n)\\&=x_1T(\boldsymbol{e}_1)+x_2T(\boldsymbol{e}_2)+\cdots+x_nT(\boldsymbol{e}_n)\\&=(T(\boldsymbol{e}_1),T(\boldsymbol{e}_2),\cdots,T(\boldsymbol{e}_n))\boldsymbol{x}=(\boldsymbol{\alpha}_1,\boldsymbol{\alpha}_2,\cdots,\boldsymbol{\alpha}_n)\boldsymbol{x}=\boldsymbol{A}\boldsymbol{x}.\end{aligned}$$

总之，$\mathbf{R}^n$ 中任何线性变换 T，都能用关系式

$$T(\boldsymbol{x})=\boldsymbol{A}\boldsymbol{x}\quad(\boldsymbol{x}\in\mathbf{R}^n)$$

表示，其中 $\boldsymbol{A}=(T(\boldsymbol{e}_1),T(\boldsymbol{e}_2),\cdots,T(\boldsymbol{e}_n))$.

把上面的讨论推广到一般的线性空间，我们有

定义 8　设 T 是线性空间 V_n 中的线性变换，在 V_n 中取定一个基 $\boldsymbol{\alpha}_1,\boldsymbol{\alpha}_2,\cdots,\boldsymbol{\alpha}_n$，如果这个基在变换 T 下的像(用这个基线性表示)为

$$\begin{cases} T(\boldsymbol{\alpha}_1)=a_{11}\boldsymbol{\alpha}_1+a_{21}\boldsymbol{\alpha}_2+\cdots+a_{n1}\boldsymbol{\alpha}_n, \\ T(\boldsymbol{\alpha}_2)=a_{12}\boldsymbol{\alpha}_1+a_{22}\boldsymbol{\alpha}_2+\cdots+a_{n2}\boldsymbol{\alpha}_n, \\ \quad\cdots\cdots \\ T(\boldsymbol{\alpha}_n)=a_{1n}\boldsymbol{\alpha}_1+a_{2n}\boldsymbol{\alpha}_2+\cdots+a_{nn}\boldsymbol{\alpha}_n, \end{cases}$$

记 $T(\boldsymbol{\alpha}_1,\boldsymbol{\alpha}_2,\cdots,\boldsymbol{\alpha}_n)=(T(\boldsymbol{\alpha}_1),T(\boldsymbol{\alpha}_2),\cdots,T(\boldsymbol{\alpha}_n))$，上式可以表示为

$$T(\boldsymbol{\alpha}_1,\boldsymbol{\alpha}_2,\cdots,\boldsymbol{\alpha}_n)=(\boldsymbol{\alpha}_1,\boldsymbol{\alpha}_2,\cdots,\boldsymbol{\alpha}_n)\boldsymbol{A},$$

其中

$$\boldsymbol{A}=\begin{pmatrix} a_{11} & a_{12} & \cdots & a_{1n} \\ a_{21} & a_{22} & \cdots & a_{2n} \\ \vdots & \vdots & & \vdots \\ a_{n1} & a_{n2} & \cdots & a_{nn} \end{pmatrix},$$

那么 $\boldsymbol{A}$ 就称为线性变换 T 在基 $\boldsymbol{\alpha}_1,\boldsymbol{\alpha}_2,\cdots,\boldsymbol{\alpha}_n$ 下的矩阵.

显然，矩阵 $\boldsymbol{A}$ 由基的像 $T(\boldsymbol{\alpha}_1),T(\boldsymbol{\alpha}_2),\cdots,T(\boldsymbol{\alpha}_n)$ 唯一确定. 反之，如果给出一个矩阵 $\boldsymbol{A}$ 作为线性变换 T 在基 $\boldsymbol{\alpha}_1,\boldsymbol{\alpha}_2,\cdots,\boldsymbol{\alpha}_n$ 下的矩阵，也就是给出了这个基在变换 T 下的像，那么根据变换 T 保持线性关系的特性，我们来推导变换 T 必须满足的关系式.

对任意 $\boldsymbol{\alpha}\in V_n$ 有

$$\boldsymbol{\alpha}=\sum_{i=1}^{n}x_i\boldsymbol{\alpha}_i,$$

则

$$\begin{aligned} T\boldsymbol{\alpha} &= T\left(\sum_{i=1}^{n}x_i\boldsymbol{\alpha}_i\right)=\sum_{i=1}^{n}x_iT(\boldsymbol{\alpha}_i) \\ &=(T(\boldsymbol{\alpha}_1),T(\boldsymbol{\alpha}_2),\cdots,T(\boldsymbol{\alpha}_n))\begin{pmatrix} x_1 \\ x_2 \\ \vdots \\ x_n \end{pmatrix} \\ &=(\boldsymbol{\alpha}_1,\boldsymbol{\alpha}_2,\cdots,\boldsymbol{\alpha}_n)\boldsymbol{A}\begin{pmatrix} x_1 \\ x_2 \\ \vdots \\ x_n \end{pmatrix}, \end{aligned}$$

即

$$T\left[(\boldsymbol{\alpha}_1,\boldsymbol{\alpha}_2,\cdots,\boldsymbol{\alpha}_n)\begin{pmatrix}x_1\\x_2\\\vdots\\x_n\end{pmatrix}\right]=(\boldsymbol{\alpha}_1,\boldsymbol{\alpha}_2,\cdots,\boldsymbol{\alpha}_n)\boldsymbol{A}\begin{pmatrix}x_1\\x_2\\\vdots\\x_n\end{pmatrix}. \tag{7.4}$$

这个关系式唯一地确定一个变换 T，可以验证所确定的变换 T 是以 $\boldsymbol{A}$ 为矩阵的线性变换. 总之，以 $\boldsymbol{A}$ 为矩阵的线性变换 T 由关系式(7.4)唯一确定.

综上表明，在 V_n 中取定一个基以后，由线性变换 T 可唯一地确定一个矩阵 $\boldsymbol{A}$，由一个矩阵 $\boldsymbol{A}$ 也可唯一地确定一个线性变换 T，这样，在线性变换与矩阵之间就有一一对应的关系.

由关系式(7.4)可见 $\boldsymbol{\alpha}$ 与 $T(\boldsymbol{\alpha})$ 在基 $\boldsymbol{\alpha}_1,\boldsymbol{\alpha}_2,\cdots,\boldsymbol{\alpha}_n$ 下的坐标分别为

$$\boldsymbol{\alpha}=\begin{pmatrix}x_1\\x_2\\\vdots\\x_n\end{pmatrix},\quad T(\boldsymbol{\alpha})=\boldsymbol{A}\begin{pmatrix}x_1\\x_2\\\vdots\\x_n\end{pmatrix},$$

即按坐标表示，有

$$T(\boldsymbol{\alpha})=\boldsymbol{A}\boldsymbol{\alpha}.$$

例 10　在 $\mathbf{R}^3$ 中，T 表示将向量投影到 xOy 平面的线性变换，即

$$T(x\boldsymbol{i}+y\boldsymbol{j}+z\boldsymbol{k})=x\boldsymbol{i}+y\boldsymbol{j},$$

(1)取基为 $\boldsymbol{i},\boldsymbol{j},\boldsymbol{k}$，求线性变换 T 的矩阵；

(2)取基为 $\boldsymbol{\alpha}=\boldsymbol{i},\boldsymbol{\beta}=\boldsymbol{j},\boldsymbol{\gamma}=\boldsymbol{i}+\boldsymbol{j}+\boldsymbol{k}$，求线性变换 T 的矩阵.

解　(1)由

$$\begin{cases}T\boldsymbol{i}=\boldsymbol{i},\\T\boldsymbol{j}=\boldsymbol{j},\\T\boldsymbol{k}=\boldsymbol{0},\end{cases}$$

有

$$T(\boldsymbol{i},\boldsymbol{j},\boldsymbol{k})=(\boldsymbol{i},\boldsymbol{j},\boldsymbol{k})\begin{pmatrix}1&0&0\\0&1&0\\0&0&0\end{pmatrix}.$$

则线性变换 T 在基 $\boldsymbol{i},\boldsymbol{j},\boldsymbol{k}$ 下的矩阵为 $\boldsymbol{A}=\begin{pmatrix}1&0&0\\0&1&0\\0&0&0\end{pmatrix}$.

(2)由

$$\begin{cases} T\boldsymbol{\alpha}=T\boldsymbol{i}=\boldsymbol{i}=\boldsymbol{\alpha} \\ T\boldsymbol{\beta}=T\boldsymbol{j}=\boldsymbol{j}=\boldsymbol{\beta} \\ T\boldsymbol{\gamma}=T(\boldsymbol{i}+\boldsymbol{j}+\boldsymbol{k})=\boldsymbol{i}+\boldsymbol{j}=\boldsymbol{\alpha}+\boldsymbol{\beta} \end{cases}$$

有

$$T(\boldsymbol{\alpha},\boldsymbol{\beta},\boldsymbol{\gamma})=(\boldsymbol{\alpha},\boldsymbol{\beta},\boldsymbol{\gamma})\begin{pmatrix}1&0&1\\0&1&1\\0&0&0\end{pmatrix}.$$

则线性变换 T 在基 $\boldsymbol{\alpha},\boldsymbol{\beta},\boldsymbol{\gamma}$ 下的矩阵为 $\boldsymbol{B}=\begin{pmatrix}1&0&1\\0&1&1\\0&0&0\end{pmatrix}$.

由该例可见,同一线性变换在不同的基下有不同的矩阵. 一般地,我们有

定理 3　设在线性空间 V_n 中取定两个基

$$\boldsymbol{\alpha}_1,\boldsymbol{\alpha}_2,\cdots,\boldsymbol{\alpha}_n;$$
$$\boldsymbol{\beta}_1,\boldsymbol{\beta}_2,\cdots,\boldsymbol{\beta}_n,$$

由基 $\boldsymbol{\alpha}_1,\boldsymbol{\alpha}_2,\cdots,\boldsymbol{\alpha}_n$ 到基 $\boldsymbol{\beta}_1,\boldsymbol{\beta}_2,\cdots,\boldsymbol{\beta}_n$ 的过渡矩阵为 $\boldsymbol{P}$,V_n 中的线性变换 T 在这两个基下的矩阵依次为 $\boldsymbol{A}$ 和 $\boldsymbol{B}$,那么 $\boldsymbol{B}=\boldsymbol{P}^{-1}\boldsymbol{A}\boldsymbol{P}$.

证　由假设知

$$(\boldsymbol{\beta}_1,\boldsymbol{\beta}_2,\cdots,\boldsymbol{\beta}_n)=(\boldsymbol{\alpha}_1,\boldsymbol{\alpha}_2,\cdots,\boldsymbol{\alpha}_n)\boldsymbol{P}$$

且 $\boldsymbol{P}$ 可逆;及

$$T(\boldsymbol{\alpha}_1,\boldsymbol{\alpha}_2,\cdots,\boldsymbol{\alpha}_n)=(\boldsymbol{\alpha}_1,\boldsymbol{\alpha}_2,\cdots,\boldsymbol{\alpha}_n)\boldsymbol{A},$$
$$T(\boldsymbol{\beta}_1,\boldsymbol{\beta}_2,\cdots,\boldsymbol{\beta}_n)=(\boldsymbol{\beta}_1,\boldsymbol{\beta}_2,\cdots,\boldsymbol{\beta}_n)\boldsymbol{B},$$

于是

$$\begin{aligned}(\boldsymbol{\beta}_1,\boldsymbol{\beta}_2,\cdots,\boldsymbol{\beta}_n)\boldsymbol{B}&=T(\boldsymbol{\beta}_1,\boldsymbol{\beta}_2,\cdots,\boldsymbol{\beta}_n)=T[(\boldsymbol{\alpha}_1,\boldsymbol{\alpha}_2,\cdots,\boldsymbol{\alpha}_n)\boldsymbol{P}]\\&=[T(\boldsymbol{\alpha}_1,\boldsymbol{\alpha}_2,\cdots,\boldsymbol{\alpha}_n)]\boldsymbol{P}=(\boldsymbol{\alpha}_1,\boldsymbol{\alpha}_2,\cdots,\boldsymbol{\alpha}_n)\boldsymbol{A}\boldsymbol{P}\\&=(\boldsymbol{\beta}_1,\boldsymbol{\beta}_2,\cdots,\boldsymbol{\beta}_n)\boldsymbol{P}^{-1}\boldsymbol{A}\boldsymbol{P},\end{aligned}$$

因为 $\boldsymbol{\beta}_1,\boldsymbol{\beta}_2,\cdots,\boldsymbol{\beta}_n$ 线性无关,所以

$$\boldsymbol{B}=\boldsymbol{P}^{-1}\boldsymbol{A}\boldsymbol{P}.$$

该定理表明矩阵 $\boldsymbol{A}$ 和 $\boldsymbol{B}$ 相似,且两个基之间的过渡矩阵 $\boldsymbol{P}$ 就是相似变换矩阵.

例 11　设 V_3 中的线性变换 T 在基 $\boldsymbol{\alpha}_1,\boldsymbol{\alpha}_2,\boldsymbol{\alpha}_3$ 下的矩阵为

$$\boldsymbol{A}=\begin{pmatrix}1&2&3\\1&0&0\\0&0&1\end{pmatrix},$$

求 T 在基 $\boldsymbol{\alpha}_2,\boldsymbol{\alpha}_1,\boldsymbol{\alpha}_3$ 下的矩阵 $\boldsymbol{B}$.

解　由已知有

$$(\boldsymbol{\alpha}_2,\boldsymbol{\alpha}_1,\boldsymbol{\alpha}_3)=(\boldsymbol{\alpha}_1,\boldsymbol{\alpha}_2,\boldsymbol{\alpha}_3)\begin{pmatrix}0&1&0\\1&0&0\\0&0&1\end{pmatrix},$$

则由基 $\boldsymbol{\alpha}_1,\boldsymbol{\alpha}_2,\boldsymbol{\alpha}_3$ 到基 $\boldsymbol{\alpha}_2,\boldsymbol{\alpha}_1,\boldsymbol{\alpha}_3$ 的过渡矩阵为

$$\boldsymbol{P}=\begin{pmatrix}0&1&0\\1&0&0\\0&0&1\end{pmatrix}.$$

由定理 3 有

$$\boldsymbol{B}=\boldsymbol{P}^{-1}\boldsymbol{A}\boldsymbol{P}=\begin{pmatrix}0&1&0\\2&1&3\\0&0&1\end{pmatrix}.$$

7.6　应用举例

例 12　兔子数量问题.

在 1202 年,斐波那契曾提出一个问题:如果一对兔子出生一个月后开始繁殖,每个月生出一对后代.现在有一对新生兔子,假定兔子只繁殖,没有死亡,问每月月初会有多少对兔子?

以"对"为单位,从生育角度看,兔子种群这一系统由不能生育的新生兔子和能生育的兔子两部分组成.假设第 k 月初两部分兔子的对数分别为 $x_1(k),x_2(k)$,则有

$$x_1(1)=1,\quad x_2(1)=0.$$

在第 $k+1$ 月初有关系式

$$\begin{cases}x_1(k+1)=x_2(k),\\x_2(k+1)=x_1(k)+x_2(k),\end{cases}$$

令

$$\boldsymbol{x}(k)=\begin{pmatrix}x_1(k)\\x_2(k)\end{pmatrix},\quad \boldsymbol{A}=\begin{pmatrix}0&1\\1&1\end{pmatrix},$$

则上述关系式可以写成矩阵形式

$$\boldsymbol{x}(k+1)=\boldsymbol{A}\boldsymbol{x}(k),$$

由此可得

$$\boldsymbol{x}(k+1)=\boldsymbol{A}^k\boldsymbol{x}(1).$$

要得出第 $k+1$ 月初兔子的数量,需要求出 $\boldsymbol{A}^k$,为此先求出 $\boldsymbol{A}$ 的特征值 λ_1,λ_2 和相应的特征向量 $\boldsymbol{\xi}_1,\boldsymbol{\xi}_2$. 在此例中,矩阵 $\boldsymbol{A}$ 的特征多项式为

$$\det\boldsymbol{A}=\begin{vmatrix}\lambda&-1\\-1&\lambda-1\end{vmatrix}=\lambda^2-\lambda-1,$$

求得特征值及相应的特征向量为

$$\lambda_1=\frac{1+\sqrt{5}}{2},\boldsymbol{\xi}_1=\begin{pmatrix}1\\\frac{1+\sqrt{5}}{2}\end{pmatrix};\quad \lambda_2=\frac{1-\sqrt{5}}{2},\boldsymbol{\xi}_2=\begin{pmatrix}1\\\frac{1-\sqrt{5}}{2}\end{pmatrix}.$$

令

$$\boldsymbol{P}=(\boldsymbol{\xi}_1,\boldsymbol{\xi}_2)=\begin{pmatrix}1&1\\\frac{1+\sqrt{5}}{2}&\frac{1-\sqrt{5}}{2}\end{pmatrix},$$

则

$$\boldsymbol{P}^{-1}=\begin{pmatrix}\frac{-1+\sqrt{5}}{2\sqrt{5}}&\frac{1}{\sqrt{5}}\\\frac{1+\sqrt{5}}{2\sqrt{5}}&\frac{-1}{\sqrt{5}}\end{pmatrix}.$$

令

$$\boldsymbol{\Lambda}=\begin{pmatrix}\frac{1+\sqrt{5}}{2}&0\\0&\frac{1-\sqrt{5}}{2}\end{pmatrix},$$

则

$$\boldsymbol{\Lambda}^k=\begin{pmatrix}\left(\dfrac{1+\sqrt{5}}{2}\right)^k & 0\\ 0 & \left(\dfrac{1-\sqrt{5}}{2}\right)^k\end{pmatrix}.$$

由于 $\boldsymbol{AP}=\boldsymbol{P\Lambda}$，于是得到 $\boldsymbol{A}=\boldsymbol{P\Lambda P}^{-1}$，所以

$$\begin{aligned}\boldsymbol{A}^k&=\boldsymbol{P\Lambda}^k\boldsymbol{P}^{-1}\\ &=\begin{pmatrix}1 & 1\\ \dfrac{1+\sqrt{5}}{2} & \dfrac{1-\sqrt{5}}{2}\end{pmatrix}\begin{pmatrix}\left(\dfrac{1+\sqrt{5}}{2}\right)^k & 0\\ 0 & \left(\dfrac{1-\sqrt{5}}{2}\right)^k\end{pmatrix}\begin{pmatrix}\dfrac{-1+\sqrt{5}}{2\sqrt{5}} & \dfrac{1}{\sqrt{5}}\\ \dfrac{1+\sqrt{5}}{2\sqrt{5}} & \dfrac{-1}{\sqrt{5}}\end{pmatrix}.\end{aligned}$$

由于 $\boldsymbol{x}(k+1)=\boldsymbol{A}^k\boldsymbol{x}(1)$，所以第 $k+1$ 个月的兔子的总数为

$$x_1(k+1)+x_2(k+1)=\frac{1}{\sqrt{5}}\left[\left(\frac{1+\sqrt{5}}{2}\right)^{k+1}-\left(\frac{1-\sqrt{5}}{2}\right)^{k+1}\right].$$

当 $k=36$ 时，兔子总数为 24157817，即三年后有约 2400 多万对兔子.

此例中，在一定的假设（只繁殖，没有死亡）条件下，利用矩阵及其乘法简要叙述了兔子种群的结构和发展规律，利用矩阵的特征值理论方便地解决了某一月初兔子种群的数量问题.

如果我们只关心数值计算而不求通项公式，可以使用 MATLAB 计算 36 个月之后兔子的总数为

```
A= [0,1;1,1] x1= [1;0]; y= A^36* x1; sum(y).
```

例 13　市场营销调查预测问题.

销售某种产品，调查顾客购买该产品的比例，设

$$\boldsymbol{x}(0)=\begin{pmatrix}p_1\\ p_2\end{pmatrix}$$

表示调查中得到的占有相应产品市场份额的初始状态，p_1 表示顾客购买该产品的比例，p_2 表示顾客不购买该产品的比例，满足 $p_1+p_2=1, 0\leqslant p_1, p_2\leqslant 1$.

$\boldsymbol{x}(k)$表示 k 年后市场的占有状态向量.

在调查中要调查 p_{11}（在原来购买了该产品的顾客中，准备继续购买的比例）、p_{12}（在原来未购买该产品的顾客中，准备购买的比例）、p_{21}（在原来购买了该产品的

顾客中,不继续购买的比例)、p_{22}(原来未买该产品,下次也不打算买该产品的概率).

令 $\boldsymbol{P}=\begin{pmatrix} p_{11} & p_{12} \\ p_{21} & p_{22} \end{pmatrix}$,且满足 $0\leqslant p_{ij}\leqslant 1$, $\sum_{i=1}^{2} p_{ij}=1$,则得该产品市场占有份额的动态状态方程为

$$\boldsymbol{x}(k)=\boldsymbol{P}\boldsymbol{x}(k-1),$$

又称 $\boldsymbol{P}$ 为状态转移矩阵,由状态方程可得 $\boldsymbol{x}(k)=\boldsymbol{P}^k\boldsymbol{x}(0)$. 对于具体数值,如

$$\boldsymbol{P}=\begin{pmatrix} 0.6 & 0.25 \\ 0.4 & 0.75 \end{pmatrix}, \quad \boldsymbol{x}(0)=\begin{pmatrix} 0.6 \\ 0.4 \end{pmatrix}.$$

利用矩阵的特征值与特征向量理论,可以将 $\boldsymbol{P}$ 相似于对角阵,以便计算 $\boldsymbol{P}$ 的高次幂,经计算可得

$$\boldsymbol{x}(5)=\begin{pmatrix} 0.39 \\ 0.61 \end{pmatrix}.$$

这说明依照现有的情况,该产品在 5 年后市场占有率将下降到不足 40% ,因此,该公司应根据这份预测报告认真分析原因,采取积极有效措施,保持该产品的现有的市场优势.

习　题　7

1. 验证:与向量 $(0,0,1)^{\mathrm{T}}$ 不平行的全体三维数组向量,对于数组向量的加法和数乘运算不构成向量空间.

2. 在 $\mathbf{R}^3$ 中求向量 $\boldsymbol{\alpha}=(7,3,1)^{\mathrm{T}}$ 在基

$$\boldsymbol{\alpha}_1=(1,3,5)^{\mathrm{T}}, \quad \boldsymbol{\alpha}_2=(6,3,2)^{\mathrm{T}}, \quad \boldsymbol{\alpha}_3=(3,1,0)^{\mathrm{T}}$$

下的坐标.

3. 在 $\mathbf{R}^3$ 中,取两个基

$$\boldsymbol{\alpha}_1=(1,2,1)^{\mathrm{T}}, \quad \boldsymbol{\alpha}_2=(2,3,3)^{\mathrm{T}}, \quad \boldsymbol{\alpha}_3=(3,7,-2)^{\mathrm{T}};$$

$$\boldsymbol{\beta}_1=(3,1,4)^{\mathrm{T}}, \quad \boldsymbol{\beta}_2=(5,2,1)^{\mathrm{T}}, \quad \boldsymbol{\beta}_3=(1,1,-6)^{\mathrm{T}},$$

试求坐标变换公式.

4. 在 $\mathbf{R}^4$ 中取两个基

$$\begin{cases}\boldsymbol{e}_1=(1,0,0,0)^{\mathrm{T}},\\ \boldsymbol{e}_2=(0,1,0,0)^{\mathrm{T}},\\ \boldsymbol{e}_3=(0,0,1,0)^{\mathrm{T}},\\ \boldsymbol{e}_4=(0,0,0,1)^{\mathrm{T}},\end{cases}\qquad \begin{cases}\boldsymbol{\alpha}_1=(2,1,-1,1)^{\mathrm{T}},\\ \boldsymbol{\alpha}_2=(0,3,1,0)^{\mathrm{T}},\\ \boldsymbol{\alpha}_3=(5,3,2,1)^{\mathrm{T}},\\ \boldsymbol{\alpha}_4=(6,6,1,3)^{\mathrm{T}}.\end{cases}$$

(1)求由前一个基到后一个基的过渡矩阵；

(2)求向量 $(x_1,x_2,x_3,x_4)^{\mathrm{T}}$ 在后一个基下的坐标；

(3)求在两个基下有相同坐标的向量.

5. 函数集合

$$V_3=\{\alpha=(a_2x^2+a_1x+a_0)\mathrm{e}^x\,|\,a_2,a_1,a_0\in\mathbf{R}\}$$

对于函数的线性运算构成三维线性空间. 在 V_3 中取一个基

$$\alpha_1=x^2\mathrm{e}^x,\quad \alpha_2=x\mathrm{e}^x,\quad \alpha_3=\mathrm{e}^x,$$

求微分运算 D 在这个基下的矩阵.

第 8 章　线性代数实验及其实际生活应用

实验 1　矩阵、向量及其运算

1. 实验目的

掌握矩阵基本运算(转置、相加减、相乘除、乘方和逆)的 MATLAB 命令.

2. 实验内容

(1)向量和矩阵的建立和调用.

向量和矩阵是数值计算的基本要素,首先要解决如何建立和调用的问题. 向量是矩阵的特例,因此两者可统一视为矩阵.

①用赋值语句建立矩阵.

把元素排列在方括号内,同行元素间用逗号或者空格隔开,行与行之间用分号隔开.

例如,下列赋值语句建立了一个 2×4 矩阵 **A**:

```
A= [1 2 3 4;5 6 7 8]
```

或

```
A= [1,2,3,4;5,6,7,8].
```

矩阵的元素可以是数,也可以是其他的矩阵元素. 例如

```
b= [-1.2,sqrt(3)* (1+ 4/7),6;sin(pi/8),2+ 8i,A(2,1)],
```

其中 A(2,1)是调用上述矩阵 **A** 的第二行第一列的元素.

对于已有的矩阵,可用下标法给它们的元素赋予新值. 例如

```
A(2,3)= -1.4;b(2)= 11.5.
```

在 MATLAB 中,经常用起点、终点和增量的方法建立行向量. 例如语句

```
x= -1:3
```

生成增量为 1 的行向量

```
x= -1 0 1 2 3.
```

又如语句

```
x= 0:pi/4:pi
```

生成增量为 pi/4 的行向量

x= 0 0.7854 1.5708 2.3562 3.1416,

当起点大于终点时,增量为负数.

在 MATLAB 中不需要预先说明矩阵的维数,但经常要使用维数. 对此我们有测量矩阵大小的两个函数

`n= length(A)`	取矩阵 **A** 的行数和列数的最大值 n
`[m,n]= size(A)`	取矩阵 **A** 的行数 m 和列数 n

由此可见,当 $\boldsymbol{x}$ 为向量时,`n= length(x)`为向量 $\boldsymbol{x}$ 的维数.

②用函数建立矩阵.

函数 eye 产生单位矩阵. 例如

`eye(n)`	为 n 阶单位方阵,n 为正整数
`eye(m,n)`	为 $m\times n$ 单位矩阵
`eye(size(A))`	为与矩阵 **A** 同阶的单位矩阵

函数 zeros 和 ones 分别产生 $\boldsymbol{O}$ 和 $\boldsymbol{l}$ 矩阵. 例如

`zeros(n)`	为 n 阶 $\boldsymbol{O}$ 方阵
`zeros(m,n)`	为 $m\times n$ 的 $\boldsymbol{O}$ 矩阵
`zeros(size(A))`	为与矩阵 **A** 同阶的 $\boldsymbol{O}$ 矩阵

函数 ones 与此类同.

函数 rand(m,n)产生 $m\times n$ 随机数矩阵.

函数 diag(**A**),tril(**A**),triu(**A**)分别取矩阵 **A** 的对角、下三角、上三角部分. 其中三角矩阵包含对角部分.

③矩阵的调用.

与任何计算机语言一样,MATLAB 用矩阵的名称调用全矩阵,用下标的方法调用矩阵的某个元素. MATLAB 的一个重要特点是,可以用下标的方法调用矩阵的子矩阵.

例如,设 **A** 是已知的 10×10 矩阵,则

`A(:,5)`	是矩阵 **A** 的第 5 列元素构成的列向量
`A(3,:)`	是矩阵 **A** 的第 3 行元素构成的行向量
`A(1:3,5)`	是矩阵 **A** 的前 3 行的第 5 列元素构成的列向量
`A(1:3,5:10)`	是矩阵 **A** 的前 3 行、第 5 到 10 列元素构成的子矩阵
`A([1 3 5],[2 4 6])`	是矩阵 **A** 的前 1,3,5 行、第 2,4,6 列元素构成的子矩阵

A(:,7:4)　　　　是矩阵 $\boldsymbol{A}$ 的 7,6,5,4 列元素构成的子矩阵

(2)矩阵的运算.

①矩阵的转置.

矩阵的转置用符号“'”,如 B= A'.

②矩阵相加减.

同阶矩阵相加减时,对应元素相加减,用符号“+”和“-”.

任何矩阵都可以和标量(即 1×1 矩阵)相加减,其规则是矩阵的每个元素和标量相加减.例如

x= [3 -6 2],

y= x+ 3 的结果是

y= [6 -3 5].

③矩阵相乘.

矩阵相乘用符号“ * ”.例如,列向量

x= [-1 0 2]'和 y= [-2 -1 1]'

的内积 s= x'* y 或 s= y'* x 的结果都是 4.

④矩阵相除.

左除用符号“\”,右除用符号“/”表示.例如,$\boldsymbol{A}$ 和 $\boldsymbol{B}$ 都是 n 阶方阵,并且 $\boldsymbol{A}$ 非奇异,则

$$A\backslash B= A^{-1}B,\quad A/B= BA^{-1}.$$

⑤矩阵的乘方.

方阵 $\boldsymbol{A}$ 的乘方用符号“^”表示.

当 p 是整数时,A^p 是 $\boldsymbol{A}$ 的 p 次幂,即

$$A\hat{\ }p= A^p.$$

⑥逆矩阵.

若矩阵 $\boldsymbol{A}$ 非奇异,则可由命令 inv(A)求出矩阵 $\boldsymbol{A}$ 的逆矩阵 $\boldsymbol{A}^{-1}$.

实验 1 习题

(1)已知矩阵 $\boldsymbol{A}=\begin{pmatrix}1&1&1\\1&1&-1\\1&-1&1\end{pmatrix}$,$\boldsymbol{B}=\begin{pmatrix}1&2&3\\-1&-2&4\\0&5&1\end{pmatrix}$,求 $3\boldsymbol{AB}-2\boldsymbol{A}$ 及 $\boldsymbol{A}^{\mathrm{T}}\boldsymbol{B}$.

(2)求矩阵 $\boldsymbol{A}=\begin{pmatrix}1+a & 1 & 1\\ 1 & 1+a & 1\\ 1 & 1 & 1+a\end{pmatrix}$ 的逆矩阵.

(3)已知矩阵 $\boldsymbol{A}=\begin{pmatrix}1 & 3 & 0\\ 2 & 1 & 1\\ 4 & 2 & 5\end{pmatrix}$, $\boldsymbol{B}=\begin{pmatrix}6 & 7 & 1\\ 1 & 3 & 2\\ 1 & 0 & 1\end{pmatrix}$, $\boldsymbol{x}=(4,3,-1)^{\mathrm{T}}$,求 $\boldsymbol{C}=\boldsymbol{AB}$, $\boldsymbol{y}=\boldsymbol{Ax}$.

(4)已知矩阵 $\boldsymbol{A}=\begin{pmatrix}1 & 2 & 3 & 4\\ 5 & 6 & 7 & 8\\ 9 & 10 & 11 & 12\end{pmatrix}$,求由 $\boldsymbol{A}$ 的前 3 行及 1,3,4 列构成的子矩阵.

(5)利用逆矩阵解线性方程组 $\begin{cases}x_1+2x_2+3x_3=1,\\ 2x_1+2x_2+5x_3=2,\\ 3x_1+5x_2+x_3=3.\end{cases}$

实验 2　矩阵的行列式、秩及线性方程组

1. 实验目的

掌握矩阵行列式、秩、迹的 MATLAB 命令,掌握 MATLAB 中解线性方程组的求解语句,了解简单的符号矩阵函数.

2. 实验内容

(1)`det(A)`　　　求矩阵 $\boldsymbol{A}$ 的行列式的值

(2)`rank(A)`　　　求矩阵 $\boldsymbol{A}$ 的秩

(3)`trace(A)`　　　求矩阵 $\boldsymbol{A}$ 的迹

(4)`Z= null(A)`　　　求出 $\boldsymbol{Ax}=\boldsymbol{0}$ 的基础解系

(5)`x= A\b`　　　求矩阵 $\boldsymbol{Ax}=\boldsymbol{b}$ 的一个特解

(6)`syms a b c d`

```
A= [a b c d;b c d a;c d a b; d a b c]
```

生成符号矩阵

$$\boldsymbol{A}=\begin{pmatrix}a & b & c & d\\ b & c & d & a\\ c & d & a & b\\ d & a & b & c\end{pmatrix}$$

实验 2 习题

(1)计算行列式

$$\begin{vmatrix} 2 & 1 & -5 & 1 \\ 1 & -3 & 0 & -6 \\ 0 & 2 & -1 & 2 \\ 1 & 4 & -7 & 6 \end{vmatrix}.$$

(2)

$$\boldsymbol{A}=\begin{pmatrix} 1 & 2 & 3 & 4 \\ 5 & 6 & 7 & 8 \\ 9 & 10 & 11 & 12 \end{pmatrix},$$

求 $R(\boldsymbol{A})$,$\mathrm{tr}(\boldsymbol{A})$.

(3)已知方程组

$$\begin{cases} 3x_1+4x_2-5x_3+7x_4=0, \\ 2x_1-3x_2+3x_3-2x_4=0, \\ 4x_1+11x_2-13x_3+16x_4=0, \\ 7x_1-2x_2+x_3+3x_4=0, \end{cases}$$

求①$R(\boldsymbol{A})$;②基础解系.

(4)已知方程组

$$\begin{cases} x_1+2x_2+3x_3+x_4=5, \\ 2x_1+4x_2-x_4=-3, \\ -x_1-2x_2+3x_3+2x_4=8, \\ x_1+2x_2-9x_3-5x_4=-21, \end{cases}$$

求通解.

(5)解方程组

$$\begin{cases} x_1+2x_2+x_3-x_4=2, \\ x_1+x_2+2x_3+x_4=3, \\ x_1-x_2+4x_3+5x_4=2. \end{cases}$$

实验3 特征值与特征向量

1. 实验目的

掌握用 MATLAB 求矩阵的特征值和特征向量,掌握用 MATLAB 将矩阵对角化.

2. 实验内容

(1)求矩阵 $\boldsymbol{A}$ 的特征值与特征向量.

①`P= poly(A)`返回矩阵 $\boldsymbol{A}$ 的特征多项式的系数组成的向量.

例 1
```
A= [1,2,3;4,5,6;7,8,0]
P= poly(A)
```
结果为

```
P= 1 -6 -72 -27,
```

即矩阵 $\boldsymbol{A}$ 的特征多项式为 $|\lambda \boldsymbol{I}-\boldsymbol{A}|=\lambda^3-6\lambda^2-72\lambda-27$.

②矩阵 $\boldsymbol{A}$ 的特征值.

求矩阵 $\boldsymbol{A}$ 的特征值有两种方法,一种是用特征多项式来求.

例 2
```
r= roots(P)
r= 12.1229
   -5.7345
   -0.3884
```

另一种方法是用`eig(A)`命令. `eig(A)`返回 $\boldsymbol{A}$ 的特征值组成的列向量.

例 3
```
eig(A)
ans= 12.1229
     -5.7345
     -0.3884
```

③矩阵 $\boldsymbol{A}$ 的特征向量.

$\boldsymbol{A}$ 的特征值与特征向量,即满足 $\boldsymbol{AX}=\lambda\boldsymbol{X}$ 的 λ 和 $\boldsymbol{X}$. 可用双赋值语句`[X,D]= eig(A)`得到. `[X,D]= eig(A)`返回两个矩阵,矩阵 $\boldsymbol{D}$ 的对角元素是矩阵 $\boldsymbol{A}$ 的特征值,$\boldsymbol{X}$ 的各列是对应的特征向量,故有

```
A* X= X* D.
```

如果 $\boldsymbol{X}$ 可逆,则有

inv(X)* A* X= D.

例 4 $\boldsymbol{A}=\begin{pmatrix}1&2&3\\4&5&6\\7&8&0\end{pmatrix}$.

```
[X,D]= eig(A)
    X=  0.7471   -0.2998  -0.2763
       -0.6582   -0.7075  -0.3884
        0.0931   -0.6400   0.8791
    D= -0.3884    0.0000   0.0000
        0.0000   12.1229   0.0000
        0.0000    0.0000  -5.7345
```

(2)矩阵的对角化:求矩阵 $\boldsymbol{S}$,使 $\boldsymbol{S}^{-1}\boldsymbol{AS}=\boldsymbol{D}$.

命令[S,D]= eig(A)(**数值矩阵**)

例 5 $\boldsymbol{A}=\begin{pmatrix}0&1\\1&0\end{pmatrix}$,求 $\boldsymbol{S}$ 使 $\boldsymbol{AS}=\boldsymbol{SD}$.

解 输入 A= [0,1;1,0]

用命令

```
[S1,D1]= eig(A)
S1=  0.7071   0.7071
    -0.7071   0.7071
D1= -1.0000        0
          0   1.0000
```

S1 为正交矩阵,可验证 S1′* S1= I

S1′* A* S1= D1.

(3)对实对称矩阵 $\boldsymbol{A}$,求正交矩阵 $\boldsymbol{Q}$,使得 $\boldsymbol{Q}^{-1}\boldsymbol{AQ}=\boldsymbol{D}$ 为对角矩阵.

命令 [Q,D]= eig(A)

这里 $\boldsymbol{Q}$ 为正交矩阵,可验证 Q^-1* Q= I,inv(Q) * A* Q= D.

如果想得到 $\boldsymbol{Q}$ 的精确表达式,可把 $\boldsymbol{Q}$ 转化为符号矩阵:Q_1= sym(Q).

对例 5,已求出了正交矩阵 S1,若把 S1 化为符号矩阵,则用命令

```
S2= sym(S1)
S2= [sqrt(1/2),  sqrt(1/2);
    -sqrt(1/2),sqrt(1/2)]
```

即

$$S2=\begin{pmatrix} \frac{1}{\sqrt{2}} & \frac{1}{\sqrt{2}} \\ -\frac{1}{\sqrt{2}} & \frac{1}{\sqrt{2}} \end{pmatrix}.$$

实验 4　二　次　型

1. 实验目的

掌握用 MATLAB 把二次型化为标准形，会用 MATLAB 判定二次型的正定性.

2. 实验内容

例 1　求一个正交变换 $\boldsymbol{x}=\boldsymbol{P}\boldsymbol{y}$，把二次型

$$f=2x_1x_2+2x_1x_3-2x_1x_4-2x_2x_3+2x_2x_4+2x_3x_4$$

化为标准形.

解　f 的矩阵为

$$\boldsymbol{A}=\begin{pmatrix} 0 & 1 & 1 & -1 \\ 1 & 0 & -1 & 1 \\ 1 & -1 & 0 & 1 \\ -1 & 1 & 1 & 0 \end{pmatrix}.$$

输入 $\boldsymbol{A}$.

```
[P,D]= eig(A)
P=
   0.7887    0.2113    0.5  -0.2887
   0.2113    0.7887  -0.5    0.2887
   0.5774  -0.5774  -0.5    0.2887
      0           0    0.5    0.8660
D=
   1  0    0  0
   0  1    0  0
   0  0  -3  0
   0  0    0  1
```

验证 P′P= I,P′* A* P= D,于是经正交变换 $\boldsymbol{x}=\boldsymbol{P}\boldsymbol{y}$,$f$ 可化为标准形

$$f=y_1^2+y_2^2-3y_3^2+y_4^2.$$

例 2 判断下列矩阵是否正定

$$\boldsymbol{B}=\begin{pmatrix}1&0&1\\0&1&0\\1&0&1\end{pmatrix},\quad \boldsymbol{C}=\begin{pmatrix}2&1&0\\1&2&1\\0&1&2\end{pmatrix}.$$

解 先输入矩阵 $\boldsymbol{B}$,$\boldsymbol{C}$,然后计算特征值.

```
DB= eig(B)
DB= 1.0000
     0
     2.0000
DC= eig(C)
DC= 3.4142
     2.0000
     0.5858
```

$\boldsymbol{B}$ 有一个特征值为 0,所以 $\boldsymbol{B}$ 不是正定矩阵,$\boldsymbol{C}$ 是正定矩阵.

实验 4 习题

(1)已知二次型 f 的系数矩阵为

$$\boldsymbol{A}=\begin{pmatrix}0.84&0.40&-0.42&0.36\\0.40&0.62&1.16&0.01\\-0.42&1.16&4.79&0.48\\0.36&0.01&0.48&5.38\end{pmatrix},$$

判断 f 是否正定.

(2)求一个正交变换化 $f=2x_1^2+3x_2^2+3x_3^2+4x_2x_3$ 为标准形.

(3)判断 $f=-2x_1^2-6x_2^2-4x_3^2+2x_1x_2+2x_1x_3$ 的正定性.

实验 5 交通流量问题

1. 问题提出

图 8.1 给出了某城市部分单行街道的交通流量(每小时通过的车辆数),试建

立数学模型确定该交通网络未知部分的具体流量.

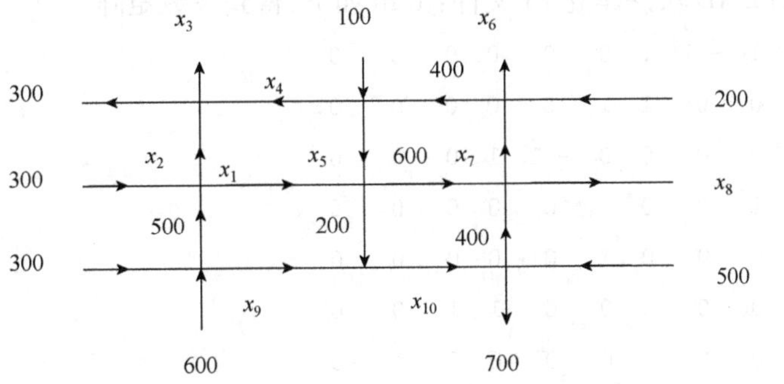

图 8.1

假定上述问题满足下列两个基本假设:

(1)全部流入网络的流量等于全部流出网络的流量;

(2)全部流入一个节点的流量等于全部流出此节点的流量.

2. 实验目的

学会利用线性代数中向量和矩阵的运算,线性方程组的求解等有关知识建立交通流量问题数学模型,并用 MATLAB 软件求其问题的解.

3. 分析与解答

(1)问题分析与建立模型.

由网络流量假设和图 8.1,所给问题满足如下线性方程组:

$$\begin{cases} x_2 - x_3 + x_4 = 300, \\ x_4 + x_5 = 500, \\ x_7 - x_6 = 200, \\ x_1 + x_2 = 800, \\ x_1 + x_5 = 800, \\ x_7 + x_8 = 1000, \\ x_9 = 400, \\ x_{10} - x_9 = 200, \\ x_{10} = 600, \\ x_3 + x_8 + x_6 = 1000. \end{cases}$$

(2)计算过程.

由 MATLAB 软件建立 M 文件:jt. m 如下(得到系数矩阵)

```
A5= [0  1  -1  1  0  0  0  0  0  0
     0  0  0  1  1  0  0  0  0  0
     0  0  0  0  0  -1  1  0  0  0
     1  1  0  0  0  0  0  0  0  0
     1  0  0  0  1  0  0  0  0  0
     0  0  0  0  0  0  1  1  0  0
     0  0  0  0  0  0  0  0  1  0
     0  0  0  0  0  0  0  0  -1  1
     0  0  0  0  0  0  0  0  0  1
     0  0  1  0  0  1  0  1  0  0]
b= [300  500  200  800  800  1000  400  200  600  1000];
B5= [A5';b']
rank(A5);
rank(B5);
B6= rref(B5);
```

(3)结果分析.

在 MATLAB 的工作环境下输入 M 文件名 jt 得

$$
\text{增广矩阵 } \boldsymbol{B}_5=\begin{pmatrix}
0 & 1 & -1 & 1 & 0 & 0 & 0 & 0 & 0 & 0 & 300\\
0 & 0 & 0 & 1 & 1 & 0 & 0 & 0 & 0 & 0 & 500\\
0 & 0 & 0 & 0 & 0 & -1 & 1 & 0 & 0 & 0 & 200\\
1 & 1 & 0 & 0 & 0 & 0 & 0 & 0 & 0 & 0 & 800\\
1 & 0 & 0 & 0 & 1 & 0 & 0 & 0 & 0 & 0 & 800\\
0 & 0 & 0 & 0 & 0 & 0 & 1 & 1 & 0 & 0 & 1000\\
0 & 0 & 0 & 0 & 0 & 0 & 0 & 0 & 1 & 0 & 400\\
0 & 0 & 0 & 0 & 0 & 0 & 0 & 0 & -1 & 1 & 200\\
0 & 0 & 0 & 0 & 0 & 0 & 0 & 0 & 0 & 1 & 600\\
0 & 0 & 1 & 0 & 0 & 1 & 0 & 1 & 0 & 0 & 1000
\end{pmatrix}.
$$

系数矩阵的秩 $R(\boldsymbol{A}_5)=8$.

增广矩阵的秩 $R(\boldsymbol{B}_5)=8$.

增广矩阵阶梯形最简形式:

$$\boldsymbol{B}_6=\begin{pmatrix}1&0&0&0&1&0&0&0&0&0&800\\0&1&0&0&-1&0&0&0&0&0&0\\0&0&1&0&0&0&0&0&0&0&200\\0&0&0&1&1&0&0&0&0&0&500\\0&0&0&0&0&1&0&1&0&0&800\\0&0&0&0&0&0&1&1&0&0&1000\\0&0&0&0&0&0&0&0&1&0&400\\0&0&0&0&0&0&0&0&0&1&600\\0&0&0&0&0&0&0&0&0&0&0\\0&0&0&0&0&0&0&0&0&0&0\end{pmatrix}.$$

其对应的齐次同解方程组为

$$\begin{cases}x_1+x_5=0,\\x_2-x_5=0,\\x_3=0,\\x_4+x_5=0,\\x_6+x_8=0,\\x_7+x_8=0,\\x_9=0,\\x_{10}=0.\end{cases}$$

取(x_5,x_8)为自由未知量，分别赋两组值为(1,0)，(0,1)得齐次方程组基础解系中两个解向量

$$\boldsymbol{\eta}_1=\begin{pmatrix}-1\\1\\0\\-1\\1\\0\\0\\0\\0\\0\end{pmatrix},\quad \boldsymbol{\eta}_2=\begin{pmatrix}0\\0\\0\\0\\0\\-1\\-1\\1\\0\\0\end{pmatrix}.$$

其对应的非齐次方程组为

$$\begin{cases}x_1+x_5=800,\\x_2-x_5=0,\\x_3=200,\\x_4+x_5=500,\\x_6+x_8=800,\\x_7+x_8=1000,\\x_9=400,\\x_{10}=600.\end{cases}$$

赋值给自由未知量(x_5,x_8)为(0,0)，得非齐次方程组的特解

$$\boldsymbol{x}^*=\begin{pmatrix}800\\0\\200\\500\\0\\800\\1000\\0\\400\\600\end{pmatrix}.$$

于是方程组的通解为 $\boldsymbol{X}=c_1\boldsymbol{\eta}_1+c_2\boldsymbol{\eta}_2+\boldsymbol{x}^*$，其中 c_1,c_2 为任意常数，$\boldsymbol{X}$ 的每一个分量即为交通网络未知部分的具体流量，它有无穷多解.

本模型有一定的实际应用价值，求出了模型的解可以为交通规划部门提供相应的数据，用来解决道路拥堵，车流不畅等问题.

实验 6　动物繁殖问题

1. 问题提出

某农场饲养的某种动物所能达到的最大年龄为 15 岁，将其分为三个年龄组：第一组 0～5 岁；第二组 6～10 岁；第三组 11～15 岁. 动物从第二个年龄组开始繁殖后代，第二个年龄组的动物在其年龄段平均繁殖 4 个后代，第三个年龄组的动物

在其年龄段平均繁殖 3 个后代. 第一年龄组和第二年龄组的动物能顺利进入下一个年龄组的存活率分别为 0.5 和 0.25. 假设农场现有三个年龄段的动物各有 1000 头,问 15 年后农场三个年龄段的动物各有多少头.

2. 实验目的

巩固线性代数的有关知识,培养学生用矩阵知识解决实际问题的能力.

3. 分析与解答

(1)问题分析与建立模型.

因为年龄分组为 5 岁一段,故将时间周期也取为 5 年. 15 年后就经过了 3 个时间周期. 设 $x_i^{(k)}$ 表示第 k 个时间周期第 i 组年龄阶段动物的数量($k=1,2,3$;$i=1,2,3$).

因为某一时间周期第二年龄组和第三年龄组动物的数量是由上一时间周期上一年龄组存活下来的动物的数量,所以有

$$x_2^{(k)}=\frac{1}{2}x_1^{(k-1)},\quad x_3^{(k)}=\frac{1}{4}x_2^{(k-1)}\quad (k=1,2,3).$$

又因为某一时间周期,第一年龄组动物的数量是上一时间周期各年龄组出生的动物的数量,所以有

$$x_1^{(k)}=4x_2^{(k-1)}+3x_3^{(k-1)}\quad (k=1,2,3),$$

于是我们得到递推关系式:

$$\begin{cases} x_1^{(k)}=4x_2^{(k-1)}+3x_3^{(k-1)}, \\ x_2^{(k)}=\dfrac{1}{2}x_1^{(k-1)}, \\ x_3^{(k)}=\dfrac{1}{4}x_2^{(k-1)}, \end{cases}$$

用矩阵表示

$$\begin{pmatrix} x_1^{(k)} \\ x_2^{(k)} \\ x_3^{(k)} \end{pmatrix}=\begin{pmatrix} 0 & 4 & 3 \\ \dfrac{1}{2} & 0 & 0 \\ 0 & \dfrac{1}{4} & 0 \end{pmatrix}\begin{pmatrix} x_1^{(k-1)} \\ x_2^{(k-1)} \\ x_3^{(k-1)} \end{pmatrix}\quad (k=1,2,3),$$

即

$$\boldsymbol{x}^{(k)}=\boldsymbol{L}\boldsymbol{x}^{(k-1)}\quad (k=1,2,3),$$

其中

$$L=\begin{pmatrix}0 & 4 & 3\\ \frac{1}{2} & 0 & 0\\ 0 & \frac{1}{4} & 0\end{pmatrix},\quad x^{(0)}=\begin{pmatrix}1000\\1000\\1000\end{pmatrix}.$$

则有

$$x^{(1)}=Lx^{(0)}=\begin{pmatrix}0 & 4 & 3\\ \frac{1}{2} & 0 & 0\\ 0 & \frac{1}{4} & 0\end{pmatrix}\begin{pmatrix}1000\\1000\\1000\end{pmatrix}=\begin{pmatrix}7000\\500\\250\end{pmatrix},$$

$$x^{(2)}=Lx^{(1)}=\begin{pmatrix}0 & 4 & 3\\ \frac{1}{2} & 0 & 0\\ 0 & \frac{1}{4} & 0\end{pmatrix}\begin{pmatrix}7000\\500\\250\end{pmatrix}=\begin{pmatrix}2750\\3500\\125\end{pmatrix},$$

$$x^{(3)}=Lx^{(2)}=\begin{pmatrix}0 & 4 & 3\\ \frac{1}{2} & 0 & 0\\ 0 & \frac{1}{4} & 0\end{pmatrix}\begin{pmatrix}2750\\3500\\125\end{pmatrix}=\begin{pmatrix}14375\\1375\\875\end{pmatrix}.$$

(2)计算过程.

MATLAB 源程序

```
x0=[1000;1000;1000];
L=[0  4  3;1/2  0  0;0  1/4  0];
x1=L*x0
x2=L*x1
x3=L*x2
x1=
    7000
    500
    250
x2=
    2750
```

```
    3500
    125
x3=
    14375
    1375
    875
```

(3)结果分析.

15 年后,农场饲养的动物总数将达到 16625 头,其中 0～5 岁的有 14375 头,占 86.47%,6～10 岁的有 1375 头,占 8.27%,11～15 岁的有 875 头,占 5.26%.15 年间,动物总增长 16625－3000＝13625(头),总增长率为 13625/3000＝454.17%.

本章主要是利用线性代数对现实生活的一些实际问题进行建模并用数学软件求解,我们选择了利用线性代数解决交通的流量问题和动物的繁殖问题,以激发学生学好线性代数的积极性.

习 题 答 案

习题 1

1. (1) 34；(2) −21；(3) $1+ab+ad+cd+abcd$；(4) 1；(5) 0；(6) $(c-b)(c-a)(b-a)$.

2. $-1a_{13}a_{22}a_{31}a_{44}$，$-1a_{13}a_{21}a_{34}a_{42}$，$-1a_{13}a_{24}a_{32}a_{41}$.

3. $2x^4$，$-x^3$.

4. $D_4=(1-a+a^2)D_2+a(1-a)D_1$

$\quad=(1-a+a^2)^2+a(1-a)^2$.

5. (1) $\left(1+\sum\limits_{i=1}^{n}\dfrac{1}{a_i}\right)a_1a_2\cdots a_n$；

(2) $x^n+(-1)^{n+1}y^n$；

(3) $-2(n-2)!$.

6. 证明略.

7. $\lambda=1$ 或 $\mu=0$.

8. $x_1=3,x_2=-4,x_3=-1,x_4=1$.

习题 2

1. (1) $(-7,24,21)^{\mathrm{T}}$；(2) $(0,0,0)^{\mathrm{T}}$.

2. $3\boldsymbol{AB}-2\boldsymbol{A}=\begin{pmatrix}-2&13&22\\-2&-17&20\\4&29&-2\end{pmatrix}$，$\boldsymbol{A}^{\mathrm{T}}\boldsymbol{B}=\begin{pmatrix}0&5&8\\0&-5&6\\2&9&0\end{pmatrix}$.

3. (1) $\begin{pmatrix}35\\6\\49\end{pmatrix}$；(2) 10；(3) $\begin{pmatrix}-2&4\\-1&2\\-3&6\end{pmatrix}$；(4) $\begin{pmatrix}6&-7&8\\20&-5&-6\end{pmatrix}$；

(5) $a_{11}x_1^2+a_{22}x_2^2+a_{33}x_3^2+2a_{12}x_1x_2+2a_{13}x_1x_3+2a_{23}x_2x_3$；

(6) $\begin{pmatrix}1&2&5&2\\0&1&2&-4\\0&0&-4&3\\0&0&0&-9\end{pmatrix}$.

4. $\boldsymbol{AB}=5$;$\boldsymbol{A}^{\mathrm{T}}\boldsymbol{B}^{\mathrm{T}}=\begin{pmatrix}4 & -1 & 2 & 1\\ 4 & -1 & 2 & 1\\ 0 & 0 & 0 & 0\\ 8 & -2 & 4 & 2\end{pmatrix}$.

5. $\boldsymbol{A}^n=\begin{pmatrix}1 & n & 0\\ 0 & 1 & 0\\ 0 & 0 & 1\end{pmatrix}$.

6. 证明略.

7. 证明略.

8. 证明略.

9. (1) $\begin{pmatrix}5 & -2\\ -2 & 1\end{pmatrix}$;(2) $\begin{pmatrix}\cos\theta & \sin\theta\\ -\sin\theta & \cos\theta\end{pmatrix}$;

(3) $\begin{pmatrix}-2 & 1 & 0\\ -\frac{13}{2} & 3 & -\frac{1}{2}\\ -16 & 7 & -1\end{pmatrix}$;(4) $\begin{pmatrix}\frac{1}{a_1} & & & \\ & \frac{1}{a_2} & & \\ & & \ddots & \\ & & & \frac{1}{a_n}\end{pmatrix}$.

10. (1) $\begin{pmatrix}2 & -23\\ 0 & 8\end{pmatrix}$;(2) $\begin{pmatrix}-2 & 2 & 1\\ -\frac{8}{3} & 5 & -\frac{2}{3}\end{pmatrix}$;

(3) $\begin{pmatrix}1 & 1\\ \frac{1}{4} & 0\end{pmatrix}$;(4) $\begin{pmatrix}2 & -1 & 0\\ 1 & 3 & -4\\ 1 & 0 & -2\end{pmatrix}$.

11. (1) $\boldsymbol{AB}=\left(\begin{array}{cc:cc}1 & 0 & 0 & 0\\ 0 & 1 & 0 & 0\\ \hdashline -1 & 2 & 1 & 0\\ 1 & 1 & 0 & 1\end{array}\right)\left(\begin{array}{cc:cc}1 & 0 & 3 & 2\\ -1 & 2 & 0 & 1\\ \hdashline 1 & 0 & 4 & 1\\ 1 & -1 & 0 & 0\end{array}\right)=\begin{pmatrix}1 & 0 & 3 & 2\\ -1 & 2 & 0 & 1\\ -2 & 4 & 1 & 1\\ 1 & 1 & 3 & 3\end{pmatrix}$;

(2) $\boldsymbol{AB}=\left(\begin{array}{cc:ccc}1 & 0 & 1 & 2 & -1\\ 0 & 1 & 3 & 2 & -2\\ \hdashline -1 & 4 & 0 & 0 & 0\\ 0 & 2 & 0 & 0 & 0\end{array}\right)\left(\begin{array}{cc:cc}2 & -3 & 0 & 0\\ 0 & -2 & 0 & 0\\ \hdashline 1 & 0 & 5 & -1\\ 1 & 1 & 0 & 2\\ 0 & 0 & 3 & 0\end{array}\right)=\begin{pmatrix}5 & -1 & 2 & 3\\ 5 & 0 & 9 & 1\\ -2 & -5 & 0 & 0\\ 0 & -4 & 0 & 0\end{pmatrix}$.

12. (1)$\boldsymbol{A}^{-1}=\left(\begin{array}{cc:cc} 1 & -1 & 0 & 0 \\ -2 & 3 & 0 & 0 \\ \hdashline 0 & 0 & -1/18 & 5/18 \\ 0 & 0 & 2/9 & -1/9 \end{array}\right)$;

(2)$\boldsymbol{A}^{-1}=\left(\begin{array}{cc:ccc} \cos\theta & -\sin\theta & 0 & 0 & 0 \\ \sin\theta & \cos\theta & 0 & 0 & 0 \\ \hdashline 0 & 0 & 1 & -a & a^2-b \\ 0 & 0 & 0 & 1 & -a \\ 0 & 0 & 0 & 0 & 1 \end{array}\right)$.

习题 3

1. 证明略.

2. (1)$\boldsymbol{A}^2=\begin{pmatrix} 4 & 0 & 0 & 0 \\ 0 & 4 & 0 & 0 \\ 0 & 0 & 4 & 0 \\ 0 & 0 & 0 & 4 \end{pmatrix}$;

(2)因为 $|\boldsymbol{A}^2|=|\boldsymbol{A}|\cdot|\boldsymbol{A}|=\begin{vmatrix} 4 & 0 & 0 & 0 \\ 0 & 4 & 0 & 0 \\ 0 & 0 & 4 & 0 \\ 0 & 0 & 0 & 4 \end{vmatrix}=4^4\neq 0$，所以，$|\boldsymbol{A}|\neq 0$，故 $\boldsymbol{A}$ 可逆，

$$\boldsymbol{A}^{-1}=\begin{pmatrix} \frac{1}{4} & \frac{1}{4} & \frac{1}{4} & \frac{1}{4} \\ \frac{1}{4} & \frac{1}{4} & -\frac{1}{4} & -\frac{1}{4} \\ \frac{1}{4} & -\frac{1}{4} & \frac{1}{4} & -\frac{1}{4} \\ \frac{1}{4} & -\frac{1}{4} & -\frac{1}{4} & \frac{1}{4} \end{pmatrix};$$

(3)$(\boldsymbol{A}^*)^{-1}=\frac{1}{16}\boldsymbol{A}$.

3. 证明略；

$$\boldsymbol{A}^{-1}=\frac{1}{2}(\boldsymbol{A}-\boldsymbol{E});\quad (\boldsymbol{A}+2\boldsymbol{E})^{-1}=\frac{1}{4}(3\boldsymbol{E}-\boldsymbol{A}).$$

4. (1) $\begin{cases}x_1=1,\\x_2=0,\\x_3=0;\end{cases}$ (2) $\begin{cases}x_1=5,\\x_2=0,\\x_3=3.\end{cases}$

5. (1) 2;(2)4.

6. $A^{-1}B=\begin{pmatrix}6&4&5\\2&1&2\\3&3&3\end{pmatrix}$.

7. $\begin{pmatrix}0&3&3\\-1&2&3\\1&1&0\end{pmatrix}$.

8. 证明略.

9. (1) $\begin{pmatrix}0.2&0.35\\0.011&0.05\\0.12&0.5\end{pmatrix}\begin{pmatrix}2000&1000&800\\1200&1300&500\end{pmatrix}=\begin{pmatrix}820&655&335\\82&76&33.8\\840&770&346\end{pmatrix}$,

其中,第一、二、三列分别表示北美、欧洲、非洲,第一、二、三行分别表示价值、质量、体积;

(2) $\begin{pmatrix}820&655&335\\82&76&33.8\\840&770&346\end{pmatrix}\begin{pmatrix}1\\1\\1\end{pmatrix}=\begin{pmatrix}1810\\191.8\\1956\end{pmatrix}$,

其中第一、二、三行分别表示总价值、总质量、总体积.

习题 4

1. $\boldsymbol{\alpha}=\left(-2,\frac{11}{2},0,\frac{1}{2},\frac{5}{2}\right)^{\mathrm{T}}$, $\boldsymbol{\beta}=\left(4,-\frac{5}{2},-1,-\frac{1}{2},\frac{3}{2}\right)^{\mathrm{T}}$.

2. (1) $\boldsymbol{\beta}=(-1)\times\boldsymbol{\alpha}_1+1\times\boldsymbol{\alpha}_2+2\times\boldsymbol{\alpha}_3+(-2)\times\boldsymbol{\alpha}_4$;

(2) $\boldsymbol{\beta}=(-1)\times\boldsymbol{\alpha}_1+1\times\boldsymbol{\alpha}_2+(-1)\times\boldsymbol{\alpha}_3+\frac{1}{2}\times\boldsymbol{\alpha}_4$.

3. (1)线性无关;

(2)秩 2,线性相关,其中 $\boldsymbol{\alpha}_1,\boldsymbol{\alpha}_2$ 是其极大无关组,$\boldsymbol{\alpha}_3=3\boldsymbol{\alpha}_1+\boldsymbol{\alpha}_2$.

4. (1)向量组构成的矩阵的秩是 2,$\boldsymbol{\alpha}_1,\boldsymbol{\alpha}_2,\boldsymbol{\alpha}_3$ 线性相关;

(2)向量组构成的矩阵的秩是 2,$\boldsymbol{\beta}_1,\boldsymbol{\beta}_2,\boldsymbol{\beta}_3$ 线性相关;

(3)向量组构成的矩阵的秩是 3,$\boldsymbol{\gamma}_1,\boldsymbol{\gamma}_2,\boldsymbol{\gamma}_3$ 线性无关.

5. (1) $\boldsymbol{\alpha}_1$ 能由 $\boldsymbol{\alpha}_2,\boldsymbol{\alpha}_3$ 线性表示. 证明略.

(2) $\boldsymbol{\alpha}_4$ 不能由 $\boldsymbol{\alpha}_1,\boldsymbol{\alpha}_2,\boldsymbol{\alpha}_3$ 线性表示. 如 $\boldsymbol{\alpha}_1=(1,0,0)^{\mathrm{T}}$, $\boldsymbol{\alpha}_2=(1,0,0)^{\mathrm{T}}$, $\boldsymbol{\alpha}_3=(0,$

1,0)^T,$\boldsymbol{\alpha}_4=(0,0,1)^T$,显然,$\boldsymbol{\alpha}_1,\boldsymbol{\alpha}_2,\boldsymbol{\alpha}_3$ 线性相关,$\boldsymbol{\alpha}_2,\boldsymbol{\alpha}_3,\boldsymbol{\alpha}_4$ 线性无关,但是 $\boldsymbol{\alpha}_4$ 不能由 $\boldsymbol{\alpha}_1,\boldsymbol{\alpha}_2,\boldsymbol{\alpha}_3$ 线性表示.

6. 证明略.

7. 证明略.

8. 证明略.

9. 证明略.

10. (1)$(0,0,0)^T$;

(2)$k_1(-2,0,1,0,0)^T+k_2(-1,-1,0,1,0)^T$,$k_1,k_2$ 为任意常数;

(3)$k_1(-1,1,1,0,0)^T+k_2\left(\frac{7}{6},\frac{5}{6},0,\frac{1}{3},1\right)^T$,$k_1,k_2$ 为任意常数.

11. (1)$(0,0,0,1)^T+k_1(2,1,0,0)^T+k_2(-1,0,1,0)^T$,其中 k_1,k_2 为任意常数;

(2)$(-1,-3,0,0)^T+k_1(-8,-13,1,0)^T+k_2(5,9,0,1)^T$,其中 k_1,k_2 为任意常数;

(3)方程组无解.

12. 当 $\lambda\neq0$ 且 $\lambda\neq1$ 时,方程组有唯一解;

当 $\lambda=0$ 时, 方程组无解;

当 $\lambda=1$ 时,方程组有无穷多解, 方程组的通解为

$$\begin{pmatrix}1\\-3\\0\end{pmatrix}+k\begin{pmatrix}-1\\2\\1\end{pmatrix},\text{其中 } k \text{ 为任意常数.}$$

13. $\begin{cases}-2x_1-x_2+x_3=0,\\-\frac{3}{2}x_1-x_2+x_4=0.\end{cases}$

14. (1)当 $\lambda=-2$ 时, 方程组无解;

(2)当 $\lambda\neq1$ 且 $\lambda\neq-2$ 时,方程组有唯一解;

(3)当 $\lambda=1$ 时,方程组有无穷多解, 方程组的通解为

$$k_1\begin{pmatrix}-1\\1\\0\end{pmatrix}+k_2\begin{pmatrix}-1\\0\\1\end{pmatrix}+\begin{pmatrix}1\\0\\0\end{pmatrix},\text{其中 } k_1,k_2 \text{ 为任意实数.}$$

15. (1)当 $\lambda\neq5$ 时,方程组无解;

(2)$\lambda=5$ 时,所以方程组有解, 方程组的解为

$$k_1\begin{pmatrix}-\frac{1}{5}\\ \frac{3}{5}\\ 1\\ 0\end{pmatrix}+k_2\begin{pmatrix}-\frac{6}{5}\\ -\frac{7}{5}\\ 0\\ 1\end{pmatrix}+\begin{pmatrix}\frac{4}{5}\\ \frac{3}{5}\\ 0\\ 0\end{pmatrix}$$，其中 k_1,k_2 为任意实数.

16.(1) 当 $b=0$ 时，方程组有非零解，通解为

$$k\begin{pmatrix}-1\\ a-1\\ 1\end{pmatrix}$$，其中 k 为任意常数；

(2)当 $\begin{cases}b\neq 0,\\ a=1\end{cases}$ 时，方程组有非零解，通解为

$$k\begin{pmatrix}-1\\ 0\\ 1\end{pmatrix}$$，其中 k 为任意常数.

17. 证明略.

方程组的通解为

$$k\begin{pmatrix}1\\ 1\\ 1\\ 1\\ 1\end{pmatrix}+\begin{pmatrix}a_1+a_2+a_3+a_4\\ a_2+a_3+a_4\\ a_3+a_4\\ a_4\\ 0\end{pmatrix}$$，其中 k 为任意常数.

习题 5

1. (1) $-\frac{7}{2}$；　(2) 27；　(3) 2.

2. $\boldsymbol{b}_1=\begin{pmatrix}1\\ 1\\ 1\end{pmatrix},\boldsymbol{b}_2=\begin{pmatrix}-1\\ 0\\ 1\end{pmatrix},\boldsymbol{b}_3=\frac{1}{3}\begin{pmatrix}1\\ -2\\ 1\end{pmatrix}$.

3. (1) $\lambda_1=2,\lambda_2=3$；$\boldsymbol{p}_1=\begin{pmatrix}1\\ -1\end{pmatrix},\boldsymbol{p}_2=\begin{pmatrix}1\\ -2\end{pmatrix}$.

(2) $\lambda_1=-1,\lambda_2=9,\lambda_3=0$；$\boldsymbol{p}_1=\begin{pmatrix}1\\ -1\\ 0\end{pmatrix},\boldsymbol{p}_2=\begin{pmatrix}1\\ 1\\ 2\end{pmatrix},\boldsymbol{p}_3=\begin{pmatrix}1\\ 1\\ -1\end{pmatrix}$.

(3) $\lambda_1=\sum_{i=1}^{n}a_i^2,\lambda_2=\cdots=\lambda_n=0;(\boldsymbol{p}_1,\cdots,\boldsymbol{p}_n)=\begin{pmatrix}a_1 & -a_2 & \cdots & -a_n\\ a_2 & a_1 & & \\ \vdots & & \ddots & \\ a_n & & & a_1\end{pmatrix}$.

4. 证明略.

5. $x=4,y=5$.

6. $\boldsymbol{P}=\begin{pmatrix}\frac{1}{\sqrt{3}} & 0 & \frac{2}{\sqrt{6}}\\ -\frac{1}{\sqrt{3}} & \frac{1}{\sqrt{2}} & \frac{1}{\sqrt{6}}\\ -\frac{1}{\sqrt{3}} & -\frac{1}{\sqrt{2}} & \frac{1}{\sqrt{6}}\end{pmatrix},\boldsymbol{P}^{-1}\boldsymbol{AP}=\begin{pmatrix}1 & & \\ & 2 & \\ & & 4\end{pmatrix}$.

7. $\boldsymbol{A}^{100}=\begin{pmatrix}1 & 2^{101}-2 & 0\\ 0 & 2^{100} & 0\\ 0 & \frac{5}{3}(1-2^{100}) & 1\end{pmatrix}$.

8. $x=2,y=-2$.

习题 6

1. (1) $\begin{pmatrix}0 & -2 & 1\\ -2 & 0 & 1\\ 1 & 1 & 0\end{pmatrix}$, 3.

(2) $2x_1^2-x_3^2-2x_1x_2+6x_1x_3+8x_2x_3$.

(3) $-\sqrt{2}<t<\sqrt{2}$.

2. (1) $\begin{pmatrix}x_1\\ x_2\\ x_3\end{pmatrix}=\begin{pmatrix}\frac{2}{\sqrt{5}} & \frac{1}{\sqrt{30}} & \frac{1}{\sqrt{6}}\\ 0 & \frac{5}{\sqrt{30}} & -\frac{1}{\sqrt{6}}\\ -\frac{1}{\sqrt{5}} & \frac{2}{\sqrt{30}} & \frac{2}{\sqrt{6}}\end{pmatrix}\begin{pmatrix}y_1\\ y_2\\ y_3\end{pmatrix}$, $f=y_1^2+6y_2^2-6y_3^2$;

(2) $\begin{pmatrix}x_1\\ x_2\\ x_3\end{pmatrix}=\begin{pmatrix}1 & 0 & 0\\ 0 & \frac{1}{\sqrt{2}} & \frac{1}{\sqrt{2}}\\ 0 & \frac{1}{\sqrt{2}} & -\frac{1}{\sqrt{2}}\end{pmatrix}\begin{pmatrix}y_1\\ y_2\\ y_3\end{pmatrix}$, $f=2y_1^2+5y_2^2+y_3^2$.

3. (1) $f=y_1^2-y_2^2+y_3^2$;

(2) $f=y_1^2+y_2^2+y_3^2$.

4. $c=3,\lambda=0,4,9$.

5. (1)负定； (2)不定.

习题 7

1. 证明略.

2. $(1,-2,6)^{\mathrm{T}}$.

3. 设 $\boldsymbol{\alpha}$ 在 $\boldsymbol{\alpha}_1,\boldsymbol{\alpha}_2,\boldsymbol{\alpha}_3$ 下的坐标是 $(x_1,x_2,x_3)^{\mathrm{T}}$，在 $\boldsymbol{\beta}_1,\boldsymbol{\beta}_2,\boldsymbol{\beta}_3$ 下的坐标是 $(x_1',x_2',x_3')^{\mathrm{T}}$，有

$$\begin{pmatrix}x_1'\\x_2'\\x_3'\end{pmatrix}=\begin{pmatrix}13&19&43\\-9&-13&-30\\7&10&24\end{pmatrix}\begin{pmatrix}x_1\\x_2\\x_3\end{pmatrix},$$

或

$$\begin{pmatrix}x_1\\x_2\\x_3\end{pmatrix}=\begin{pmatrix}-12&-26&-11\\6&11&3\\1&3&2\end{pmatrix}\begin{pmatrix}x_1'\\x_2'\\x_3'\end{pmatrix}.$$

4. (1) $\boldsymbol{P}=\begin{pmatrix}2&0&5&6\\1&3&3&6\\-1&1&2&1\\1&0&1&3\end{pmatrix}$;

(2) $\begin{pmatrix}x_1'\\x_2'\\x_3'\\x_4'\end{pmatrix}=\dfrac{1}{27}\begin{pmatrix}12&9&-27&-33\\1&12&-9&-23\\9&0&0&-18\\-7&-3&9&26\end{pmatrix}\begin{pmatrix}x_1\\x_2\\x_3\\x_4\end{pmatrix}$;

(3) $k(1,1,1,-1)^{\mathrm{T}}$.

5. $\begin{pmatrix}1&0&0\\2&1&0\\0&1&1\end{pmatrix}$.

参 考 文 献

郭时光. 2012. 线性代数应用编写纲要. 内江科技,(10):58.
郝志峰,谢国瑞,汪国强. 2003. 线性代数. 2 版. 北京:高等教育出版社.
惠淑荣,张万琴. 2010. 线性代数. 北京:中国农业大学出版社.
李秀玲,刘国军. 2009. 经济数学——线性代数. 北京:高等教育出版社.
宋海洲. 2003. "线性代数"内容重排及课件建设. 高等理科教育,(4):61-65.
同济大学数学系. 2007. 工程数学——线性代数. 5 版. 北京:高等教育出版社.
同济大学数学系. 2008. 线性代数及其应用. 2 版. 北京:高等教育出版社.
汪雷,宋向东. 2001. 线性代数及其应用. 北京:高等教育出版社.
王晓峰. 2002. 线性代数及其应用. 济南:山东科学技术出版社.
王遒信. 2005. 线性代数. 北京:高等教育出版社.
吴赣昌. 2012. 线性代数(理工类). 4 版. 北京:中国人民大学出版社.
谢国瑞. 1999. 线性代数及应用. 北京:高等教育出版社.
徐仲,张凯院. 2007. 线性代数辅导讲案. 西安:西北工业大学出版社.
张天德. 2015. 高等数学辅导. 沈阳:沈阳出版社.
邹庭荣,李仁所,张洪谦. 2009. 线性代数. 北京:高等教育出版社.
David C L. 2002. Linear Algebra and Its Applications. 3rd ed. New York:Addison-Wesley.